本書のカラーページは、SoftwareDesign 2020年6月号～11月号に連載された『ちょうぜつエンジニアめもりーちゃん」をそのまま再掲載した内容です。あまりにも駆け足だった当時の内容(……のうちだいたい半分ぐらい)を、より詳しく説明したのが本書です。

ロゴデザイン　すぴかあやか（角田綾佳）@キテレツ（https://spicagraph.com/）

整理整頓することもプログラミング

プログラミングというのは動かすことだけが目的ではありません。名前をつけて意味を整理することも、プログラミングの大事な仕事です。うまく整理されたコードは後で読みやすいだけでなく、修正するとき関係のない場所を書き換えてしまわないし、同じものは同じ、違うものは違うと名前で区別できるので安全です。

たとえば単純に、円周率3.14をPIと定義しておくだけでも、うっかり3.41と書いてしまって間違った動きになるのを防げます。

よくブラックボックスと言われますが、それはすごいコードは秘密になっている、という意味ではありません。いま考えていることと関係のない部分が気にならないよう、自分で中身の見えない箱に分けることなのです。

次回はオブジェクト指向のお話だよ。お楽しみに!

めもりーちゃんは実在するッ!

私もプログラミングしたてのときは for 文がわからなかったですね。for 文を知ったときは衝撃でした。当時は Javaをやっていたのですが、for (int i = 0; i < 1234; i++) は決められてるイディオムだとも思っていました。でも実際は違うということを知って、感動しましたね。

@m3m0r7

Author 田中ひさてる
Twitter @tanakahisateru

ハッシュタグ
#ちょうぜつエンジニアめもりーちゃん

第2話 犬はワンワン、猫はニャン

ゆにっとさん
オブジェクト指向がとくいなメカ好きガール
セーラー服は海軍の制服だからかっこいいと思っている
こう見えてもめもりーちゃんの先輩なんだ

カプセル化して組み立てる

大きなプログラムが複雑化するのはしかたのないことです。そこで、部分部分を小さく完結したプログラムのように見立ててそれを集約することで大きなものを作り上げるのが、本格的なソフトウェア開発のプロセスです。この工夫を行ううえで、オブジェクト指向の考え方がとても役に立ちます。

いくら関数をモジュールにまとめても、変数を介してそれらのどれをどう連携させると正しいのかは、関数を使う側の責任になります。

うまくできたオブジェクトは自身を構成する変数を中に持つので、いちいち間違いなく渡さないといけない負担がありません。

また、自身を操作するための処理だけが「メソッド」としてまとめられているので、間違った関数を使う心配が減ります。

めもりーちゃんは実在するッ！

「ねこちゃん！！」とつい、めもりーちゃんと同じ反応をしてしまいました。はやく、ねこクラスを継承したいです。

@m3m0r7

ロゴデザイン　すぴかあやか(角田綾佳)@キテレツ(https://spicagraph.com/)

ポリモーフィズムで抽象に依存

犬や猫の鳴き声の違いをいちいちif文で書いていると、次の動物が増えるときに、おそらく変更が複数の箇所にわたって発生してしまうでしょう。

もし意識的に、出題のしくみが「animal変数に決まったメソッドがあることしかあてにしない形」にしてあればどうでしょう。未知の新しいオブジェクトでも、それが決まったメソッドを備えていれば対応できますね。

同じメソッドを備えていて扱いは同じなのに、まったく違う動きをする別のオブジェクトがあることをポリモーフィズム（多態性）と呼びます。言い換えると、抽象はさまざまな具象を持つと表すことができます。

ポリモーフィズムを活かせば、あちこちのif-elseを書き換えなくても、最初にどの具象を変数に代入するかだけで、バリエーションを追加できます。

拡張を想定していない箇所であっても、抽象にだけ依存するコードはシンプルに割り切った形になるので、そこでバグが起きる可能性を減らせます。

みなさんがよく使うソフトのプラグインはまさにこのオブジェクト指向のメリットを活かした良い例ですね。

単体(ユニット)テスト

本格的なアプリケーションは1つの機能だけ見ても、複数のモジュールの積み上げでできています。正しく動かないプログラムを直すのがなぜ難しいのかというと、関連する部分がとても多くて、どの部分が間違っているかを探し当てるのが困難だからです。

単体テストを行うことで、画面で操作して想像しなくても、構造物の単位部品を直接、意図どおりに動くのかどうか確認できます。

やることはいたって簡単。対象のモジュールを使うプログラムの真似をしたコードを書き、その結果を上位のコードに戻して使うのではなく、期待どおりかをすぐに検証するのです。

問題が起きるパターンに対して、正しく動くのはどの部分なのかということがわかれば、間違っている部分を簡単に絞り込むことができますね。

ロゴデザイン　すぴかあやか(角田綾佳)@キテレツ(https://spicagraph.com/)

add.py
def add(x, y):
return x + y
test_add.py
from add import add
def test_add():
result = add(1, 2)
assert result == 3
pytest test_add.py
で add がちゃんとできてるか
チェックしてくれるよ
たとえばこれは
pytest で足し算関数が
正しいかを試す例
つまらないことでも
ひとつひとつの完全性を
確保しておくと、安心して
組み上げられる
普通に簡単な
プログラムだ
これならできそう
でも単体って
言いつつ
実際はクラスが
ほかのクラスを
使ってたりするよ
ニヤリ…
自作
ライブラリ
テスト
コード
あっ
中で使ってる別の
ものに影響されるんだ
それテストしてたら
単体じゃなく
なってしまいますよ
いちばん上はコール先が
バグってないかまで全パターン
テストしなきゃだめなんて
なんかふりだしに戻ったような……
なら、表面的に
本物と同じ形の
検査用ダミーで
置き換えれば
いいんだよ
同じ形なら
使ってるほうは区別が
つかないよね
そういう多態は
「モックオブジェクト」だね
実際には何もしないけど、
ちゃんと呼び出されたかとか
だけチェックする
でもダミーだらけはつらいから、
できるだけ置き換えポイントを
絞れるように設計するのがミソ
知らない間にきれいな
プログラムになるよ
おーっ
ブレーキ装置の
テスターは
ダミータイヤにも
センサーがある
イラストのチョイスが
完全に個人の好み
めもりーちゃんは実在するッ！
たまに携帯ショップに行くとホンモノの重量と触り心地が近いけど液晶がついてないモックの携帯が置いてあったりしますよね。
実はあれめっちゃほしいです。
@m3m0r7
ぜんぶ説明
してしまうから
出番が少ない…

Author 田中ひさてる
Twitter @tanakahisateru
ハッシュタグ
#ちょうぜつエンジニアめもりーちゃん

進捗どうかしら？
新人教育は
進んでる？

第4話 分けろ！まとめろ！変更差分

こみっとさん
めもりーちゃんたちの
上司さんだよ
管理職なのに
みんなのコードを
ぜんぶレビューしてる
立派な人なのだ

残業でがんばった分
よくわからないケドマージ
おやつの時間なので
半分ぐらい埋めたしとりあえず
ひとまず今日はここまで

Git の使いかたを
教えてもらいました

完全にマスター
しましたよ

おしえた

こ…このメッセージは

そ…… そうね
機能の使いかた
だけは習得できた
みたいね

うーん、次からは
コミットって言葉に
どういう意味が込め
られているか考えて
みてほしいの

【動】commit
1 委託する・ゆだねる
2 引き受ける・約束する・
専心する
3（罪を）犯す

難しいけど、なんか
責任重大って感じします

うーん

そうね、commit はデータベースの
トランザクションでも使われるわ

この変更セットで絶対間違いないから
よろしくって、ユーザーが自分の
責任をシステムに送るイメージね

だからやり忘れてることがあって
動かないのはコミットしちゃダメよ

逆に、複数の意図が混ざってると、
どの部分が何の変更に関係してるか
わからなくなるから、できるだけ小さく

Git などのバージョン管理システムを使うと、コードの変更履歴を残すことができて便利です。

が、みなさん本当にその便利さを活かすよう意識して使っているでしょうか。小さくまとめるのは良いのですが、別のやり方を思いついたので元に戻した、何度も変数の名前を変更した、といった試行錯誤の過程をそのまま残していても、後で役に立つ履歴とは言えません。

1つの変更意図に対して、1つの差分セットで結論を表すのがコミットです。ソースコードの記述と同じように、不足なくまとまっていて、かつ、分けられるものがすべて分けてあるのが、本当に後で役に立つバージョン管理のやり方です。つまり理想的なコミットの数は、独立した意味を持つ変更の数と同じになるのです。

ロゴデザイン　すぴかあやか（角田綾佳）@キテレツ（https://spicagraph.com/）

作業ログ → ×
読める差分 → ○

Git のような分散バージョン管理システムは「ブランチ」と呼ばれる作業コピー(実際はその後変更されたファイルのみコピーが起きる)を設けやすいのが特長です。ブランチを使えば、作業内で発生した変更を他の人と共有するまでは、何をやっても自分にしか影響しないので安心です。

ところで、ブランチで作業した内容を正式に採用するか(master ブランチにマージするか)判断するさい、もしその中のコミットがうまく分けてないとどうでしょうか。下手なコミットは、将来もしかしたらではなく、実はブランチのマージ判断という、とても早い段階にいつも関係しています。

ひとつひとつのコミットを分けて読むことでコードレビューがはかどるのでなければ、ブランチに複数のコミットを積んでいる意味はありませんね。コードレビューしやすいことが最優先なので、そのためには、ブランチ内で起きた変更履歴は、いくらでも改ざんしてかまいません。Git のブランチを使うなら、ぜひリベースを学びましょう。

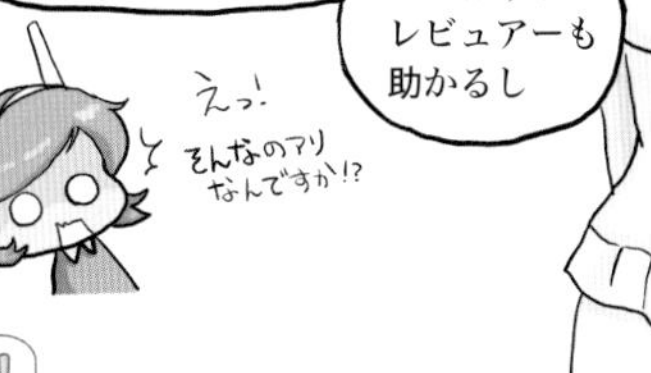

めもりーちゃんは実在するッ!

@m3m0r7

私は何年たってもコミットし忘れ癖が治らないのでこういう大人になってはいけません。あと、コミットメッセージに「Fix」とか「Update」などを多用するのはやめましょう! 私はそれで怒られました。

ちょうぜつエンジニアめもりーちゃん
第5話 ちょこっとドカっと仮想サーバ
Author 田中 ひさてる
Twitter @tanakahisateru
ハッシュタグ
#ちょうぜつエンジニアめもりーちゃん
そけっとさん
ゴスロリツインテの
インフラ担当
ケーブル配線が好き
ちょっと恥ずかしがり
やさんだけど、萌えを
推すときは案外大胆に
なっちゃうよ
インフラ担当の
そけっとさん
見学して
ハンドシェイク〜
こちらこそ
よろしくね
よろしく
おねがいします
これがメインで稼働中の
本番環境で、
別サービスのは
ちょっとバージョンが
違うのも……
わっ!
サーバがいっぱい……
バージョン違いのが
あったら開発マシンも
同時にたくさん必要に
なりそうです
- サーバー構成図 -
いんたーねっと
LB
GW
APP
CACHE
DB(W)
DB(R)
でシステムレビュー用の
ステージングは並列
あんまなってなくて…
あとは
バッチ系とか…
うんたらかんたら
ひゃ〜
ロゴデザイン　すぴかあやか(角田綾佳)@キテレツ(https://spicagraph.com/)

そんなあなたに仮想マシン！

1台のマシンにサーバソフトをいくつもインストールするのは大変です。また、1つのソフトを複数のプロジェクトで共有してしまうと、設定やバージョンの違いに対応できないなどの問題も起きます。

そこで、開発機に複数の仮想OSを設け、それぞれに個別のサーバソフトをインストールするのがお勧めです。Dockerを使うと、コマンドラインから簡単に複数の仮想OSを立ち上げることができます。

Dockerは複数の仮想OS間でカーネルを共有するので、いくらコンテナ（仮想OSの単位）を立ち上げても余計なリソースを消費しないのが特長です。オーバーヘッドを気にして1つのOSに機能を詰め込まず、単体のソフトを起動するぐらい気軽に、コンテナを必要なだけ立ち上げるのがうまい使い方です。

Dockerfileを書けば
ベースイメージを
カスタマイズして
使うこともできます

```
docker run -d --name nginx \
-p 8080:80 \
-v "$PWD/public:/usr/share/nginx/html" \
nginx:stable

docker exec -it nginx /bin/bash
```

どっかあ とは

wi-fi〜

Dockerコマンド調べたら
すごく引数多いんですね
いっぱい立ち上げたら
すぐ間違えそうです

Vagrantだとvagrant up
だけなんですよね

ずーん

構成が決まってるときは
docker-composeで
まとめてupとdown
できるから

YAMLでこんなかんじ

```
version: '3'
services:
  app:
    build: .
    ports: [5000:5000]
    volumes: [.:/app]
  redis:
    image: redis:alpine
  mysql:
    image: mysql:5.7
    volumes:
      - ...
```

appのイメージは
Dockerfileを
使って作るのね

本番の分散環境だと
コンテナ管理に
Kubernetesや
クラウドベンダーの
サービスを使います

今は仮想化できる
サーバ機能を見極めて
コンテナ化するのも
インフラのお仕事ですね

VS CodeやIDEのサポートも
充実してるからこわくないよ

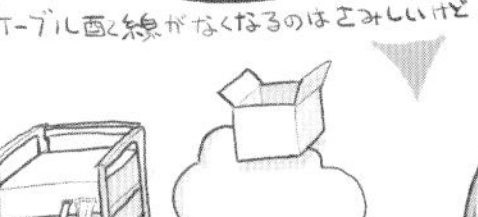

めもりーちゃんは実在するッ！

Dockerがなかったときは、違う開発環境の構築に1日〜3日かかっていたんですが、今はdocker-compose upでどんな環境もだいたい用意できて、便利な時代になったなぁ〜と思います。ドッカーんし放題ですね。

@m3m0r7

第6話 ちょうぜつインターンくるみクン!?

Author 田中ひさてる Twitter @tanakahisateru
ハッシュタグ
#ちょうぜつエンジニアめもりーちゃん

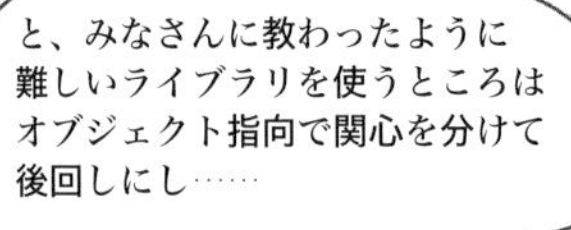

やりたいことを先に書いて
自動テストでロジックが
合ってるかたしかめました

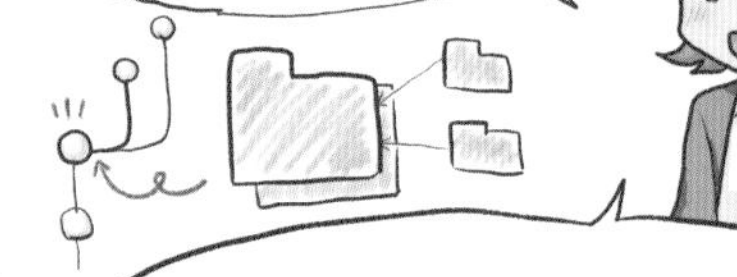

この基本から Git でブランチを分けて
難しいのを1つずつ分けてやっつけました

通信する先がまだできてないうちは
Docker で簡単なダミーサーバを
立ち上げて済ませました

はい よくできました

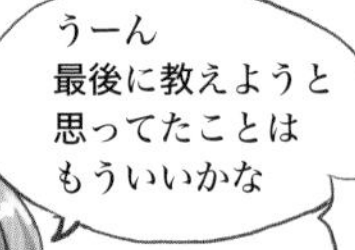

えーーっ
教えてくれ
ないんですか!?

誰かが仕様を作ってくれてそのとおりに書くのが開発者の仕事だと思っていると、どんなプログラムを書くか想像できない人が、整合性の欠けたロジックや、形式言語化すると不自然になる概念を考えついてしまうかもしれません。

じっさいにコードを書く感覚を持った人が、本質部分(ドメイン)のロジックにたずさわって進めるほうがうまくいきます。これがドメイン駆動設計(DDD)のもっとも大事な部分です。

そのように進めるにあたって、DDD では次の点が重要です:

- **やりたいことの意味を表す言葉でクラス名やメソッド名をつけること**
- **実際に動くプログラミング言語とその単体テストを使ってモデリングすること**
- **実現技術の詳細にとらわれず、中心となる純粋なロジックを優先的に考えること**

そこで得られるのは、ユーザーインターフェースもデータ保存処理もない、仕様を表しただけの抽象的なモジュールです。しかし、これをうまくやれば、どんな技術を使うかや、ユーザーがどんな機能を求めるかに影響を受けない、ソフトウェアの本質的骨子が固まります。

周辺技術やユーザーニーズの事情は本質的に複雑なので、どんなにきれいにコードを書こうとしても限界があります。そういった"汚れ"を、中心となるドメインモデルの外側へと階層的に置き、その境界では、上位の機能が下位のライブラリを使うのではなく、上位の抽象を下位の具象に実現させるかたちを取ります。

こうすると、中心に近い、重要で普遍的なコードほど変更頻度が減り、抽象度と安定度が一致します。これがクリーンアーキテクチャです。

ふつうにやってたけど
これってすごいこと
だったんだ

ロゴデザイン すぴかあやか(角田綾佳)@キテレツ(https://spicagraph.com/)

発表も終わったし これでインターン生は 卒業ね おめでとう
ペコリ
はい!! これまで お世話になりました 就職活動に活かしていきます
何言ってんの 明日から正社員になるんだよ
せーしゃいん??
・・・ ・・
カタカタ…
え――
聞いてなかったの? こんな飲み込みの早い 優秀な子を 逃がすわけないじゃない
メーカーには取り次いで おいたから
AIなので
ふえぇ これからもみなさんと 働けるんですかぁ
次からは 主役を わたさ ないぞ
それじゃ 急だけど今日は新歓 飲み会行っときますか
経費が使えるわよ
あっ すみません私 アルコールは 動作 保障外 なので…
最近の 若者か…
めもりーちゃんは実在するッ!
@m3m0r7
今号で最終回……あっという間でした。もともと私からフォークしたのに完全に別キャラとして確立していて、私自身もものすごく楽しませていただきました。正直最初に連載になると聞いて、めもりーちゃんに手が届かない世界に来たなって思うなどしたのですが、めもりーちゃんはきっとみんなの心に「楽しい」という名のプロダクトをリリースしてくれたと思います。

カラーイラスト初出一覧

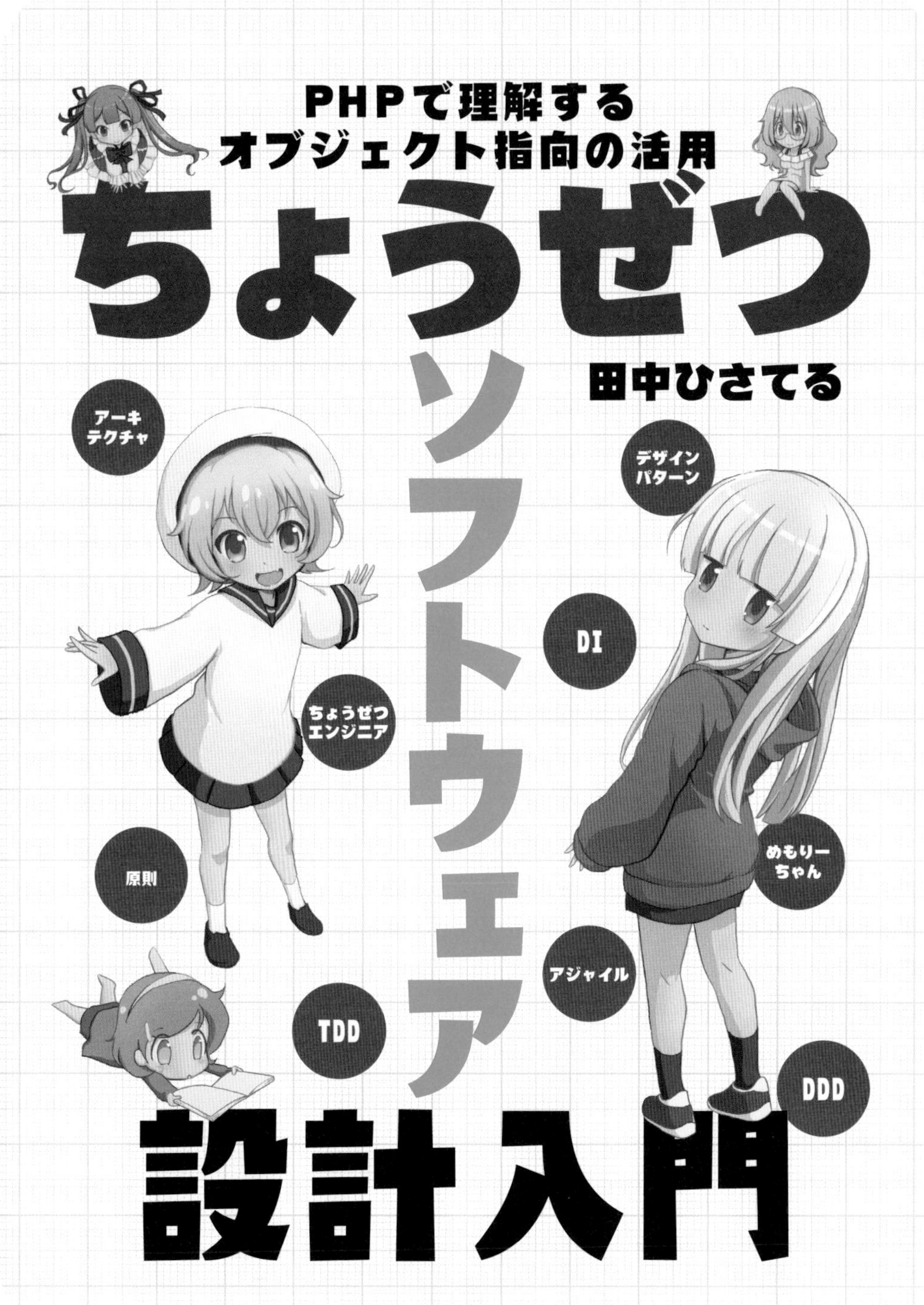
PHPで理解する
オブジェクト指向の活用
ちょうぜつ
ソフトウェア
設計入門
田中ひさてる
アーキ
テクチャ
デザイン
パターン
DI
ちょうぜつ
エンジニア
原則
めもりー
ちゃん
アジャイル
TDD
DDD
技術評論社

●免責

本書に記載された内容は、情報の提供だけを目的としています。したがって、本書を用いた運用は、必ずお客様自身の責任と判断によって行ってください。これらの情報の運用の結果について、技術評論社および著者はいかなる責任も負いません。

本書記載の情報は、2022年11月現在のものを掲載していますので、ご利用時には、変更されている場合もあります。

また、ソフトウェアに関する記述は、特に断わりのないかぎり、2022年11月現在でのバージョンをもとにしています。ソフトウェアはバージョンアップされる場合があり、本書での説明とは機能内容や画面図などが異なってしまうこともあり得ます。本書ご購入の前に、必ずバージョン番号をご確認ください。

以上の注意事項をご承諾いただいたうえで、本書をご利用願います。これらの注意事項をお読みいただかずに、お問い合わせいただいても、技術評論社および著者は対処しかねます。あらかじめ、ご承知おきください。

●商標、登録商標について

・本書に登場する製品名などは、一般に各社の登録商標または商標です。なお、本文中に™、Ⓡなどのマークは特に記載しておりません。

はじめに

この本は、プログラミング言語の入門を済ませたけれど、もっと良く書きたいと思っている、中級者へのステップアップを目指す方のための本です。

プログラムというものは不思議なもので、習熟して思いどおりに書けるようになってくると、最初の「自分はこれで何でもできるんじゃないか」と思えた頃と打って変わって、だんだんと自分の無力さが見えてきます。

安心してください。自分が初心者の域からいつまでも出られないときちんと思えるのは、成長の証拠です。諦めずに考え続ければ、いつしか気づかないうちに中級者に手が届くようになってきます。そして、自分の頭で「プログラミング言語を覚えることよりずっと難しくて厄介な問題は、自分たちが作った設計の方にあるんじゃないか」といった考えが湧き上がってくるようになれば、その時こそ、大きく階段を踏み上がるチャンスです。

「プログラミング言語を正しく書くだけなら、文法エラーをなくして動作が間違ってなければよいとわかるんだけど、うまくプログラミングする方法＝ソフトウェア設計って話になると、何が正しいのかがわからないよ」「けれど、必要以上にややこしくなってすぐバグるのは、単にコーディング技法があるかないかじゃなくて、たぶんもっと大枠の設計がまずいんだろうというのはわかる」そんな悩みを抱えながらも、大きな一歩を踏み出せず、悶々とした気持ちで仕事をしている、あるいはこれから仕事をしようとしているプログラマーの方は、(はっきりそう意識できていなくても)とても多いと思います。自分がそんな悩みを抱えていた頃に、「これを先に知っていたら早かったのに」と思ったことを、この本の筋書きの中に入れ込みました。

本書の筋書きは、いまや当然となった、ごくありふれたソフトウェア工学の王道です。それぞれの専門書に比べると、決して網羅性が高いとは言えません。しかし、知識のとっかかりとして、そして何より、取り上げた各技法のつながりを理解して、あるひとつのソフトウェア設計の体系を認識するのに、本書がとても役立つと思います。

本書の中心を貫くのはたったひとつの価値観です。便宜上それはオブジェクト指向と呼ぶしかないのですが、まだ内容を読み進めていない方が想像するオブジェクト指向とは、少し違うかもしれません。回りくどい言い方をすると、「ソフトウェア工学のうち、かつてオブジェクト指向というトレンドをベースとして発達してきた領域」です。

フレデリック・P・ブルックスの名著で「狼男を倒す銀の弾丸はない」と主張

した『人月の神話』の第2版（1995年）に書き加えられた章に、「オブジェクト指向は真鍮の弾丸かもしれない」という言葉が記されています。現代のプログラマーは、オブジェクト指向言語を使いこなせば無条件にソフトウェアが作りやすくなるなんてことを信じる人はいないでしょう。ただ漫然とオブジェクト指向であるだけでは意味がありません。ブルックスはなぜオブジェクト指向は真鍮（銀の代わりに使われる庶民的な金属）になると予測したのでしょう？この真鍮を妥当な効果のある弾丸にするとは、いったいどういうことなのでしょうか？　それ自体に明確な言葉はないけれど、オブジェクト指向で語られる「原則」と「技法」と「パターン」を通して、「それ」をひとつ、この本から見つけ出してください。

各セクションを理解できると、思わずクスッとなるかわいい挿絵が待っていますよ。がんばって読み進めましょう。

2022年秋
田中ひさてる

謝辞

私がこの本を書くにあたって、多くの方にチャンスと助力をいただきました。みなさんのおかげで、より良い（と私が思っている）知見を世に広めたいという願いが形になりました。

まずは、冗談のつもりで描いた絵を気に入ってくれためもりー（@m3m0r7）さん。「趣味でPHPを使ってJavaのバイトコードを動かす若き女性プログラマー」って……こんなすごい人が開発者コミュニティに現れたんだと、その活躍に感銘することがなかったら、めもりーちゃんというキャラクターは生まれてもいませんでした。ありがとうございます。

私の「Qiitaアドベントカレンダー1人で24日マンガ連載」なんていう冗談みたいなネタきっかけで、雑誌に誘っていただいたり、執筆を提案してくださったり、そしてなにより、入れたい内容が後から増える間、制作を待ってくださった、技術評論社の池本さん、ありがとうございます。

東京工業大学で研究室を発足され、京都大学に移られた首藤先生に一読していただき、文章表現や誤りをたいへん細かく指摘していただきました。ありがとうございます。大学の先生の目から見て、主張そのものが大きく事実に反するような点を指摘されなかったことで、自信を持てました。さらに、本書のところどころに、ここはいいことが書いてあるなと感想を持ってもらえたのが、とてもうれしかったです。

この本の原稿は、まだ紙面になっていない段階で、私が知りうるかぎりもっとも厳しく見てくださる方に、目を通していただきました。『プロになるJava』（弊社刊行）の著者の一人で、「（軽率に）オブジェクト指向（をありがたがるのを）やめろ」といった批判的なスピーチをしておられる、きしだなおき（@kis）さん。問題意識をともに議論してくださったこともですが、何より、この人にこの本の内容を否定されなかったということが、もっともうれしかったです。

子育てに忙しいママさんプログラマーでありながら、コミュニティイベントではしっかりとした設計哲学を語ってくれる、国内Symfonyユーザーとしてたいへん尊敬するななうぇぶ（@77web）さん。お願いしたコードの「らしさ」チェックだけでなく、解説文への疑問も遠慮なく出してくださって、ありがとうございます。

お名前は差し控えさせてもらいますが、私の事実誤認に気づかせてくださったあるベテラン開発者の方にも感謝を述べたいです。大きな誤解につながる可能性から、望まない不毛な議論につながってしまうところでした。

ほか、執筆中にTwitterに漏れ出てしまう私の思いにリアクションをくださった、数多くの開発者コミュニティのみなさん。ペースダウンすることもあったけど、ほぼ毎日めもりーちゃんと仲間たちを見てくださったフォロワーのみなさん。本当にありがとうございます。

本書の読み方

「ちょうぜつ」について

本書のタイトル「ちょうぜつ」は、「ちょうぜつエンジニアめもりーちゃん」に由来します。めもりーちゃんは、著者が1コマ漫画として日々Twitter連載しているシリーズ(数えてみたら1000回を超えていました)のシリーズタイトルです。カラーページにあったものがSoftware Design誌で連載されていたのを知っている方もいるかもしれません。

平仮名で「ちょうぜつ」と表記しているのは、「他の職種から見ると不思議に見えるけど、本職のITエンジニアにはありがちな」という意味合いです。

本書で扱うソフトウェア設計のアイデアも、慣れていないと驚くかもしれないけれど、本職のエンジニアにとっては、よく知られた普通の内容にすぎません。この本は、誰も知らない目新しい技法を期待した方には申し訳ないぐらい、枯れた方法論の掘り下げを徹底した内容の本になっています。

ソフトウェア設計について

システム開発には、じつにさまざまなところに「設計」(アイデアの取捨選択に対する最適な判断)という言葉が登場します。設計と言うと、ハードウェアとソフトウェアと運用をすべて含んだシステム設計から、データベースやネットワークの設計、ユーザーに提供する機能を考えるアプリケーション設計まで、扱う広さもさまざまです。プログラムコード中の変数名を決めることさえ、設計と言えるかもしれません。

本書では、「ソフトウェア設計」のうち、どんなアプリケーション機能を提供するかと、具体的にどんなミドルウェアとアルゴリズムで機能を実現するかを除いた領域、ソフトウェアのアーキテクチャ作りに着目します。

ソフトウェア設計にとって、プログラミングはたいへん大きな影響を持っています。プログラムの構成は、下手を打ったときの周辺ダメージがとても大きいけれど、逆に、うまくやれば、他の意思決定をスムーズに押し進める、良き媒体にもなります。

安定して良いプログラムを書き続ける支えとなるアイデア、広く知られたコード構成ノウハウ、といったものを通じて、現在のソフトウェア設計(アジャイル登場以後)が共通して持っている、前提知識の感覚を得るのが本書のねらいです。

使用しているプログラミング言語について

サンプルコードの記述にはPHPのバージョン8.0以上を使用します。PHPを使うといっても、とくに固有の言語機能に依存する記述はしません。なるべく他のプログラミング言語でも読み替えができるように表記しています。以下、一部PHPであるがゆえの注意点です。

- 現在のPHPは入出力変数の型宣言が推奨される言語ですが、型を宣言しない記述も可能です。本書では、型の重要性が低く、紙面上の可読性を優先するところで、型を省略して書くことがあります。

- PHPはPythonやJavaScriptと同様 **$this** を省略できない言語です。C++, Java, Ruby, に慣れているとうるさく感じますが、ご容赦ください。

- PHP 8.0以上には、Constructor Property Promotionという言語機能があります。これは、クラスのプロパティ宣言とコンストラクタメソッドの引数の宣言を同時に行う記法です。コードを短く書くために、本編内のサンプルコードはすべてこの記法で記述します。

```
class Foo
{
    protected Bar $bar;
    public function __construct(Bar $bar)
    {
        $this->bar = $bar;
    }
}
```

↑↓同じ

```
class Foo
{
```

```
    public function __construct(
        protected Bar $bar
    ) { }
}
```

- PHP自体の型にはテンプレートやジェネリクスといった機能がありません。PHPには「文字列の配列」といった文法上arrayとしか表現できない型について、決まった書式のコメントアノテーションで表す習慣があります。

```
class Parent
{
    /** @var Child[] */
    private array $children = [];
    /**
     * @param string[] $childNames
     */
    public function __construct(
        protected array $childNames
    ) { }
}
```

- アクセス指定子を持つ言語の間には、その意味に微妙な違いがあり、用法について議論が分かれます。本書ではメソッドとプロパティのアクセス指定子を以下のポリシーで使い分けます。

  - public：外部からアクセス可能な設計単位
  - protected：設計単位として存在はするが外からはアクセス不可（継承関係は除く）
  - private：将来設計単位として存在する保証のない一時的なもの

なお、PHPのクラスのアクセス指定には現在（提案が未採択で）、パッケージスコープでの区別がないため、他の言語に読み替える場合ご注意ください。PHPのクラスはすべて**public class**、あるいは**export**付きになってしまいます。内部利用に制限する場合は、コメントで**@internal**アノテーションを付ける習慣になっています。

PHPは決してプログラミング言語として最初から美しく設計された汎用言語ではありません。が、長い歴史の中で、時代に応じて必要な言語機能を徐々に獲得してきました。現在のPHPは「なぜかオブジェクト指向だけ一人前にできる」不思議な言語になっています。それしか上手にできないかもしれないけれど、だからこそ本書のテーマとの相性が際立ちます（めもりーちゃんの生まれたきっかけがPHPコミュニティだったというひいき目は、ええ、ちょっとあります……）。

構成について

本書は、セクションごとに独立したトピックを解説するスタイルの技術書とは少し異なり、全体で1本の物語のようになっています。個々の解説は個別に読んでも役立ちますが、すべてをつないだときに、大きなひとつの意味が見えてきます。

本書の流れは全体的に、歴史的な順序、あるいは一般的に「簡単」から「難しい」に流れる説明の順序とは、逆順になっています。過去のソフトウェア工学の偉人たちは、読者が、十分な経験者と同じだけの目的観を持っていると考えて、かなり高度なところから説明をする本を書いてきました。しかし実際には、読者との間に、より基礎的な意識の食い違いがあり、いつも正しく理解されないままになってしまいました。時とともに入門者が何を理解できないのかが明らかになることで、達人の感覚の中にしかなかった原理は、改めて少しずつ明文化されていきました。

本書では、そうして積み上がった知見を、最速で理解できる順序に並び替えてあります。ぜひ、順番に読み進めていってください。

■ 第1章　クリーンアーキテクチャ

ここでは、より良くソフトウェアを作るとき重要なスローガンと、必須キーワードを説明します。ソフトウェアの全体的な設計イメージをつかむのが目的です。どうやってそんなものを作るかという課題には、まだ踏み込みません。

■ 第2章　パッケージ原則

ソフトウェア部品をどのようにまとめて整理していくかに関して、定番となっている基本原則を紹介します。この原則を前提にしなければ、後の内容の必然性がわからなくなります。すべて理解できなくても、必ず目を通して、どういうことなのか疑問を持ち続けながら、次へ読み進めてください。後の内容は巨大な答え合わせになってきます。

■ 第3章　オブジェクト指向

本書で言う「オブジェクト指向」というキーワードが意味する範囲を明確にします。人によって同意できるかどうかに差はあるかもしれませんが、そういうものだと前提を置くことで、後の説明がしっくりきます。

■ 第4章　UML（統一モデリング言語）

この章は、すでに知っていれば、いったん読み飛ばしてもかまいません。知っているつもりでも、もしかしたら新しい発見があるかもしれないので、読み飛ばした場合は後で読んでみることをオススメします。

■ 第5章　オブジェクト指向原則 SOLID

パッケージ原則を支えるためにオブジェクト指向の特徴を使うとき、絶対に欠かせない重要な原則、SOLIDを解説します。ここの内容でようやく、クリーンアーキテクチャの説明が完成します。また同時に、新たな疑問を保留するかたちで、次からの実技的な手法へ続きます。再度、後の内容で答え合わせをしていきます。

■ 第6章　テスト駆動開発

実際にPHPで単体テストを進めながら、単体テストの意味、テスト駆動開発、そして、テスト駆動開発を用いた設計プロセスを説明します。ここまでの原則をベースに、実際にプログラムコードで設計が書き上がっていく、たいへん面白いセクションになっています、

■ 第7章　依存性注入

依存性注入という考え方、DIコンテナと呼ばれる技術の使い方を通じて、なぜ原理原則に忠実なオブジェクトが大きなソフトウェア作りに役立つのかを、体験的に理解していきます。

■ 第8章　デザインパターン

原理原則として最短コースで進めてきた内容が、実際にどんな設計要素になるかを、いわゆるGoFのデザインパターンを通して確認していきます。この章はとくに、原典から大胆に構成を変えたり、省略したりしています。パターンそのものをマスターするのが目的ではなく、パターンを題材にした原則の応用方法を知るのが目的だからです。

■ 第9章　アジャイル開発

駆け足でのドメイン駆動設計、より深堀りしたアジャイル開発宣言、の二本立てで、本書の各技法を、そもそも何のために学んできたのかを振り返ります。プログラムコードの書き方には言及しませんが、非常に重要な事実が書いてあるので、締めくくりとして最後まで読んでみてください。

登場人物紹介

めもりーちゃん

ねこになりたいプログラマー。量産型の3倍の速度で実装できる。時間が余るのでいたずらばかり考えている。

ゆにっとさん

オブジェクト指向とガンプラが好き。見た目は子供、頭脳はおじさん。マリンセーラーは海軍の服なのでかっこいいと思っている。

こみっとさん

めもりーちゃんの上司さん。バージョン管理とマネジメントがおしごと。全コードレビューしてくれるやさしいお姉さん。

そけっとさん

インフラ担当のゴスロリさん。かわいいお洋服と配線が大好物。表の顔はシステム仮想化、裏の顔はアニメの仮装化！？

くるみクン

AIの新人エンジニアちゃん。前向きでがんばり屋さん。でもAIなのでわりと天然（?）なところも……

目次

第2章 ››

パッケージ原則

第3章 ››

オブジェクト指向

第4章 ››

UML（統一モデリング言語）

第5章 ››
オブジェクト指向原則 SOLID

第6章 ››
テスト駆動開発

第7章 ››
依存性注入

第8章 ››
デザインパターン

第9章 ›› アジャイル開発

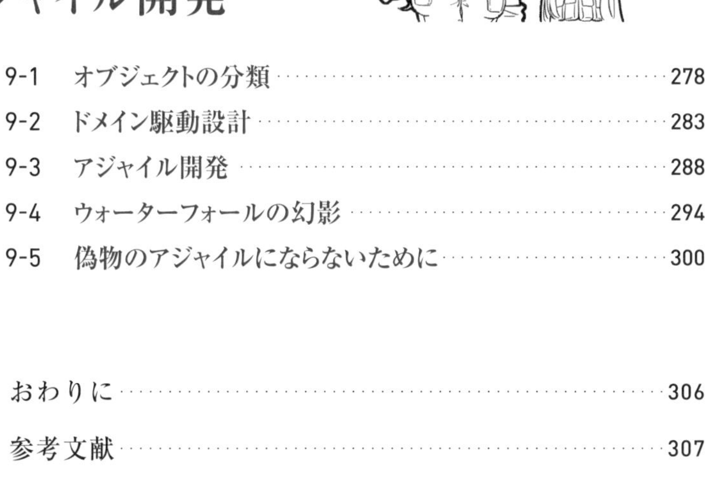

第1章

クリーン アーキテクチャ

「クリーンアーキテクチャ」は本書で紹介する言葉の中で、最も新しいキーワードです。より新しい技術用語は、それ以前のものより応用的で難しいのではないかと思うかもしれませんが、実際はその想像の逆です。独自ソフトウェアの開発において、クリーンアーキテクチャという物の見方は、過去に語られた何よりも、より根源的な問題を、包括的かつシンプルに明らかにしてくれます。そもそも私たちはなぜ「きれいな設計」を求めるのか、「きれい」とは何なのかをこの章でつかみ、後に続く詳細の読んでいく心得を作っていきましょう。

1-1 ソフトウェアとアーキテクチャ

アーキテクチャは、建築物の構造を指す言葉です。コンピューターシステムの分野でも建築学からこの言葉を借りて、ハードウェア・ソフトウェアの構造をアーキテクチャと呼んでいます。CPUの基本設計の違いもアーキテクチャですし、ネットワーク構成もアーキテクチャです。ウェブブラウザとアプリケーションサーバーとデータベースサーバーで機能を提供する構成も、複数のバックエンドサーバー同士を連携させたマイクロサービスなどもアーキテクチャです。

何をどこに配置すればよいかを決めたものを、私たちはアーキテクチャと呼んでいます。クリーンアーキテクチャという言葉の意味は、そういった実体のあるアーキテクチャとは少しニュアンスが異なります。少し掘り下げたところから考えてみましょう。

ソフトウェアを作る意義とは

ソフトウェア開発の困難さのひとつは、プログラミングやネットワークなどのコンピューターの扱いそのものの難しさです。が、それらの技術的困難さは、時代とともに徐々に解消されてきました。プログラミングはIDE（統合開発環境：Integrated Development Environment）のサポートが強力になり、分散システムはいちいちハードウェア環境を作らなくてもよくなりました。

しかし、ユーザーの解決したい問題の方はずいぶんと高度化しています。そして、それを解決するプログラムをどのようなチームで作っていくかというプロジェクト管理の困難さは、ますます厄介な問題になっています。

誰もが抱える一般的な課題解決であれば、ソフトウェアを購入するだけ、あるいは使い方を習得するだけで済みます。けれど、ユーザー固有の問題を解決してくれる出来合いの製品は、残念ながらどこにもありません。なぜ独自のソフトウェアを開発しなければならないかの理由は、まさにここです。

ユーザー固有の問題はソフトウェア開発の本質です。それぞれの固有の問題からどのように既存技術に結びつけるかがアプリケーション開発です。高度化するユーザーの問題を解決するにあたっては、独自のソフトウェアにも建築のようなしっかりしたアーキテクチャが必要です。出来合いのフレームワークに当てはめてそれで済むのなら簡単なのですが、いかんせん、ユーザーは必ず固有の事情を抱えています。既製品がいくら豊富にあっても、最初から完全にぴったり適合することはまずありません。

クリーンアーキテクチャの位置づけ

本格的なソフトウェアを開発するということは、ありものの技術を使いこなすだけでなく、プログラマー自身が独自のアーキテクチャを設計しなければならないということです。この、「自分で既製品並みのアーキテクチャを構築しなければならない」という困難さに、ひとつの指針を示したものがクリーンアーキテクチャという考え方です。

何をどう配置するか具体的に決まっている技術の使い方とは異なり、独自に開発するソフトウェアのアーキテクチャは人間の事情で変わってきます。なので、各自がオリジナルで設計せざるを得ないのは宿命づけられているのです。クリーンアーキテクチャの目的は（それ以外でもソフトウェアアーキテクチャはみんな）、この多様な独自設計を最少労力で維持するコツを一般化することです。たとえて言えば、独自ソフトウェアのアーキテクチャを設計するためのフレームワークと言えます。

「作らなきゃならないのはわかった、それでいったい何をすればクリーンになるんだ？」本書のテーマは、それを解き明かして理解し、きれいで開発し続けやすいアーキテクチャを目指すために、オブジェクト指向の文化を学ぶことです。

1-2 アーキテクチャは動作に貢献しない

最初に残念なお知らせです。アーキテクチャの良し悪しはプログラムの動作に直接貢献しません。良いアーキテクチャ設計ができたとしても、それだけでソフトウェアの性能が向上したり、機能が増えたり、誤動作がなくなったりはしないのです。そういった点にすぐに結果が出ることを期待するなら、自分でプログラムを書く量を減らすのが近道です。つまり、しっかり作られた既存のソフトウェアを、直接的に最短コードで利用する割合を増やせばよいのです。

アーキテクチャなんて何の役に立つの

良いアーキテクチャなんてものは何の役に立つのでしょうか。アーキテクチャは、ソフトウェアそのもののパフォーマンスではなく、**ソフトウェアを開発するパフォーマンス**を向上させます。既存のものでは問題を解決できないとき、私たちはどうしてもプログラムを書かなければなりません。結果同じ動作のプログラムを書くなら、後々できるだけ間違わずに書けるほうがうれしいですよね。また、不具合が起きても、早く安全に修理できるほうがだんぜんお得です。

よく働いてくれるソフトウェアほど、低い保守性が悩みの種になります。あまり役に立たないソフトウェアなら、具合が悪くなったら作り直してしまえば済みます。でも、役に立っているソフトウェアには、少しでも機能が変わると困る多くのユーザーが付いています。今の機能を失いたくないという強い思いに応えつつ、新しいユーザーのために機能を提供するには、あるものをそのまま使いつつ成長させるのが合理的です。

作りかけのソフトウェアも同じです。せっかくうまく動いた部分をいきなり削除して修正する勇気のある開発者はいません。開発中にうまく動いた部分こそ、消してやり直したくない気持ちが強いですよね。

ソフトウェアの動作部分でないところ

アプリケーション視点で見れば、ソフトウェアの内部アーキテクチャは機能ではありません。しかし、アーキテクチャが体現した設計概念と開発者の関係は、アプリケーションとそれを愛用しているユーザーの関係と同じと言えます。アーキテクチャの設計は、画面を操作して使うときに役に立たなくても、作り続けるときにはとても役に立つ、**実動作のないソフトウェア（使える情報）**です。

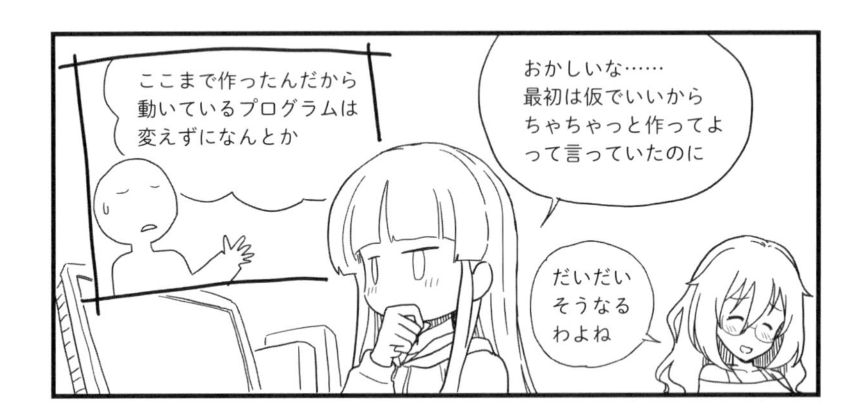

1-3 汚い設計はなぜ生産性を落とすか

ある程度の開発経験がある人にとっては当たり前のことですが、きれいにコードを書き進めるのと汚くコードを書き進めるのでは、生産性、つまりどれだけ効率的に続きを作れるかに、大きな違いがあります。行きあたりばったりの手続き、意味と名前が乖離した変数名、パズルのように入り組んだ条件分岐……なかなか思ったように動かないから時間がかかるというのもありますが、それよりも、無駄に複雑なコードには**意味を認識するのに時間がかかる**という問題があります。

生産的な美しさ・汚さとは

とはいえ、部分的なコードの汚さはまだマシです。単純に、そこだけを同じように動くきれいなコードに書き直せばよいのですから。書き直すのが面倒なら、正しく動いているうちはあまり触れずに閉じ込めておき、メンテナンス頻度が高い部分を優先的にきれいにしておくだけで、ずいぶん快適になります。

しかし、ソフトウェア全体にはびこる設計の汚さはそうもいきません。部分にフタを閉めて済ませることができないからです。自分の部屋を掃除しないと不便なのは個人の責任ですが、間取りがおかしい家の不便さにはなかなか手を入れられません。全体を動作保証しながら修正するのはとても時間のかかる作業です（遊んでないで早く機能を作ってくださいと言われます）。

多くの場合、構造のまずさには気づきにくいという問題もあります。部分的に見ればきれいに見えるコードでも、なぜかその見た目に反して、面倒が多くミスしやすい場合が多々あります。アーキテクチャのまずさ、汚い設計は具体的にどのような特徴を持っているでしょうか。実害のあるポイントは大きく2つの視点で評価できます。

- まとまりが悪くあちこち変更しないといけないので苦労する
- 同じところに意味の違うものが混ざっていて壊れやすい

散らかっているのと混ざっているのは、表裏一体の関係です。ひとつの機能の拡張があちこちのソースコード変更に分散すると、変更された部分に関係するものすべてについて、意図しない悪影響が起きる可能性が出てきます。なぜあちこち変えると悪影響があるのかと言うと、変更の起きた各所のすぐ近くに、別の事情に関係するコードがごちゃまぜに置いてあるからです。

変更影響は伝染する

理屈のうえでは一見無関係に見えても、少しでもコードに変更が入った部分は、以前と同じように動くと無条件に言うことができなくなります。この「無条件に」というのは思った以上に効いてきます。本当に悪影響がないか確認する手間もありますが、もっと早い段階で現れるのは、**どんな影響があるかを認識するための思考負荷**が高まることです。

求められている機能はごく小さなものなのに、本来考えなくてもいいはずのことまで配慮する必要があるのが、生産性の低下を招く原因です。変更箇所が多すぎて考えきれなくなったプログラマーは、今ある作りを読むのを諦めます。意味はわからないけど今のままを変えないでおこうと、プログラムのコードに行差分を差し込んで新たな動きを提供しようとします。すると、もともと持っていた業務上の意味づけから乖離したコードが残り、ソースコードはますます難解になっていきます。

アーキテクチャのまずさは、現時点でのやりにくさだけにとどまりません。生産性の低下が雪だるま式に膨れていく状況を招いてしまうのが深刻な問題です。

1-4 凝集度

きれいな設計を得るうえで、モジュール（ソフトウェア部品）のまとまりの良さは最重要ポイントです。ひとつの変更を加えるときに、あちこち修正しなくても済むと明確にわかっていると、どのぐらいの時間で直せるかの見積もり精度がぐんと上がりますね。変更後に壊れていないかを確認するのも簡単です。他に影響する部分を一切変更していないのだから、変更した箇所だけを確認して作業を完了できます。

関心と凝集度

ソフトウェア開発において「関心の分離」は非常に重要な概念です。別の作業者の担当部分に無関心になれという意味ではありません。むしろ逆に、設計者は自分がいま焦点を当てている問題が周囲にどう関係するかを意識したうえで、分割したモジュールの関係線を意図的に**細く**デザインするのです。そうした区分けの設計は、モジュールの役割分担を明確にし、後で保守するとき意識するコード量をぐっと減らしてくれます。

こうした意味関係の強さや実際のコードのつながりのまとまり具合を**凝集度**と呼びます。「集」という文字が入っているけれど、単に集まっていることを指すわけではありません。関係の強いもの同士だけが集まっていることを指します。これを逆に言うとつまり、**無関係なものが集まっていない**ということと同じ意味です。

結合度との関係

無駄な癒着がなく、しっかりとつながりが切れていることを**疎結合**と呼びます。厳密に裏表の関係とは言い切れません(次のセクションで詳しく説明します)が、一般的には、疎結合なものは凝集度を上げやすくなるという相関関係があります。疎結合の逆を**密結合**と呼びますが、言葉のニュアンスとは逆に、密結合になると凝集度は低くなります。

疎結合な箇所には、いもづる式に変更が波及する現象が起きません。たとえば、画面表示とデータベースアクセスの両方の詳細と結合したモジュールがあったとしたら、画面の変更のときにもデータベースパフォーマンス改善のときにも手を加える必要が出てきます。そうすると、データベース関連の変更が画面を壊さないと**無条件に**言うことができなくなります。

もしも影響があったら、画面まわりの修正が必要になってしまうかもしれない、といった心配があり得る時点で、無駄な思考負荷になります。実際に影響がないかではなく、影響がある可能性がゼロだと言い切れることが重要です。

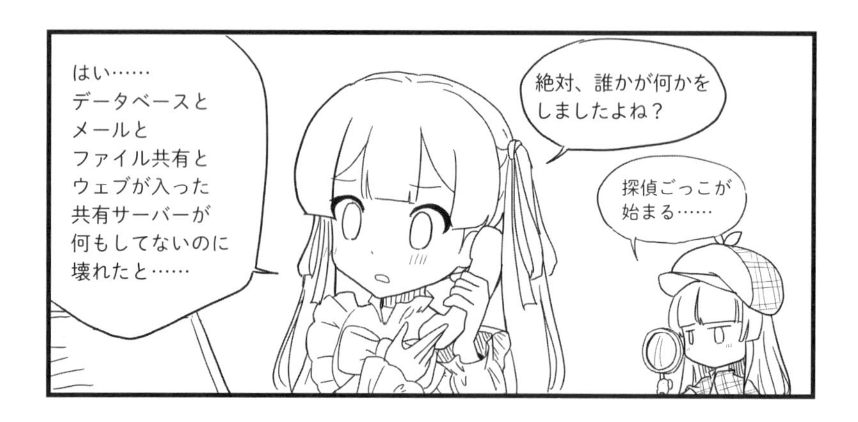

1-5 依存の向きと安定度

関係の強い部分をまとめるのは、凝集度を上げて疎結合にしやすくなるコツだとは言いましたが、まとめ上げが必ずしも結合を疎にするわけではありません。ソフトウェアのモジュールは必ず何かとつながっています。どこにもつながっていないコードはただのゴミでしかありません。モジュール間のつながりには、使うために参照する側と、参照される側に**依存関係**があります。

あるモジュールAが別のモジュールBを使っているとき、「AはBに依存する」と言います。依存関係はこの**向き**をとても重視します。AはBがないと成立しませんが、BはAがあるかないかにかかわらず成立します。Aから見た関係とは異なり「Bは独立して成立」します。

依存の影響

モジュールが他のモジュールに依存して密に結合すると、いったい何が問題なのでしょうか？　密結合の問題点は、自身を変更していなくても、依存するモジュールに変更が入ったら、自身を変更したのと同じリスクを負うことです。「たぶん互換性があるから大丈夫なはず……」というのは、またしても**無条件に**以前と同じと言い切れない不安のもとになります。

影響が依存箇所というポイントに集まっているのは、つながりが入り混じって癒着している状況よりはずいぶんマシなので、そこそこの凝集度にはなります。けれど、より複雑で大きな構造を作るようになると、ただグループに分けてまとめましたでは済みません。自身の変更よりも、依存関係の影響の方が強く現れてきます。

依存の実動作に違いが起きていることもあれば、場合によっては、クラス名が変わっていたり、メソッドの引数順序が変わっているおそれもあります。変更影響は、依存の方向とは逆向きに、使っている箇所を子孫末代まですべて巻き込みます。

凝集度と結合度の違い

他のモジュールに利用**される**モジュールに変更を加えるのは、利用者に変更を強いることと同じです。変更を強いられたモジュールもまた、他のモジュールから使われています。いくらまとめ方を工夫しても、こうした依存の連鎖があることで、結局いもづる式にあちこち直さなくてはいけなくなります。

このように、疎結合の結合とは、モジュールのまとまり具合以外に、依存によるつながりも含んだ意味を持っています。結合度を下げて、本当に意味のある凝集度の高さを確保しようと思ったら、関心のグループ化に加えて、依存関係もどうにかしないといけません。

オブジェクト指向を用いて解決したい設計課題は、主にこの依存との結合にまつわる問題です。

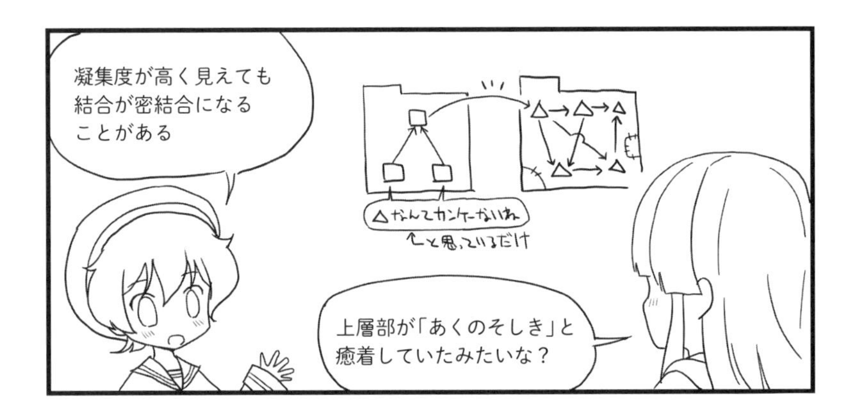

安定度とは

いくら技術的な工夫を凝らしたとしても、モジュール間に一切のつながりをなくすことはできません。そもそも、部品分けをして複雑な構造物を作る以上は、どこかに別の部品と関係する箇所が存在します。これが逃れようがない事実である以上は、変更影響の辛さをどうすれば最小化できるかを考えるのが健全です。

単純に、頻繁に変わるものに依存しないのが、シンプルかつ合理的な指針と考えられます。依存するものが変わりにくければ、その影響を受けて変更を強いられる可能性が減ります。コードの変わりにくさを**安定度**と呼びます。安定度の高いものに依存するのは、安定度の低いものに依存するより安心です。

安定度というと、動作が不安定な様子の逆のイメージを持つかもしれませんが、コードの安定度は動作とは関係ありません。ソフトウェアのバージョンをalpha, beta, stableと言うことがあります。コードの安定度(stability)と言ったときは、このバージョンのニュアンスになります。

安定度を予測するには

頻繁に変わる部分を避けるとは言っても、実際に変わりやすいかどうかを機械的に予測するのは困難です。変わりやすいかどうかなんて、やってみないとわかりません。そこで、安定度の予測には、本質か非本質かという視点が使えます。

本質とは、そもそも何をするためのアプリケーションなのかという大目的です。本質的に同じなら、手段は何を使ってもかまいません。手段は代替可能です。つまりどのライブラリを使うかや、ユーザーインターフェースの飾り付けといった技術的手段は非本質です。

アプリケーションの本質にかかわる内容であれば、変更依頼するほうにもそれなりの覚悟があります。開発者全員がすでに関心を持っていることなら、実際の変更行は多くても、すぐに意味を理解して波及先を推測できます。しかし、さほど重要でないオマケ要素のせいで全体修正が必要になると、その変更コストに理解を得るのは困難です。一部の担当開発者しか知らない事情を、他のメンバーが正しく理解する負担も大きくなります。

コードが実際に変化する量以前に、そうした人間側の都合が変更の辛さに大きく影響します。人間的な理由によるこの本質か非本質かによる安定度が、実際にコード変更としてあらわれる安定度の分布と一致するのが、よいアーキテクチャに共通する特徴です。

1-6 どうすればクリーンになるのか

ある変更が別の余計な変更を招くのが汚いアーキテクチャの特徴でした。クリーン＝きれいな状態とはつまりその逆、他の構造部分に期待されない影響が及ぶ可能性を最少化した設計＝デザインがなされた状態です。

ここまでの「凝集度」「依存」「安定度」を総合すると、次の条件を満たせばきれいな設計ができそうです。

1. ひとつの関心がひとつの箇所に閉じている
2. 利用する／されるの関係箇所を可能なかぎり減らす
3. できるだけ変更頻度の高い事情に依存しない

1と2は従来からある良い考え、前提とする価値観です。そのうえで、クリーンアーキテクチャは最後の3の重要性に着目します。クリーンアーキテクチャを象徴する図はこんなかたちをしています（図1-1）。

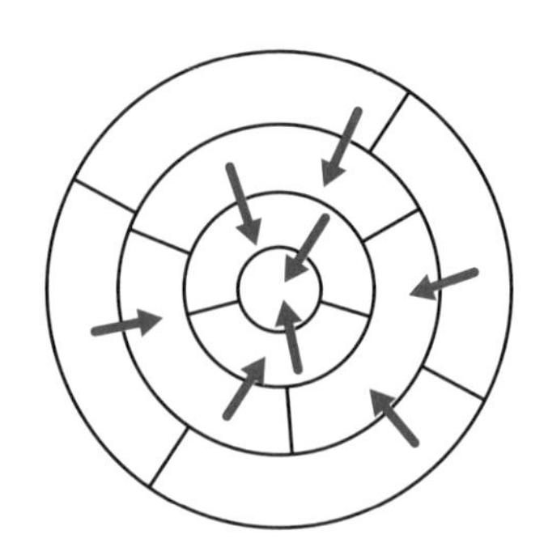

図1-1　クリーンアーキテクチャのイメージ

この図にはあえて技術用語を入れていません。まずは円の数と境界線にのみ注目してください。複数の円状の領域が中心の円を囲んでいて、円の境界線の外から中に矢印が向かっています。それぞれの領域は凝集度のかたまり、矢印は依存の向きです。

1層目「ドメインモデル」

もっとも内側の円には、ユーザーがどんな操作をしたいかとは無関係に、普遍的に存在する本質を入れます。誰がどんな機能を欲しているか以前に、どんなニーズであってもこれは必要、誰にとってもたしかにそれは操作対象だと言える、まるで現実から事実をただ写し取っただけのようなコードが存在します。そういったものだけ集めたものを**ドメインモデル**と呼びます。

この領域は、プログラミング言語の文法と標準ライブラリ以外の何にも依存しないように記述します。自主的には何もできませんし、アプリケーションとしてまったく無意味です。

けれどこの現実をモデリングしたプログラムコードによって、開発者は安定した軸足を得られます。ソフトウェアで扱うことの本質が根本的に変わらないかぎり（そもそも扱うことの本質が変わるものを同じソフトウェアと言えるのか）、一度安定すればなかなか変わることはありません。

仕様変更がないことなんてあるの？――という疑問はもっともです。「安定すれば」というのは、勝手にそうなっていくという話ではありません。正確には、変わらないことだけを意図的に抽出して入れることで、中立さを洗練させていくと表現するのが合っています。仕様変更が求められるということは、ユーザーがどんな操作をしたいかと関係しているということです。ユーザーの希望で変わるものを排除し、何を望まれても共通したものを残すと、本質的モデルが浮かび上がります。

2層目「ユースケース」

この本質から排除された、ユーザーが行いたい操作を表現するロジックを、内側からもうひとつ外の円に入れます。この部分は**ユースケース**と呼ばれる領域です。ユースケースはユーザーの要望によって変化します。どのようなデータを引き出したいか、データのどの項目をいつ書き換えたいかは、業務上の要請やユーザーインタラクションの設計によって最適解が変わってきますね。

たとえば、本屋さんには誰が何と言おうと、本の仕入れと販売が必ずあります。そこがドメインモデルです。その事実に対して、効率のよい仕入れ操作や、売った本のお金を手早く管理する方法を考えたものをロジック化したところがユースケースです。業務の中心そのものは変わりようがないけど、もっといい操作手順がある可能性はいくらでも考えられます。

改善の余地があるということは、少し不安定だということです。しかし、ユースケースは安定した（させた）ドメインモデル以外への依存がありません。後から技術的な理由で変更を強いられる可能性がほぼないので、求めている機能が明確になれば、かなりの安定度を期待できます。

層を俯瞰して

注目すべきなのは円の領域の意味よりも、境界線の意義です。不安定が安定に一方的に依存することで、2つの円の関係ができてきます。ドメインモデルはユースケースに一切依存していません。単純に考えて、変更影響の発生はこれで半分になりました。

理屈の上ではうまく成り立っているように見えますが、この内側の2つだけではまだ、ソフトウェアとして何の役にも立ちません。何ら実機能を持たないのです。入出力がなかったり、そもそもユーザーがプログラムを実行できないままでは、日本語の代わりにプログラムコードで書いた仕様書にすぎません。

アーキテクチャの中心にあるそれらは、たしかにとても重要で、安心して依存できる安定部分であるにもかかわらず、本当に実機能には何も貢献しないのです。アーキテクチャは実動作の役に立たない、そうでしたよね（図1-2）。

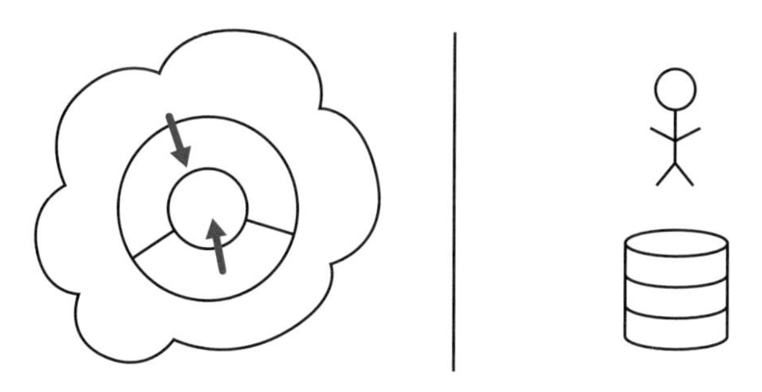

図1-2　実機能を持たないアーキクチャの中心

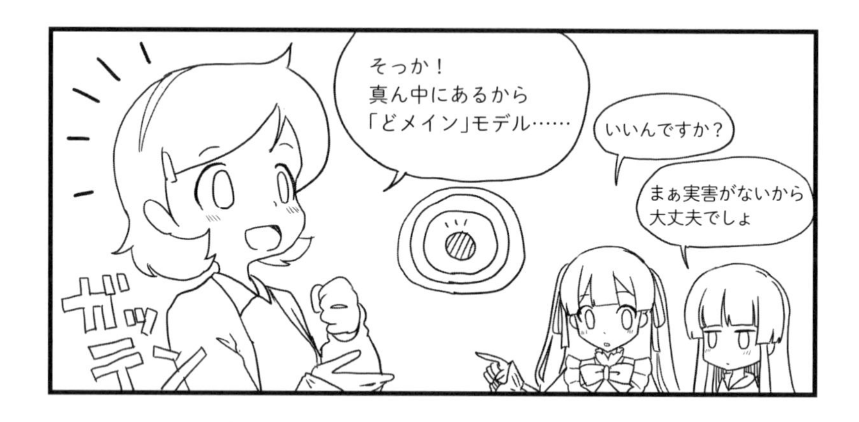

3層目「インターフェースアダプター」

ソフトウェアをユーザーに使ってもらうには、実際に実行できるアプリケーションとして形にしてやらなければなりません。それが3つ目の円の役目です。ようやく、おなじみの「コントローラー」や「メインルーチン」といったエントリポイントの登場です。「プレゼンテーションモデル」なんかも登場してくるのがこのレイヤーです。

これまで関心が現実世界に向いたモデルづくりだったのに対して、3層目の関心はコンピューターシステムと付きあうためのモデルづくりになります。ユースケースの表現に適したデータや語彙を、コンピューターが扱うのに適したデータと語彙に言い換える役目を指して**インターフェースアダプター**と名付けられています。

(プログラミング言語文法にはインターフェースが、デザインパターンにはアダプターがあります。それらとの混同を避けるため、役割の意味を理解したあとは「コントローラー」などアプリケーション開発用語を使っておけばよいと思います)

3層目にあるコードは、実現したいユースケースにどんなものがあるかを知っています。つまり、2層目に依存するわけです。もちろんユースケースはコントローラーなんかには依存しません。コントローラーはそれぞれのユースケースを参照しつつ、入力から出力までのコンピューターの制御の流れを、技術的な**概念コード**で表現します。

4層目「インフラストラクチャ」

しかし、まだそれでは完全に動作するアプリケーションにはなりません。実際の入出力の詳細や画面とのつなぎ込みといった、具体的な技術的問題の解決を含まないからです。それらは、もっとも外側の4つ目の円に小刻みに配置します。

横のつながりのない数多くの独立したモジュール群にそれぞれ、データベース接続のみ、メール送信のみ、といった役割を振り分け、閉じて、外部とのやりとりをする技術に関心を向けます。こうした下支えは**インフラストラクチャ**と呼ばれます。

自分の預かり知らない技術の事情に影響されるため、4層目はかなり不安定になります。が、処理内容ごとに小分けになっているため、他の部分への影響は比較的少なくなります。外部要因での不安定さはあっても、内側から安定度に影響する成分はかなり抑えられています。

層構造が何を担うのか

クリーンアーキテクチャでは、最も外側の円が、アプリケーションの実動作のすべてを担います。もし仮にこの4つ目の層にあるコードを直結すれば、実はそれだけで、理論上は完全に動作するアプリケーションになります。しかし、技術実体どうしを無秩序に癒着させ合ったスパゲティコードは決してきれいなアーキテクチャとは呼べません。たしかに動きはするけれど、後で誰も保守できない代物になります。

1～3層目で構築した秩序あるコードがアーキテクチャです、実動作と分離された純粋なロジックによって、そんなでたらめに絡み合った機能実体のスパゲティを避けるのがクリーンアーキテクチャの狙いです（図1-3）。

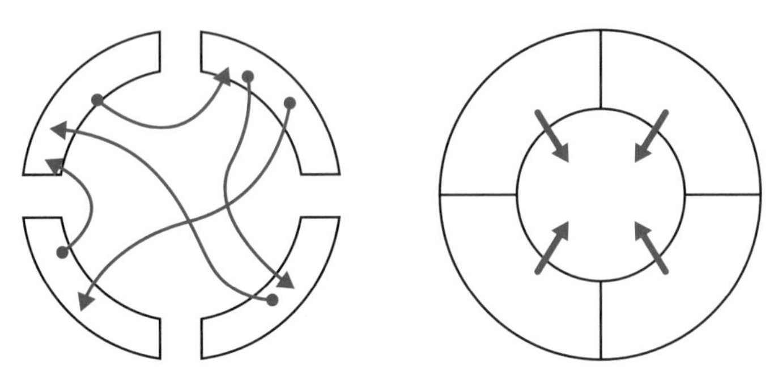

図1-3　アーキテクチャの有無

本当にそんなことができるの

クリーンアーキテクチャの3層目がユースケースとドメインモデルに一方的に依存するかたちは想像しやすいでしょう。では同じように、もっとも外側の4層目のインフラストラクチャが、3層目のアプリケーション構造に依存できるでしょうか。

アプリケーションのコントロールをするには、技術的問題を担うライブラリの機能を**使う**必要があります。「え？　これ思想は立派なんだけど、3層目は4層目に依存せざるをえないんじゃないの？」――ご心配なく、4層目から3層目に依存するかたちは作れます。

そもそも2層目にだって、3層目にある機能を**呼び出す**かたちでないと作れない部分があります。「画面表示用のデータの集計をする結果を表示する」といったユースケースでは、じっさいに外部からデータを読み込まないといけないのですから。たしかに、コントローラーがユースケースで使うデータをすべて管理すれば、ユースケースがデータ取得処理を呼び出す必要はないけれど、果たしてそれは、凝集度が高いグループ化と言えるでしょうか？　技術のレイヤーに置くべきなのは、あくまで**データの取得方法**であって、いつ何件の取得を行うかの主導権は、業務のロジックにあってほしいですよね。

課題を見据えてオブジェクト指向を役立てる

この一見不自然な依存関係をどのように実現するかに、オブジェクト指向が役に立ちます。クリーンアーキテクチャに欠かせない特有の要素、本当に訴えたいことの核心は、プログラミングテクニックを使った、この依存方向の自由な制御です。ただ、どうやって実現するか説明するには、まだオブジェクト指向についての解説が不足しています。後の章でその答えを導き出していくことにしましょう。オブジェクト指向への理解が進むと、この依存の向きへの疑問はあるとき急に、嘘のように解消します。

1-7 遍在するクリーンアーキテクチャ

4つの層にそうした名前を付けることをクリーンアーキテクチャと呼ぶと思わないように気をつけてください。ここまではあくまでも例にすぎません。クリーンアーキテクチャというのは、具体的にこれがそうだと言える決まったかたちがある方法論ではありません。クリーンアーキテクチャはあくまで、層の分け方のアイデアです。アーキテクチャの実体、つまりどこに何を配置するかの具体的な決定は、それぞれのソフトウェアごとに異なってきます。

アーキテクチャのパターンにすぎない

クリーンアーキテクチャが言っているのは、どんな場合でも共通して、おおままかに4つほどのグループに分けられそうだというアドバイスです。

- 人がなんと言おうと事実な部分(ドメインモデル)
- 人が何をしたいかの部分(ユースケース)
- アプリケーションの枠組みづくり(インターフェースアダプター)
- 下支えとしての動作の実体(インフラストラクチャ)

このようなソフトウェアの構造は、エンドユーザー向けのGUIを持ったアプリケーションだけでなく、さまざまなものに見て取れます。開発者が使うコマンドラインツールにも、対象とする情報そのものに関する部分、人が何をしたいかに着目する部分、実行可能なコマンドを作る部分、各種のOSごとの差を吸収する外部とのやりとり、といった4つほどの層をイメージできます。人が直接使うもの以外に、Web APIやライブラリの内部設計も、不安定な非本質から安定な本質に依存する概念構造があるかもしれません。

大規模なソフトウェアでは、クリーンアーキテクチャの構造が複数見られたり、よく見ると入れ子になっていたりする場合もあるかもしれません。クリーンアーキテクチャとは、アプリケーションをまるごと型にはめ込むフレームワークでもなければ、設計の答え=盲目的に従えば正しいと言えるものでもありません。とても参考になる、一般的によく見られる優れた概念構造のパターンです。

成り立ちで知る

クリーンアーキテクチャとはそもそも、それまでに語られてきたアーキテクチャの共通コンセプトのまとめという、ちょっと層の違うメタな存在です。複数のアーキテクチャに共通するパターンとして、典型的なアプリケーション構造を例に要点をおさえさせることが主目的であって、具体的な規約を設けることが目的ではありません。

実際に、アプリケーション全体を4つの層に分割して行ったこれまでの説明は、クリーンアーキテクチャが参考にしたオニオンアーキテクチャとほぼ同じです。また、ヘキサゴナルアーキテクチャは、ポート&アダプターという用語で、インターフェースアダプターが担う業務と技術の変換の仕組みをすでに説明しています。

どこにでもご自由に

正体がコンセプトなので、クリーンアーキテクチャに従いなさいと言われても、機械的にこれを守ればよいといったルールはありません。

「特定プロダクト固有のアーキテクチャをクリーンアーキテクチャのコンセプトに沿って作りました」であれば、何をどこに配置するかが明確に決まっているかもしれませんが、クリーンアーキテクチャとかいうものさえ採用すれば、何も考えず型どおり作れると期待するのは誤った理解です。

この裏を返せば、決まったルールが与えられないときでも、自主的に優れた設計をしたいときのガイドラインとして使えるということです。つまり、分け方の基準とその技法が役に立ちそうなところすべてに、勝手にクリーンアーキテクチャを参考にした構造を作ることができるのです。

選ばなくてもいいけれど

もちろんですが、このような中立的なドメインモデルを中心としないソフトウェア開発スタイルもあります。クリーンアーキテクチャ自身も、必ずしも層が4つとは限らないとも言っています。あくまで、妥当なことが多い設計パターンのひとつです。開発者が身につける本当の力は、クリーンアーキテクチャの習得そのものではなく、クリーンアーキテクチャを通じて理解を深めたオブジェクト指向設計のスキルにあらわれてきます。

第2章 パッケージ原則

この章では、プロダクト内で複数のコードをどのようにまとめて再利用するかの視点、「パッケージング」に関する原則を紹介します。パッケージの原則はアーキテクチャ設計に欠かせないルールです。ソフトウェア製品の全体像を考えるのは、個々のプログラミングテクニックよりも高度なトピックですが、全体の構図を見ずにどの小手先の技を使うかを考えるのは、ただの技術的好みの問題になってしまいます。この章で定義された原則は、後に登場するオブジェクト指向を使ったあらゆる技法の大目的になってきます。

2-1 再利用・リリース等価の原則

"Reuse-Release Equivalence Principle (REP)"

リリースされたものだけを再利用しなさい。再利用させたければリリースしなさい。という、もっとも重要な大原則が**再利用・リリース等価の原則(REP)**です。

ソフトウェアの再利用

ソフトウェアがハードウェアから独立して以来、ずっと開発者の興味を引いてきたのは再利用です。再利用性の目的は、同じコードを再度別のソフトウェア製品に使って作業を節約することだけではありません。プログラムコードには、その場かぎりの固有な部分と、他の部分と共有できる一般的な部分とが入り混じっています。一般化できるエッセンスをくくり出せば、各部から共有できるようになるのも、再利用性に入ります。実際のところ、他のプロジェクトに使い回すよりも、ひとつのプロジェクト内で共通性・一貫性を共有し合うほうが機会が多く、また、価値があります。

なので、直感に反するような感じがしますが、クリーンアーキテクチャの中心にあるドメインモデルは、極めてアプリケーションソフトウェア固有であると同時に、もっとも再利用性の高い要素と言えます。

パッケージのリリースとは

自分のプロジェクトに何かのライブラリが必要になったとき、わざわざ好き好んで、絶賛次期バージョン開発中のオープンソースライブラリを使いたいと思う人はいませんよね。パッケージ配布サイトにバージョン番号付きで公開されたものでなければ、安心して選択できません。現時点で、もし使いたい機能が実装されていたとしても、それは後に、他の未実装機能との兼ね合いで仕様変更になるかもしれません。含まれる他のコードにはまだバグが潜んでいて、当初は使っていなくても、後でそれを踏んでしまうおそれもあります。

「公開ライブラリのことか、関係ないかも？」いえいえ、本書でいうパッケージは、必ずしもライブラリとして公開されるものだけではありません。アーキテクチャのレイヤー分け、レイヤー内での部品分け、単にフォルダ分けしただけのコード、それらすべての、複数のコードの集まりをパッケージと考えましょう。PythonやNode.jsではファイルでさえパッケージです。ひとつのファイルから、プログラミングに使う部品を複数エクスポートできるのですから。

オープンソースソフトウェアの作者の気持ちになってみてください。作りかけの部分を途中で使われて障害を起こされても、そんなの責任持てないですよね。「もうこれ以上は使い勝手に影響する変更は起きません。手離れです。みなさんどうぞ使ってください」こう宣言してから共有するのが普通です。

チーム開発でいえば、バージョン管理の言葉でmaster（またはmain）ブランチにマージされるタイミングが、コード変更のリリースです。この「いったんの手離れ」は不特定多数のユーザー向けと同じ位置づけの、**開発チームのメンバーへの**リリースと言えます。

リリースと再利用が一致する分け方を考えよう

「そうは言っても、別の人が作り終わるまで待ってたら間に合わないよ。並行で開発しなくちゃ」はい、まったくそのとおりです。だからこそ、きちんとリリース待ちができるよう、うまい部品分けが必要なのです。焦って作りかけのコードをごちゃまぜにすると、いつの間にか自分が利用しているコードが書き換えられていたり、逆に、設計者がコードの利用者に気を使ってしまって、必要な変更を躊躇したりする状況が起きます。そうなると、作業を同時並行でやっているはずなのに、よけいに全体の作業が遅れてしまうという、おかしな状況を招いてしまいます。再利用の単位を適切に分け、オープンソースの公開ライブラリのように、リリースと再利用が一致するまとまりの粒度を設計しましょう。

でもその適切な再利用単位をどうやって見極めたらいいのか……そのヒントが次の**全再利用の原則（CRP）**と**閉鎖性共通の原則（CCP）**にあります。

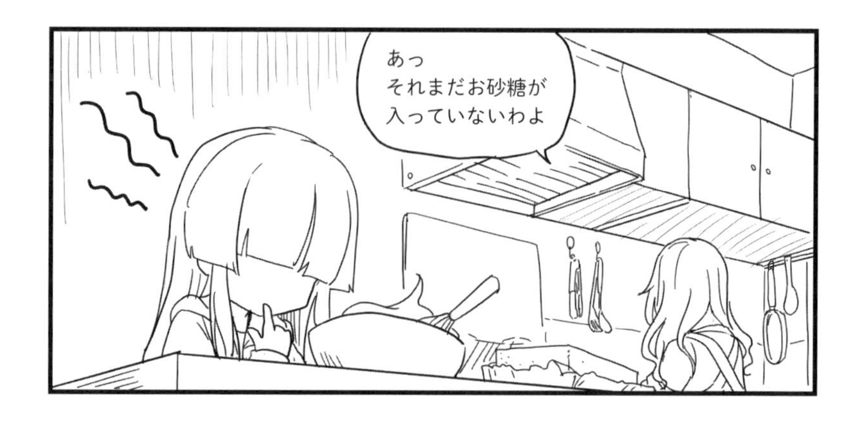

2-2 全再利用の原則 

"Common Reuse Principle (CRP)"

再利用・リリース等価の原則(REP)を前提にすると、ひとつのパッケージ(またはバージョン)に起きたコード変更は、すべて利用するか、まったく利用しないかのどちらかを選ぶしかありません。**全再利用の原則(CRP)**は、パッケージの利用者に「この変更は必要だけどこの変更は採用したくない」といった取捨選択の権限がないことを改めて強調しています。

利用しやすいパッケージ設計とは

外部の依存ライブラリのバージョンアップのとき、欲しい改善と都合の悪い下位互換切りが両方入っている経験をしたことがある人は、多いのではないでしょうか。ライブラリのユーザーは、新しいバージョンを使うか、古いバージョンのマイナーアップデートを使うかの、どちらかを選択せざるを得ません。この2択と同じことは、ひとつのソフトウェアの異なるパッケージ間でも起きます。

こう見ると、全再利用の原則(CRP)は、利用者に課せられた制約を説明しているように見えますが、実はそちらの側面よりもむしろ、パッケージングをする側が理解しておくべき原則と考えることが重要です。つまり、利用者にそういった不便を強いる必要がないよう、パッケージデザインを考えるときは、ひとつのパッケージに多くを含みすぎてはいけないという注意喚起なのです。機能改善を選ぶか非互換性を我慢するかに迷いが生じるのは、そもそも、パッケージに含まれる機能が多すぎるせいです。

きちんと分けてあれば、必要なパッケージだけを交換できます。交換部品の影響範囲が小さい範囲に収まるなら、他の部分に副作用が波及する心配がぐっと減ります。たとえば、データベースとウェブの両方を扱う全部入りの単一フレームワークパッケージより、データベースのライブラリとウェブのライブラリの2つが分かれた形になっているタイプの方が、アップデートしやすいということです。データベースの機能拡張だけが欲しいとき、ウェブの機能拡張だけが欲しいとき、分離されていることはどちらの場合にとっても好都合です。バージョンアップではなく、完全に代替技術に置き換えないといけない場合でも、どちらか片方だけならやり直しが半分で済みます。

アプリケーションは責務で分ける

とはいえ、固有の問題を扱うためのアプリケーションは、公共的なライブラリとは異なり、適切なパッケージ境界を予測するのは困難です。開発者が慣れ親しんできた技術的な分類とは別の知識体系の世界なのですから。なので、いきなり正しい分け方ができないのは、仕方ありません。

変更想定をしすぎて無駄な複雑さを持ち込んでしまうと、事が起こる前から保守を困難にしてしまいます。素朴に書いたコードで、できるだけ巻き添えを起こさないように改善していきましょう。

そこで重視したいのは、パッケージの**責務**または**責任**です。ソフトウェアの用語でいう責任とは、何か悪いことがあってから償うことではなく、与えられた主目的をこなす能力のほうを意味します。パッケージの責務はひとつ、つまりそれぞれのパッケージは、何かを完全にうまくやって、それ以外の仕事をしないようになっているのが理想です。責務がひとつの概念で収まるようになっていれば、十分にダメージコントロールできていると考えるのです。

概念と言うと難しく感じますが、たとえば、パソコンの文字入力の調子が悪いときを考えてみてください。パソコンまるごと調子が悪いと言うのは単位が大きすぎます。逆に、個々の文字キーのどれを修理するかを調査していると日が暮れます。その間のちょうどいいまとまりに、キーボードという**概念**があります。他の原因はあるかもしれませんが、パソコンをまるごと交換するより、まずキーボードを交換して直るかを確認してみるのが普通ですね。キーボードを変えたらマウスポインタの動きに影響するなんてことはまずないでしょう。安心して別のキーボードに差し替えてみることができます。もしもキーボードという言葉を知らず、その概念が抜け落ちている人がいたら、おそらくこの普通の解決策を認識できません。このたとえ話のキーボードは、概念であり、それと同時に、その実体は概念に対応するパッケージです。

分けて難しくなる心配は後でもできる

分けすぎると部品が多くなって理解しにくくなるのではないかと感じる方もいるかもしれません。でも実際は逆で、開発が進むと小さく分けてあるほうが問題を理解しやすくなってきます。大箱にざっくり入っていようが小分けになっていようが、同じ仕事には同じだけのコード量が必要です。であれば、ごちゃまぜの中で関係を考えるよりも、小分けになった小さな部分どうしの関係に着目し、他を別にして考えるほうがはるかに楽なのです。

最初はちょっと分けすぎぐらいで十分です。後で分けてあるものを混ぜるのは簡単ですが、混ざっているものを分け直すのは非常に困難です。一度でも混ざってしまうと、どこがつながっているかわからなくなりますから。

2-3 閉鎖性共通の原則 

"Common Closure Principle (CCP)"

全再利用の原則（CRP）が分けるべきものを分けよという教えだったのに対して、**閉鎖性共通の原則（CCP）**は、ひとつの変更が必要なとき、できるかぎりひとつのパッケージだけを交換すれば済む形にしなさいという教えです。

パッケージが「閉じている」とは

パッケージの中でどこか一箇所でもコードを変更すれば、パッケージ内のすべてのコードは何らかの影響を受ける可能性があります。もしそうでなければ、互いに無関係なコードのグループが複数あることになり、全再利用の原則(CRP)を違反していることになります。

かといって、分けられる部品をできるだけ細かく分けることだけを推し進めると、ひとつのフォルダにソースコードが1ファイルしか入ってない箇所がいくつもできてしまいます。細かく分けすぎてまとまっていないのは、そもそも「パッケージ」の意味と矛盾しますよね。

そうなると、あるパッケージの変更がすぐに別のパッケージへの変更を誘発し、まとまりとして不便かつ不自然になります。まとめている意味がないですね。良いパッケージには共通して、自身の責務セットがほどよいサイズで自己完結している特性があります。この完結性はよく**「閉じている」**と表現されます。

パソコンのキーボードには2つの特徴があります。すべてのキーがそろっているのが1点目、そして、それらのキーが内部の基盤と密に接続されているのが2点目。そういう状態でパッケージングされた製品として販売されており、私たちにはUSB接続かBluetooth接続かぐらいしか気にすべき点がありません(打鍵感にこだわるプログラマーはちょっと黙っていてください)。これが「閉じている」のニュアンスです。

閉じていない状態と比べて

閉鎖性共通の原則(CCP)を守ったパッケージは、利用者から見てとても扱いやすいものになります。

もし開発中に、あるライブラリのバージョンを上げると、他のライブラリのバージョンを合わせなければならず、そのライブラリのバージョンが変わるとこんどは別のライブラリが必要で……といった状況に陥るとどうでしょう。本来書くべきプログラムに充てる時間が奪われてしまいますよね。それと同様に、プロジェクト内のパッケージ分けが閉鎖性共通の原則(CCP)に準じていないと、あちこち連鎖的に変更作業が必要になり、ソフトウェア開発の多くの時間が無駄になります。そして残念ながらこの現象は、極めて頻繁に発生します。実際の開発現場では、たったひとつの機能変更が、各所に分散したフォルダに変更を強いてしまうことは、本当によくあります。

問題はコード変更を強いられるだけではありません。コード変更が起きなくても、挙動上の変更リスクがあります。少しでも変更が加わったファイルを含む機能部品は、その全体が、以前とまったく同じであると言い切れなくなります。結果、変更リスクは当初の予想に反してプロジェクト全体に分散し、ソフトウェア開発プロジェクトは3歩進んで2歩下がるような状況に陥ります。

一方、ひとつの機能修正によってコード変更が起きるパッケージが閉じている、つまり、他の部分のコード修正に波及しないかたちになっていれば、リスクはそのパッケージに直接依存しているパッケージにしか発生しません。普通、キーボードを交換したパソコンで起きる心配ごとは、せいぜい文字入力がちゃんとできるかぐらいです。

凝集度・結合度との関係

閉鎖性共通の原則（CCP）に加えて、全再利用の原則（CRP）によってパッケージの規模が最小化されていれば、変更リスクは非常に小さく閉じてくれます。扱いやすいパッケージは、何を含んで何を含まないかが上手くデザインされているおかげで、心配事をとてもシンプルな問題にしてくれます。シンプルさは開発者の安心につながります。開発者が安心できると、おのずと高い生産性につながります。

全再利用の原則（CRP）と閉鎖性共通の原則（CCP）は「分けるべき」と「まとめるべき」の両側から、責務とパッケージがちょうど1：1になるのが良いということを説明しています。また、**凝集度**と**疎結合性**が表裏一体であることを再認識させてくれる原則です。凝集度、つまり関係性の強いものが集まっている度合いが高ければ高いほど、その集合と他の集合の間の関係が細くなり、集合の間を疎結合にしやすくなります。開発対象のソフトウェアが持つ課題に合ったパッケージの分け方でないと、実際は関係の強いはずのものが分散してしまい、ソフトウェア全体に**密結合**がはびこってしまいます。

2-4 非循環依存関係の原則

"Acyclic Dependencies Principle (ADP)"

ここまでの3原則はひとつのパッケージの凝集度に着目する原則でした。ここからは複数のパッケージの関係に関する原則です。

非循環依存関係の原則(ADP)は、パッケージの依存が循環してはならないというシンプルな原則です。

循環依存とは

AにBを使うコードが含まれるとき、BがAを使うと相互依存になります。相互依存はもっとも小さくてわかりやすい循環依存です。

循環依存するパッケージは分離できなくなります。使うときはつねにセットでなければならず、使わなくなるのはすべてが一斉に不要になるときです。ひとつのパッケージに含むコードの量がいくら適切でも、相互に依存し合ったパッケージはセットでひとつの大きなかたまりになり、実質的には単一の大きなパッケージに複数の責務を混ぜ込んだのと同じ意味になります。

形の上ではうまく分けているように見えるのに、実際は全再利用の原則(CRP)の「責務に対して最小に」も、閉鎖性共通の原則(CCP)の「責務に必要なものを含んで閉じよ」も守っていないことになります。循環依存を作ってしまうと、これまで上手くできていたパッケージ分割も、あっという間に台無しになります。

実際に発生してしまう循環依存は、二者の相互依存のようなわかりやすいケースでない場合が多くあります。Aに使われるBがCを使ったところ、しばらくして実はCがAを使っていたという事実が判明し、誰も気づかないうちに、いつの間にか循環が出来上がっている場合です。こういったパターンが3要素で済めばいいけれど、4, 5と巻き込む要素が多くなるにつれて、わかりにくさと被害を拡大させます。循環依存は、わかってはいても意図せず発生してしまう厄介な問題です。

強い関係はパッケージで閉じる

いくら循環依存が問題だと言っても、あらゆる相互関係を単方向にする必要はありません。循環依存は、あくまでパッケージ間で起きるものだという点を認識しておいてください。つまり、どうしてもプログラムの要素に依存の循環が必要になってしまった場合は、両者をひとつのパッケージに閉じ込めてしまえば何の問題もないということです。

JavaのObjectクラスにはtoStringというStringオブジェクトを返すメソッドがあります。このStringクラスはObjectの派生クラスです。クラスの単位で見ると、StringクラスはObjectクラスに依存し、ObjectクラスはStringクラスに依存しています。が、この2つのクラスはどちらも、java.langというパッケージに含まれています。なので、パッケージ間の依存にはまったく循環が生まれません。パッケージとは、こうした密な結合を閉じ込めるものだと理解できます。

循環依存を防いで複数のパッケージの依存の向きを単方向に整えるには、何に気をつければよいのでしょうか。その指針を提示してくれるのが、次に紹介する**安定依存の原則（SDP）**です。

2-5 安定依存の原則

"Stable Dependencies Principle (SDP)"

パッケージの依存は常により安定したパッケージに向くという真理を語っているのが**安定依存の原則（SDP）**です。「向けるべき」ではなく「常に向く」です。

不安定に依存するとそれ以上の安定はない

前章でも説明しましたが、ここで言う安定というのは、率直に言えば「変更の起きにくさ」です。開発が落ち着いてリリースされたソフトウェアはstableバージョンと呼ばれます。安定というのはこのstableな状態、つまり同じであり続ける期間がどれだけ長く続くかを指します。

「パッケージは常により安定したパッケージに依存する」とはどういうことでしょう？　自身より不安定なパッケージに依存することはないのでしょうか？逆に言えば、依存したパッケージより自分の方が安定になることはできないのでしょうか？　答えは「そのとおり、原理的にあり得ません」となります。

依存パッケージに何らかの変更があると、即座に、それを使う側のパッケージの動作は以前と同じであることを保証できなくなります。実際には利用側のコードの修正が必要なかった場合でも、本当に前あった機能が失われていないかを確認できるまで、完全には信用できません。依存パッケージが変わるのは、自身に変更を加えたのと同じ意味になるわけです。

安定度がアーキテクチャを決める

なので初めから、パッケージが依存してよいのはより安定度が高そうなパッケージ、つまり概念的により普遍性の高いパッケージだけに限定しておくことが推奨されます。

クリーンアーキテクチャでは、依存が常に円の中心に向かいます。円の中心には人がなんと言おうと事実であるモデルがあります。そのすぐ外にはコンピューターの事情と無関係な「人がやりたいこと」があります。さらに円の外へと広がるごとに、コードはアプリケーションの本質とは異なる外的な影響要因に晒されていきます。円の外側ほど、普遍性が減って、変化しやすい事情に影響されやすくなり、不安定になる可能性が高くなっています。

安定依存の原則（SDP）は、クリーンなアーキテクチャ（ことあるごとにあちこち直さないといけないダーティなアーキテクチャでない設計）にとって、非常に重要な原則です。

2-6 安定度・抽象度等価の原則 

"Stable Abstractions Principle (SAP)"

パッケージの原則の最後は**安定度・抽象度等価の原則(SAP)**です。パッケージの安定度と抽象度には相関関係がある、つまり、安定度が高いパッケージであるためには抽象度が高くなければならず、安定度の低いパッケージでよい場合は抽象度が低くてもよいと語っています。はて、これだけでは何のことやらですね。この原則は単体の説明だけで理解しようとすると、かなり難解な原則です。

原則を順に理解しよう

非循環依存関係の原則(ADP)は循環依存をしてはいけない理由を語っていました。循環依存を避けるヒントは、安定依存の原則(SDP)が語った「安定方向への一方的な依存」を徹底することでした。この「安定」とは何かという点により深く注目するのが、安定度・抽象度等価の原則(SAP)の役目です。

先ほどの安定依存の原則(SDP)の解説では、安定パッケージとは「概念的により普遍性の高いパッケージ」のことだと説明しましたが、安定度・抽象度等価の原則(SAP)は**抽象度**という考え方で、その点を詳しく説明しています。

抽象とは

抽象と言うと、プログラミング用語の**抽象クラス**を思い浮かべる人も多いでしょうが、安定度・抽象度等価の原則（SAP）の指す抽象は、必ずしもそれだけとはかぎりません。むしろ違っている場合のほうが多いと思ったほうがよいでしょう。この原則が言っている抽象度の高さは、ざっと言えば、次の4点にどれだけ近いかで決まります。

- 抽象クラスやインターフェースなど実装詳細を自身から排除したもの（これは予想どおり）
- 上記のような詳細を持たないものだけに依存するロジック
- 固有の業務にも特定技術にも関係しない時刻や配列などの汎用概念とその操作
- プログラミング言語そのものや言語標準ライブラリと同等レベルの業界標準

具体的なロジックを多く含むコードなのに、抽象度が高い場合があるのは意外かもしれませんね。「やることの大枠は決まっているけれど、その具体的な手順は後で作る予定」としておけるものは、抽象クラスやインターフェースと同じレベルで抽象度が高くなります。

たとえば消費税でいえば、「課税する」という処理名は決まっているけれど、税率のかけ方も端数処理もまだないのが抽象です。そうした抽象を抽象のまま扱う一般的な処理も、同じ抽象度になります。購入商品の合計金額を求めるのは、もし課税がなければ単純な数字の合計だけの普遍的なロジックですね。そこに、どのように消費税をかけるかの詳細を書き加えると、税法に関係してしまう**具象**になります。もし、詳細を持たない抽象消費税計算の「課税する」に依存して、具体的な税額の計算を保留できれば、この金額計算の抽象度はずっと高いままでいられます。

そうしたアプリケーション固有の事情とは無関係な存在もあります。「世界標準時で何時か」や「配列の中から最大値を得る」といった要素は、誰の事情の影響も受けない普遍的な存在です。そうした汎用概念の扱いを網羅するパッケージは極めて安定したものになります。サードパーティのユーティリティライブラリは一見、クリーンアーキテクチャの外の存在のように思われがちですが、扱う概念の抽象度によっては、むしろアーキテクチャの中心からでも遠慮なく使ってよいパッケージと言えます。Javaでいえばjava.util、PHPで言えばPHP標準関数です。

究極の抽象はプログラミング言語です。プログラミング言語は極めて汎用的で、何にでもなることができます。プログラミング言語がサポートする概念の一部を構成するようなパッケージも、同じ高抽象です。つまり、StringやObjectといった具象クラスを含むパッケージのことです。逆に言えば、開発者が抽象を特定のプログラミング言語で記述する時点で、その言語より高い抽象コードを得ようという考えは諦めざるを得ません。すべてのコードは言語に依存するのですから。

また、そうした言語の標準と同じぐらいの地位にある業界標準も、同じレベルの抽象度を持つと考えてよいでしょう。たとえばPHPのPSR(PHP Standards Recommendations)に含まれるpsr/logパッケージは、どこから使っても安定度・抽象度等価の原則(SDP)を壊さない良い例です。実態としてはサードパーティライブラリであるものの、いくつものPHPフレームワーク開発者が共有して使っているので、破壊的な変更が起きることはまずありません。また、psr/logはログのストレージ書き出し方法の詳細をまったく含んでいません。含まれるのはインターフェース、インターフェースにだけ依存するユーティリティ、定数、以上です。

抽象度と安定度の相関

こうした、もっとも高い抽象度のものに依存して、少しだけアプリケーション固有の事情を持つ中ぐらいの抽象度のコードを書いたものをまとめると、まあそこそこの安定度になります。それに依存してもう少し具象に、さらに依存してもっと具象に、という作業を繰り返すと、安定度・抽象度等価の原則(SDP)にきれいにおさまる無駄のないアーキテクチャができあがります。「抽象度イコール安定度」という指針ができると、いつの間にか依存が循環して巨大な塊になってしまうリスクもぐっと減ります。

2-7 アーキテクチャの外側

安定度と抽象度の意味がわかったところで、少し戻って、クリーンアーキテクチャに関する補足をしておきましょう。

クリーンアーキテクチャのもっとも外側は、ライブラリを採用してブリッジしたり、自分で書いたりするインフラストラクチャです。そのさらに外側、自分のアーキテクチャの外にあるのは何でしょう？　そこには、データベースそのものであったり、フレームワークライブラリだったりがあります。

クリーンアーキテクチャの初学者は、データベースそのものやフレームワークが、まるで業務のコードよりも不安定だと言っているんじゃないかという誤解を持つことがあります。不安定なのはクリーンアーキテクチャ**内**の**最外殻**であって、外の世界ではありません。

外部のソフトウェアは、開発対象とは異なる観点の安定抽象を持つ、独立したアーキテクチャでできています。安定度の観点からいうと、それら外部のソフトウェアは、自作アプリケーションよりはるかに安定した存在です。また、抱える実装詳細を隠蔽し、抽象化されたインターフェースの提供もしています。ただ、その抽象は、それぞれが持つ技術のための抽象であって、開発対象のドメインモデルとは、まったく課題が異なります。

このギャップを埋めるのが、インターフェースアダプターに提供されるインフラストラクチャ層のコードです。インフラストラクチャは、内部にあるインターフェースアダプターのモデルと、外部にある別の価値観の安定抽象との、両方に依存します。インフラストラクチャが抽象度と安定度の底辺になるというのは、こういう理屈です。決して技術の実体が業務の仕様よりも格下だという意味ではないことに、くれぐれも注意してください。

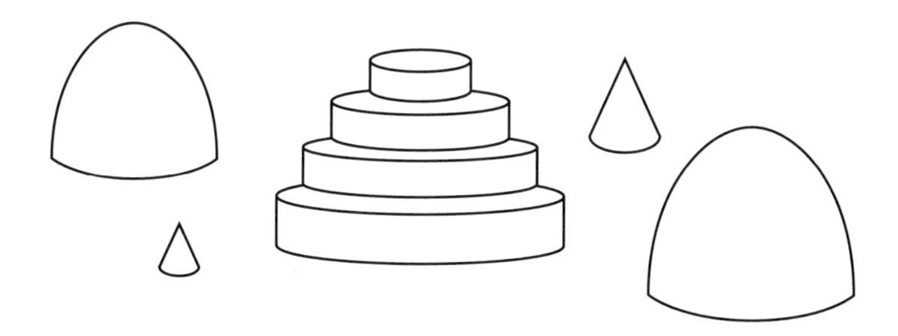

図2-1　自分のアーキテクチャと他のソフトウェア

第3章 オブジェクト指向

開発時のストレスが少ないソフトウェアを得るには、凝集度と依存の向きを意識したアーキテクチャが役に立つことを説明しました。次いで、アーキテクチャはコードのパッケージングでできており、パッケージには凝集度と安定度を尺度としたシンプルな6つの原則があることを紹介しました。その原則が変更リスクの問題に対策する手段として選んだのは抽象でした。
この抽象を意識したプログラミングを実践するのに、オブジェクト指向が役に立ちます。

3-1 オブジェクト指向の定義はない

オブジェクト指向と聞いて読者のみなさんは何を思い浮かべますか。クラスを使った型チェックの厳しいプログラミング？　状態変化の管理単位？　それとも、昔のソフトウェア製品によく使われたバズワード？　オブジェクトとはいったい、何を指す言葉なんでしょうか。

筆者の主張は、**オブジェクト指向を定義することはできない**ということです。

オブジェクト指向とは何かを説明しようとしても、実は「物が物体として存在するイメージでプログラミングをうまくやろう」としか言えません。歴史的に、オブジェクト指向というのは、明確な定義から発展したものではないのです。なので、何であるかを主張することにはあまり意味がありません。けれど、陥りやすい誤った理解だけは避けるべきです。

初心者にありがちなのは、まず最初に「オブジェクト指向とは」をいきなり理解しようとして、結局何のことなのかつかめなくなる現象です。オブジェクト指向は、それ単独で価値を持つパラダイムではありません。あくまで道具として、より良いパッケージング、ひいてはより開発しやすいソフトウェアづくりに役立てることに値打ちがあると考えてください。

オブジェクトは現実を再現しない

オブジェクト指向は哲学ではありません。オブジェクト指向で何かこの世の真実のようなものを写し取ろうとするのは間違いです。オブジェクト指向とコンピューターの性能が無限にあれば、概念上に完全な世界の再現ができるのではないかと夢見られた時代もありました。が、そんな試みは上手くいきませんでした。情報のモデリングとは、現実そのものではなく、現実を恣意的に分析した部分的な断面なのです。カーディーラーにとっての自動車は商品の一種ですが、自動車製造工場にとっての自動車は部品の集合体です。意味のあるオブジェクト指向とは、両方の概念を併せ持つ統合モデルを考えることではなく、アプリケーションに合わせてどのモデルを切り捨てるかを判断することです。

オブジェクト指向はプログラミング言語の文法ではない

クラス構文のある言語で書くことだけがオブジェクト指向ではありません。確かに、クラスとメソッドはオブジェクト指向プログラミングにとても役に立つ文法要素です。SimulaとSmalltalkにclassキーワードがあったからこそ、オブジェクト指向という思考方法が見いだされ成熟したと言っても過言ではないでしょう。しかし、そうして発見されたオブジェクト指向の考え方自体は、クラスという言語機能に縛られるものではありません。げんに、JavaScriptのclassは後から追加されたシンタックスシュガーです。JavaScriptのオブジェクトの実体は文字列キーの辞書にすぎません。classキーワードのない他の言語でも、オブジェクトを指向したプログラミングが数多く模索されてきました。

オブジェクト指向と状態管理は関係ない

オブジェクト指向の目的は、状態管理システムを作ることだけにあるわけではありません。オブジェクト指向と異なるパラダイムに関数型プログラミングと呼ばれる分野があります。関数型の世界では、「あるxに対応するyは常にひとつに決まる」という、状態を持たない数学関数のようなものだけで答えを求めようとします。関数型のブームのほうが少し後になったので、それまで行われていた状態変化を管理するプログラミングを、その時点で主流だったオブジェクト指向そのものだと誤解する人がいました。が、状態が変化するのは、非関数型ではあっても、それがすなわちオブジェクト指向だとは言えません。それは単に、実際に書き換わっているコンピューターのメモリを、まだ十分に抽象化しきれていないことへの妥協です。オブジェクト指向のカバー範囲とは関係ありません。

オブジェクト指向と手続き型は関係ない

オブジェクト指向は手続き的プログラミングのことではありません。これも、関数型プログラミングの特徴に反するものがオブジェクト指向だという誤解です。関数型プログラミングでは、xとyの関係をひとつの式で表した宣言を好みます。一方、多くのプログラミング言語のオブジェクト指向サポート機能は、処理の中が単一の式なのか複数の実行ステップに分かれているかには興味を持ちません。非関数型を許容するとは言えますが、そもそもそこは関心の対象ではないのです。オブジェクト指向がすなわち手続き的プログラミングであるとは言えません。

これもまた、単に、逐次処理で動くコンピューターのCPUをどこまで抽象化するかの問題にすぎません。

名前にとらわれずに意味をつかもう

オブジェクト指向を積極的にサポートするプログラミング言語にも、ミュータブル（変化する）でなくイミュータブル（変化しない）を選べる場合はそのほうがよいという教えはあります。また、関心の分離をしやすくするという視点から、順序を気にするよりも、できるだけ直交した順不同な宣言を好んだほうがよいのは、むしろオブジェクト指向的とさえ言えます。状態も手続きも、関数型の関心に反するものですが、オブジェクト指向の主題とは無関係です。オブジェクト指向と関数型は互いに干渉しない、軸の異なる考え方なので、その対比で理解しようとするのは間違いです。

プログラミングとは、原理的にはメモリ上のバイト列だったりCPUのステップだったりでしかありません。それに人間が認識しやすい「モノ」のメタファーを与えて整理しやすくし、人の認識力を超える複雑さをなんとかしようとすること、つまり、どんどん肥大化してしまうプログラミングの難しさを、単に「モノ」のイメージでやさしくできないかという試みを、業界は総じてオブジェクト指向と呼んできただけなのです。

決まった定義はなくても、オブジェクト指向がプログラムの構造をモノに見立てることでどんなメリットがあるかについては、3つの特徴があると言われています。

3-2 カプセル化

相互に関連性の高い知識群をひとつのオブジェクトの中に閉じ込めるのが**カプセル化**です。

プログラムにはいくつもの変数と変数を扱う処理が含まれます。構成要素が散らかっていると、動きはするけど意味のわからないプログラムになってしまうでしょう。変数をまとめてひとくくりにする方法には、配列や辞書、構造体といった手段があります。単純に処理をパッケージングしてモジュール化するまとめ方もあります。

オブジェクト指向では、関係の強い変数と処理の両方をいちどに、オブジェクトという概念単位にまとめます。オブジェクトの変数は**プロパティ**または**フィールド**や**メンバ変数**と呼ばれ、処理は**メソッド**または**メンバ関数**と呼ばれます。

カプセル化で得られるメリット

ひとつの概念にまとまった変数群と処理群には、ひとつの変数名を与えて指定できるようになります。私たちは自動車を車体とタイヤとエンジンの構成物と呼ばずに自動車だと認識します。自動車は部品を集めただけでは機能しません。自動車として組み上げられる際、さまざまな相互作用と制御が必要です。こうした高度な技術の集まりに自動車という認識単位が与えられている形が、オブジェクト指向でいうカプセル化です（リスト3-1）。

▼ リスト3-1　自動車のクラス

```
class Car
{
    public function __construct(
        protected $body,
        protected $engine,
        protected $wheels
    ) { }

    public function startEngine()
    {
        $this->engine->start();
    }
```

```
    public function adjustHandle()
    {
        $this->wheels[0]->adjust();
        $this->wheels[1]->adjust();
    }
}

// ↓ ここが最重要!!
$car = new Car($body, $engine, $wheels);
$car->startEngine();
$car->adjustHandle();
```

パッケージの原則には**全再利用の原則(CRP)**と**閉鎖性共通の原則(CCP)**がありました。パッケージには関係の弱いものを含みすぎず、かつ、関係のあるものを十分に含むべきで、それが適切にできている状態を**凝集度が高い**と呼びました。オブジェクトへのカプセル化は、これと同じことを、プログラミング言語による概念表現として実現します。

オブジェクトは凝集度の最小単位です。ワンセットにする必要のないプロパティとメソッドを持ち肥大化するのは、良いカプセルではありません。十分なプロパティとメソッドがなく、いつも外部から不足を補わないといけないのも、良いカプセルではありません。

カプセルは抽象度の境界線

さらに、うまくカプセルされたオブジェクトは、自動車の運転者に自動車の内部部品を意識させないよう、詳細を隠蔽をします。私たちは自動車と呼ばれる複雑な機械構造物の個々のメカニズムの知識がなくても、エンジンキーを回す、アクセルを踏む、ハンドルの角度を変える、といったいくつかの簡単な操作で運転できます。この隠蔽のおかげで、運転者は限られた操作方法を間違えずやることだけに集中できます。

自分で自動車を修理できるメカニックであっても、運転中に実際の機械の動作を逐一制御することはありません。が、自動車のボンネットを開けるととたんに世界が変わります。運転に向いていた意識が、カプセルの中、つまり自動車の動作メカニズムに向けられます。プログラミングでも、データをわかりやすく画面に表示するためのオブジェクトを考えているときと、その内部でデータを正しく取り出す部分を見ているときとでは、関心を向けるポイントがまったく異なります。カプセルの概念は、関心を分離する境界線として非常に重要です。

それぞれの責務範囲

もう少し自動車のことを考えてみましょう。次は、運転者の視点から、自動車の内部に視点を移してみます。自動車のエンジンキーを回したときに起こる現象の主体はどこにあるのでしょうか。自動車自身が内部で行うことは限られています。自動車そのものが持っている機構は、エンジンというカプセル化されたコンポーネントを始動させるのに必要になる最小限の操作だけです。走行に必要な動力を生み出す主体は、（自動車が運転者から隠蔽した）エンジンです。自動車とは、比較的簡単な仕組みでエンジンに処理を委ねているものにすぎません。この構造的関係を責務の**委譲**と呼びます。

オブジェクト指向で設計されたソフトウェアは、カプセル間の委譲のかたまりです。自身で抱える責務の深さをなるべく浅くし、メソッド名の意味づけよりも深い詳細コードを抱えないのがよい設計です。

逆に、委譲された側は、全体を俯瞰した目的から距離を置くほうが詳細に集中できます。自動車のエンジン開発は、どんな車体を動かすかという目標があるのを知りつつも、車体やフォルムとは無関係に、目標の性能を出せる回転効率に集中して行われます。通知メールを送信するアプリケーション機能も、内容を問わずネットワークに正しいバイト列を送り出す処理と、どんな情報を誰に送るかを決める処理の間には、同じ境界線があるべきでしょう。

うまくできてないプログラムには、往々にして、引けるはずの境界線が引かれていないケースあります。関心の分離ポイントを無視してオブジェクトの責務が入り乱れると、関わったパッケージの**全再利用の原則（CRP）**が連鎖して、全体が巨大で混沌としたひとかたまりになります。

カプセルから知識を掘り出すな

カプセル化による関心の分離は**知識最少の原則**または**デメテルの法則**という言葉で知られています。

運転中に自動車のエンジンに入れる空気量等を直接制御する人はいません。そんなことが必要、というより、できるようになっている時点で、自動車設計は失敗です。これと同じように、詳細を隠蔽するためのカプセルであるオブジェクトは通常、包含する構成物を取り出して直接いじるようなデザインになっていてはいけません（リスト3-2）。

オブジェクトのプロパティを取得／設定するメソッドは習慣的にgetter/setterと呼ばれます。getterで得た内部構成物の機能を使うのは、詳細レベルを深堀りしていることになります。これは知識最少の原則に違反する典型的な状況です。この「せっかく隠蔽されているはずの詳細の深堀り」は、層の異なるアーキテクチャ要素の密結合を招く要因になります。デメテルの法則はgetterで得たオブジェクトのメソッドを呼ぶコードを気軽に書かないよう戒めるために、メソッドチェーンを禁止事項に挙げています。

▼ リスト3-2 運転手がエンジンを直接使う例(NG)

```
class CarOwner
{
    public function drive()
    {
        // デメテルの法則に反するメソッドチェーン
        $this->car->getEngine()->start();
    }
}
```

デメテルの法則と同様の格言に**"Tell, Don't Ask."**、日本語で「言え、聞くな」と言われるものがあります。オブジェクトはできる限り、自身のメソッドだけで使用者の要求に答えられるように作り、使用者がオブジェクトの各種プロパティをあれこれ聞かなくてよい関係を築きなさいという教えです。いちいち情報を聞き出さなければならないのは、メソッドを持たない構造体です。

メソッドチェーンそのものに罪はない

これを単に「メソッドチェーンのほうが便利だからデメテルの法則は時代遅れ」と考えるのは誤解です。その意図はあくまで、「カプセルの中をほじくり出すと設計の意味がなくなる」ということ、さらには、「そのようにする必要があるオブジェクトをそもそも設計するな」ということです。

抽象度が同じレベルのオブジェクトを返すメソッドには何の問題ありません。たとえば線形リストの要素は、自身と同じレベルのオブジェクトを返す->next()を持ちます。PHPのPSR-7 HTTP Messageは非常に洗練されたAPIインターフェースですが、意図的にメソッドチェーンが便利になるようデザインされています(リスト3-3)。

▼ リスト3-3 PSR-7メソッドチェーンの例

```
$erroResponse = $baseResponse
    ->withStatus(404, 'Not Found')
    ->withHeader('Content-Type', 'application/json')
;
```

カプセル化は健全な責務分担の基本になる大事な概念です。コードの字面ではなく意味を理解し、詳細をほじくり出さない／出させないことを基本姿勢にするのが、よいオブジェクト指向プログラミングの基礎の基礎にあります。

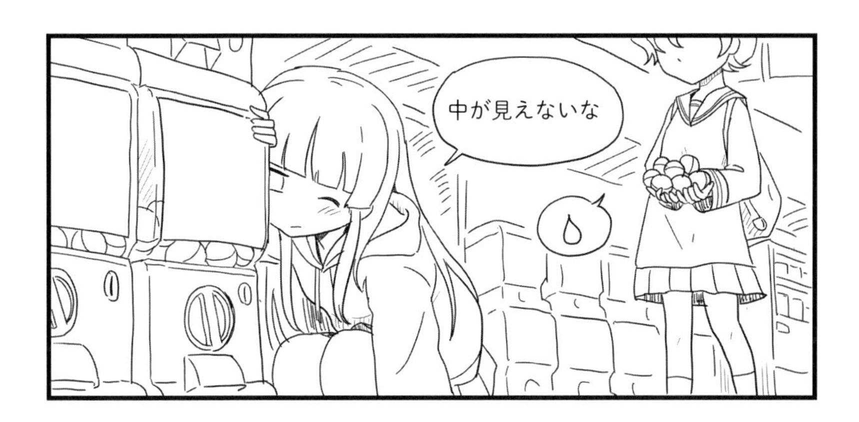

3-3 多態性

多態性（または**ポリモーフィズム**）は、まさにオブジェクト指向を象徴する画期的な考え方です。カプセル化は直感的に理解できますが、この多態性は少し発想の転換を求められます。そのため、入門者がつまづきやすく、オブジェクト指向の理解が止まってしまうポイントでもあります。入門書や入門者向け記事は、しきりにこの多態性を語ろうとしてきました。

多態性とは何かを知る前に知っておくべき重要な点は、これがオブジェクト指向のすべてではないということです。多態性の説明しかしない、犬オブジェクトと猫オブジェクトのたとえ話などが、それだけでオブジェクト指向の全体像を語ってはいない点に注意してください。

多態性とは

ソフトウェアの多態性とは何なのでしょう？　ひとことで言ってしまえば、多態性の代表格はずばり、プラグインのことです。

本体となるソフトウェアはどんなプラグインでも同じ方法で扱い、その中身には興味を持ちません。どんな機能を提供するかはプラグインによってさまざまです。本体側から見るとどれも同じ「プラグインという単一の種類のもの」に見えるけれど、実は中身の違う数多くの実体があるという、この様子が多態性です。

たとえば、自動車を運転できる人は2台以上のまったく違う車を持っているかもしれません。市販車であれば、いずれの車も運転免許の再取得をせず、同じ操作方法で運転できるはずです。同じ人が用途に応じて車を気軽に乗り換えるように、ソフトウェアも、呼び出し側のコードの変更をまったくせず、追加や切り替えだけで動作のバリエーションを増やせるほうが便利です。

犬でも猫でも未知のペットでも

次のサンプルコードは、オブジェクト指向プログラミングの入門書でおなじみの、犬猫プログラムです。

▼ リスト3-4　犬猫で表される多態性

```
abstract class Pet
{
    abstract public function reaction();
}

class PetshopCustomer
{
    public function touch(Pet $pet)
    {
        $pet->reaction();
    }
}
```

```
class Dog extends Pet
{
    public function reaction()
    {
        echo "ワン";
```

```
    }
}

class Cat extends Pet
{
    public function reaction()
    {
        echo "ニャン";
    }
}
```

```
$customer = new PetshopCustomer();
$customer->touch(new Dog());
$customer->touch(new Cat());
```

犬と猫の鳴き声が切り替わるサンプルコードは、多態性を理解するのに最適です。犬や猫では実務レベルのことがわからないと批判する人もいますが、それは見当違いです。犬と猫を自分の仕事に置き換えて考えられないと、いくらよそのビジネスプログラムの例を知っても、それとは違う自分のプログラムに置き換えて応用できませんね。大事なのは動物か業務かではなく、これでできる構造にどんな意味を見いだすかです。

PetshopCustomerとPetのクラス定義は、この二者だけで完結しています。どんなペットであろうとtouchすればreactionが起きるという仕様をきっちり表現できています。モデルとして過不足がないので、この2クラスは安定した1パッケージに閉じることができそうです。

実際のペットショップにはDogやCatがいて、それぞれどんな反応をするかが違います。PetshopCustomerとPetの組と比べると、具体的な各種のペットは実際の挙動を担うので、今後の作り込みでの変更頻度が高くなりそうです。Rabbitクラスや Hamstarクラスが追加されるかもしれません。それらを作り込んでいくパッケージは、PetshopCustomerとPetの組より抽象度と安定度が低くなると言えます。パッケージの原則で考えると確かに、安定度・抽象度等価の原則（SAP）に準じます。

多態性を活かすメリット

多態性はプログラムのロジックを簡単にします。サンプルコードにはifやswitchといった文がないことに気づくでしょうか。Petに多態性を持たせずに書くと、こんなコードになっていたかもしれません(リスト3-5)。

▼ リスト3-5 オブジェクト指向らしくない例

```
class PetshopCustomer
{
    public function touch(Pet $pet)
    {
        switch ($pet->type) {
            case 'Dog':
                echo "ワン";
                break;
            case 'Cat':
                echo "ニャン";
                break;
            default:
                throw new InvalidArgumentException();
        }
    }
}
```

PetshopCustomerがPetの種類をすべて知っていることになります。種類をすべてカバーしきらないといけないので、メンテナンスがたいへんです。種類を増やすには行を追加する必要があるので安定度がとても低くなるし、具体的に何が実行されるかの詳細を知っているのも面倒が起きやすいポイントです。こういうプログラムは、動作の詳細にバグが入りやすく、また、作り込みで頻繁に変更されることが予想されます。同じことを別のメソッドやクラスに分けて書き、それを呼び出す形にしたとしても、その委譲先の名前をこの場に直接書いてしまうと、分けたつもりにすぎない密結合になってしまいます。

情報モデルだけでなく、技術的な問題にも多態性が活きてくる場面は多々あります。ログを書くか書かないかを切り替える2つのコード例を見てみましょう。

▼ リスト3-6 「ログなし」フラグで切り替えるアイデア

```
class PetShop
{
    public function __construct(
        protected App $app,
        protected bool $withoutLogging = false
    ) { }
```

```
    private function paycheck()
    {
        if (!$this->withoutLogging) {
            $this->app->getLogger()->log("begin");
        }
        // transaction
        if (!$this->withoutLogging) {
            $this->app->getLogger()->log("end");
        }
    }
}

// $shop = new PetShop($app);
$shop = new PetShop($app, true);
```

▼ リスト3-7　多態性を活用したロギングのオンオフ

```
class PetShop
{
    public function __construct(
        protected LoggerInterface $logger
    ) { }

    private function paycheck()
    {
        $this->logger->log("begin");
        // transaction
        $this->logger->log("end");
    }
}

class NullLogger implements LoggerInterface
{
    public function log(string $message)
    {
        // Do nothing.
    }
}

// $shop = new PetShop($app->getLogger());
$shop = new PetShop(new NullLogger());
```

前者は単純に、ロギングするかしないかを表す変数を見て分岐する例、後者はシステムのロガーと代替可能な、何もしないNullLoggerがあると考えた例です。後者は、前者と比べると、余計なロジックが極めて少ないことが特徴です。ログの書き込みは実処理のさまざまな箇所で発生しますが、プログラムコードというものは、主たる関心と無関係なif文が混ざると、可読性が下がってきます。こんな面倒がここの部分だけで閉じてくれるなら楽ですが、ログを書くか書かないかの切り替えなんて、だいたいは、システム全体にいっせいに必要になりそうです。

後者の「ログを書け」「実際に何が起きるかは知らないけど」は、“Tell, Don't Ask.”のコンセプトとも合っています。オブジェクト指向らしさに慣れたプログラマーにとっては、部品の詳細がどうなっているかを気にせず、焦点を当てた責務にだけ集中するのが、とても自然な感覚です。

ログの切り替えの他に、キャッシュにmemcachedを使うかRedisを使うか、それともローカルファイルシステムで十分かといったインフラストラクチャの問題にも、同じアイデアを応用できます。PSRには実際にLoggerInterfaceの他にCacheInterfaceなんかもあります。

多態性と型システムは独立した概念

説明のためにPetやLoggerInterfaceといった抽象クラス／インターフェースを設けましたが、多態性は本質的に、そうした型の存在には依存しません。あくまで、呼び出し側で「同じと認識してよい」と見立てたものに、複数種類の実体がある点だけに着目した概念です。

PHPは型チェックをしない書き方もできる言語です。実際に型を宣言しなければ、Petクラスがなくても、共通したメソッドを持つDogやCatでプログラミングできます。そういった明示的な分類のない多態性を**ダックタイピング**と呼ぶことがあります。

ダックタイピングというのは、「利用者の文脈で十分にアヒルに見えるのなら、鳥ですらないおもちゃのアヒルでもアヒルとみなしてよい」という考え方です。そんなので本当に大丈夫かと思うかもしれませんが、ダックタイピングは十分に機能します。たとえばGo言語のinterfaceはJavaやPHPとまったく異なり、ダックタイピングの考え方をベースにしてコンパイル時チェックをしてくれる仕組みを提供しています。TypeScriptの型チェックシステムにも似た特徴があります。

3-4 継承／汎化

オブジェクト指向第三の特徴はクラスの**継承**（あるいはインターフェースの**実装**）です。誤解を招かないよう、本書では見出しに**汎化**を添えています。

継承を振る舞いのインポートと考えない

継承と実装は、すでに多態性の説明の中に登場しています。Catがextends Petと定義されている部分（リスト3-4）、NullLoggerがimplements LoggerInterfaceと定義されている部分（リスト3-7）です。この点を改めて深堀りしてみましょう。

```
abstract class Pet
{
    abstract public function reaction();
}
```

Petのように、継承を前提とした（部分的に）実処理を持たないクラスは**抽象クラス**と呼ばれます。抽象クラスでも通常のクラスでも、継承した**派生クラス**を作るもとになることができます。継承元になる方は**基底クラス**と呼びます。空のメソッドやデフォルト動作メソッドを、派生クラスで穴埋め上書きするのを**オーバーライド**と言います。必要最小限のオーバーライドをすることで、オブジェクトに必要なメソッドの振る舞いセットを完成させるのが、継承を活用したプログラミングです。

「なるほど継承は便利だな」と、ここで理解を止めてしまうと、これまでの特徴と統合してひとつの理解を得ることができません。**継承は効率的な差分プログラミングだけを意味する概念ではない**と認識するのが、オブジェクト指向の理解にとって非常に重要です。逆に、継承の理解をここで止めてしまうと、不必要な継承機能の乱用をしたり、それがうまく行かずに継承アレルギーになってしまったりする可能性があります。

振る舞いを除いた一般化

Petと異なり、LoggerInterfaceはその名のとおり**インターフェース**と名付けられています。

```
interface LoggerInterface
{
    public function log(string $message);

    // 他のメソッドは割愛
}
```

インターフェースはなんと、一切の実処理を持つことができません。土台となる既存の動作がないので、差分プログラミングではその意義を説明できないのです。LoggerInterfaceにはどういう意味があったのでしょうか。ここに、継承(inheritance)という言葉で表したかったことの真意があります。オブジェクト継承の醍醐味は、機能のextends(拡張)ではなく、概念の一般化と、そのimplements(実装)の分離です。

継承より委譲を好め

そもそもですが、コードを再利用したいだけであれば、継承などせずに、他の関数やオブジェクトのメソッドに委譲すればよいだけではありませんか。むしろ、処理ステップの再利用を目的とした継承は、カプセル化を破ってしまう原因になります。もし「エンジンを継承して自動車が作られて」いたらどうなるでしょう？　自動車のメソッドセットはエンジンを直接操作するメソッドを含んでしまいます。おかしいですね。運転手からエンジンのメカニズムを隠蔽して、簡単かつ安全にするのが自動車の役目のはずですよね。

また、もし車がエンジンの派生物だったら、同じ車体を再利用してガソリンエンジンではなく電動モーターを乗せるといった組み合わせもできなくなってしまいます。せっかくエンジンと同じ接続ができる多態として電動モーターが作られても、それをもとにした自動車をもう一度作らないといけないのは非効率です。

同じようなコードがいくつも書き残されると、保守が困難になります。ガソリンエンジンや電動モーターといった多態の組み合わせでバリエーションを作るのを阻害する振る舞い継承より、カプセルを集約して委譲する作りのほうが、どう考えても生産的ですよね。

継承システムの真意

差分プログラミングという設計方針は、場合によってはメリットになりますが、安易にそれ先行で考えるとデメリットになるリスクの方が高くなります。継承のそうした面だけを見てオブジェクト指向にはメリットがないと思ってしまう人もいますが、それは、先に認識しておくべきパズルのピースが欠けているせいです。クラスの振る舞いを継承すると便利な場合があるのはなぜかというと、基底クラスの方に、派生した多態の特性を包括的に表す、汎用的な意味づけができるからなのです。つまり、確かな上位抽象概念に着目できるかが優先事項なのです。

一般的に、DogやCatに対するPetのような上位概念を総合して**抽象クラス**と呼びます。その逆、抽象の実処理をすべて埋めたものを**具象クラス**あるいは**コンクリートクラス**と呼びます。抽象と具象の間には、「具象クラスは抽象クラスの一種」と言える概念的なis-a関係が成り立ちます。さらに、抽象と具象は相対的です。“Cat is a Pet.” であり、“AmericanShorthair is a Cat.” です。

ペットショップに来たお客さんに、そのショップで販売している動物の分類を知っていることを期待するのは筋違いです。お客さんは「何かペットを見せて」としか言わなくても何の問題もありません。そういう作りにするのがオブジェクト指向を活かした健全な考え方だというのは、すでに多態性の解説で述べました。このポイントを軸に、多態性では、具体的なペットのバリエーションの広がりに着目しましたが、継承はその逆、is-a関係による概念の集約と一般化に着目します。

▼ リスト3-8　リスト3-4の再掲

```
abstract class Pet
{
    abstract public function reaction();
}

class PetshopCustomer
{
    public function touch(Pet $pet)
    {
        $pet->reaction();
    }
}
```

PetshopCustomerにとっては、適切な抽象Petを設けてさえあれば、そこからどのような具象が派生しているのかはたいした問題ではありません。Petがreactionを持つ点だけが重要です。オブジェクト指向の継承が振る舞いの引き継ぎより前に持っているのは、この特性です。

良い抽象を見つけるには

とはいえ、いきなり抽象から考えられる人はまれです。ペットショップのシステムを開発するとき、依頼者はまず「うちは犬や猫を扱うんですよ」と、多様な具象を例に挙げるでしょう。開発者はヒアリングで聞いたいくつかのサンプルを分析して、いちいち面倒な場合分けを一般化できるんじゃないだろうかと考えます。そのとき初めて、Petのような抽象を設けるのが都合よさそうだと気づきます。

そのような流れで発見された抽象こそが、実際に役に立つ期待値の高い抽象です。こうした継承の逆向きの、現実のバリエーションから帰納的に抽象を発見していくアプローチを、**汎化**と言います。無駄のない良い抽象の設計は、後に残るコードの依存順とは逆に、先に具象の分析をやったあと、その汎化プロセスによって生まれてきます。

逆に、先にひとりよがりの哲学をこねくり回して、現実を顧みない抽象化を先行させた場合は、役に立たない概念に縛られる無駄が起きやすくなります。「Catには野良猫もいるかもしれない。必ずしもPetではないかも……」そんな疑問が脳裏をよぎることもありますが、ペットショップでいうCatと言えば飼い猫以外あり得ません。システム化対象の問題を逸脱して万能な抽象を考えるのは無駄です。野生動物に手を出した時点で、ペットショップのシステムは使い物になりません。まったく別のソフトウェアを開発していることになります。

無限の可能性に向かって発散してしまわず、いかに可能性を削ぎ落として、最小サイズで実際に起こり得るバリエーションをカバーできるかが、汎化のポイントです。あれこれ妄想して拡張性を作り込むより、最小の抽象概念で素朴に作ったソフトウェアにするほうが、現実には高い拡張性を持っています。

抽象は安定依存のキー

取り得る具象をカバーできそうなスマートな抽象がいったん見つかってしまえば、具象の実装がまだひとつも完成していない段階でも、パッケージを完結させてリリース(＝再利用してよい状態に)できます。バリエーションを網羅しなければ完了できないswitch文のパターン(リスト3-5)と比べると、作る順序が真逆になります。良い抽象を見つけてきたパッケージは、先に安定させていけるので、**安定依存の原則(SDP)の方向づけ**に役立ちます。だんだんと、安定度・抽象度等価の原則(SAP)が言う「安定度＝実際の変更頻度の低さ」と「抽象度＝よく汎化された概念の発見」の相関関係がつかめてきたのではないでしょうか。

この抽象による依存方向と開発順序のコントロールこそが、オブジェクト指向プログラミングをする最大のメリットです。

「多」態性がなくても役立つ

依存の観点で見ると、抽象と具象の数量関係は、必ずしも一対多である必要はありません。ひとつの抽象に対応する具象が結果的にひとつだけになって、多態性のバリエーション確保のうえでは何の役にも立たない形になろうとも、継承／汎化による安定度の確保に貢献するという点からいえば、十分に役に立ちます。安定側のパッケージに着目すれば、具象の数がいくつあるかはどうでもいいのです。具象なんてまったくなくても、パッケージは成り立つのですから。

多態性がなくてもよいというのを、もう少し具体的に見てみましょう。ニュースサイトの記事を表示するシステムの機能を想像してみてください。記事取得と記事整形の処理は、おそらくシステム中にひとつずつしか作られないでしょう。

▼ リスト3-9　ニュースサイトの安定した抽象パッケージ

```
interface ArticleRepositoryInterface
{
    public function fetch($id): Article;
}

interface ArticlePresentaterInterface
{
    public function format(Article $article);
}

class ArticleOperation
{
    public function __construct(
        protected ArticleRepositoryInterface $repository,
        protected ArticlePresentaterInterface $presenter
    ) { }

    public function show($id)
    {
        $article = $this->repository->fetch($id);
        return $this->presenter->format($article);
    }
}
```

▼ リスト3-10　ニュースサイトの不安定な具象パッケージ

```
class ArticleRepository implements ArticleRepositoryInterface
{
    public function fetch($id): Article
    {
        // TODO データベースに問い合わせする (SQL)
    }
}
```

```
class ArticlePresentater implements ArticlePresentaterInterface
{
    public function format(Article $article)
    {
        // TODO 表示用に整形する (HTML)
    }
}
```

ArticleOperationが依存するArticleRepositoryInterfaceとArticlePresentaterInterfaceの実装にはバリエーションがありません。それでも、確かにプログラミング言語の継承の仕組みが役に立っています。こうして抽象と具象に分けることで、先にArticleOperationが含まれるパッケージを安定させてしまうことができるからです。

ArticleOperationがArticleRepositoryとArticlePresentaterの2つのコンクリートクラスに直接依存しても、最終的には同じ動きをするプログラムを作れます。が、その手順では、先に詳細をすべて完成させないと全体が作れません。一方、仮にインターフェースに依存しておく作戦なら、データベースの事情と画面の事情がわからないうちでも、先にArticleOperationの大枠を安定させられます。後で詳細がわかってからArticleRepositoryとArticlePresentaterを作っていく手があることで、工程を自由にコントロールできるようになります。

多態性が語ったのは不安定パッケージ=具象側にバリエーションが増える話で、対称的に、継承が語っているのは、安定パッケージ=抽象側に優れた基底を確保する話です。継承によってオーバーライドすれば詳細はどうとでもなるから、安心して抽象を抽象のまま使えるというのが、継承という用語を使って言いたいことの本質と考えてください。

具象は間に合わせでもかまわない

もう少しだけ頭の体操をしましょう。多態性の例では犬と猫にまったく違う事情があると思ってクラスを分けました。が、実際には表示する文字列が違っただけでした。もし今後もこの程度の差で済むなら、ひとつのParameterizedPetにまとめて、違いをパラメーターで表した方が楽かもしれません。

▼ リスト3-11　抽象を使うメリット

```
abstract class Pet
{
    abstract public function reaction();
}
```

```
class ParameterizedPet extends Pet
{
    public function __construct(
        protected string $voice
    ) { }
```

```
    public function reaction()
    {
        echo $tihs->voice;
    }
}

$customer = new PetshopCustomer();
$customer->touch(new ParameterizedPet("ワン"));
$customer->touch(new ParameterizedPet("ニャン"));
```

生き物を連想できないクラス名は直感的に違和感がありますが、これぐらい不自然なものでも、PetshopCustomerにとっては同じPetにしか見えないという点がポイントです。実体が何であれ気にしない、つまり詳細に向く関心も依存もまるでないのが、抽象を使うメリットです。依存構造が抽象＝安定にしか向いていないかたちが、安定依存の原則（SDP）を満たすパッケージ構成でしたね。

インターフェースで理解する

歴史的に、インターフェースという文法要素が登場して一般化したのはJava以降です。それ以前にオブジェクト指向の特徴が考えられた時代、当時主流だったC++や、オブジェクト指向研究者に好まれたSmalltalkの用語で、このパラダイムが説明されました。それらには、クラスとインターフェースの明確な区別がなく、すべての特徴を**継承**というひとつの用語で表していました。これが、もっとも大事なオブジェクト指向の特徴、「抽象と具象の関係」が「差分プログラミングだ」と誤解された原因になりました。幸い、Java以後の時代にいる私たちは、クラスの継承ではなく「インターフェース」と「実装」の意味を先に理解することができます。

多態性だけに着目すれば、型チェックのないダックタイピングでもかまいませんでした。一方、抽象と具象の関係には、明確に定義されたインターフェースがあることが重要です。

仮に、プログラミング言語の型チェックシステムが活かせない場合でも、十分に信頼性のあるものを作ろうと思ったら、仮想的に型があるものとしてプログラムせざるを得ません。通信プロトコルのような厳格なルール付けが必要です。その厳しさに何の支援もないのは辛いので、明示的にインターフェースや抽象クラスの名前を使って抽象の持つきまりを表明するのが、オブジェクト指向をサポートするプログラミング言語の型チェックの意義です。

差分プログラミングは、そこに付随する、ちょっと便利なおまけぐらいに考えるのがよいでしょう。げんにPHPにはtrait[注1]があります。もし差分プログラミングをしたいのなら、継承による機能の上書きよりインターフェースとtraitを組み合わせたほうがよっぽどコード共有に向いています。Scalaにもtraitがあるし、Javaにも同じ目的に使える実装付きインターフェースがあります。

これこそオブジェクト指向だと呼べるひとつの定義はないと説明しました。ここで挙げた特徴は、ぼんやりしたオブジェクト指向が持つひとつの意味を、特徴的な3つの別の角度から見ただけです。特徴が表す意味はそもそもひとつなので、カプセル化と多態性と継承（汎化）は、関連して同時に現れます。

3-5 構造化プログラミングと何が違うのか

一般的にこのような特徴を言うとされてはいますが、オブジェクト指向という言葉の意味はやはりあいまいで、人によって指す範囲が少しずつ違っています。なので、自分の思っていることを「オブジェクト指向だ」と他人に言っても、厳密に同じ範囲を共有してコミュニケーションできている保証はありません。

だからといって、オブジェクト指向という言葉には意味がない、と言ってし

注1　PHPのtraitは型と無関係にクラスにメソッドを取り込む文法です。本書の主題から外れるので、解説は割愛させていただきます。

まうのはもったいなくて、「何であるか」はあいまいでも、「何でないか」を明確に言うときには有用です。これだけは言えることとして、オブジェクト指向は**構造化プログラミング**ではないと言うことができます。

構造化とは

構造化プログラミングといえば、goto文を避け、ifやforの構文ブロックの再帰的な構造でプログラムを書くやり方を思い出す人がいるかもしれません。

コンピューターのCPUは、ロジックの分岐やループを実現するとき、現在の命令を指すメモリ番地から別のメモリ番地にジャンプする仕組みになっています。goto文とは、高級言語でこの生のCPUと同じ低レベルのやり方そのまま行うアイデアです。

この、どことどこがつながるか自由すぎるやり方では、**部分を閉じて考える**ことができません。if-elese文であれば、条件にヒットとした場合を考えるときは、ヒットしなかった場合を完全に無視できます。forループの中は閉じたブロックとして、外と分けて考えることができます。というように、手続きを分けて考えるブロック構造で閉じることで、無関係なブロック階層の詳細を切り離して考えるのが**構造化**の指す意味です。

本書で注目したいのは、この構造化プログラミングのアイデアは、ifブロックやforブロック以外にも適用されていたことです。プログラムフローの制御だけでなく、特定の手続きブロックをサブルーチンに分けるのも、構造化と呼ばれます。意味のある名前を付けることで役目を表すと、ひとまずは、実際に中で何をやっているのかを忘れることができます。データ構造に適用する場合、関係の強い変数をグループ化して構造体にまとめ、その構造体をひとつの変数で表して閉じておくのもそうです。いい意味での**ブラックボックス化**を活用をすることで、フラットにすべてを見渡さなければならない場合より、はるかに大きなソフトウェア構造物を作れるというのが、広義の構造化プログラミングの意味です。

構造化プログラミングの「抽象」

歴史的には、構造化プログラミングはオブジェクト指向よりもずいぶん古くからある考え方です。その構造化プログラミングにおいて、構造体やサブルーチンは、それを使うプログラムから見て、**抽象**と呼ばれていました。詳細を隠蔽して意味づけされた抽象と考える方法は、オブジェクト指向以前に、構造化プログラミングにもあったのです。大きな変数のセット（構造体）を再帰的に細粒度分解して、要素に与えたユニークな型名で意味づけするアプローチは、とくに**抽象データ型**と呼ばれます。

なので、変数と関数をクラスにカプセル化して隠蔽し、そのクラスの名前を利用者に使わせるやり方は、それだけでオブジェクト指向とは言いにくく、どちらかと言えば構造化プログラミングの続きです。クラスによるカプセル化と構造化プログラミングで言う抽象の間には、せいぜい、データと処理をひとまとめに記述するclass構文があるかないかぐらいの差しかなく、パラダイムとして本質的な違いがあるものとは言えません。

抽象データ型で言う構造体を、そのままクラスに置き換える考え方でオブジェクト指向を理解しようとすると、間違った袋小路に陥ってしまいます。

強く結合したひとつの構造

構造化プログラミングで複雑な機能を作るとき採られるアプローチは、**機能分解**と言われます。数多くの機能を持つ入り組んだ構造物を、いくつかの機能ブロックに分解して複雑さを減らし、その中をさらに小さな単機能構造要素に分解していくと、個々の下位要素が次第に簡単になっていきます。こうして分解した機能の積み上げによって、複雑な機能を作り上げようという考え方が機能分解です。

機能分解は一見よくできた方法のように感じますが、上位構造の正しさが下位構造の正しさに依存するという課題を解消できないという欠点を持っています。下位構造の階層が深くなればなるほど、上位構造はその中に潜んでいる不具合の責任をすべて抱えることになります。機能分解の考え方の根本はあくまで、トップダウンアプローチによる**ひとつの責務**の分担作業なのです。

独立して成り立つオブジェクト

一方、オブジェクト指向という言葉を生み出したアラン・ケイの考え方は（今となっては彼が考えた意味の範囲を超えてひとり歩きしたとはいえ）、どちらかといえばもっとボトムアップ寄りです。彼の開発したSmalltalkが目指したビジョンは、計算機を独立した計算機の集合体として作り、その独立計算機がまた別の計算機の集合体の一部に使われるという、どこを切っても一般的な関係を持った再帰的なネットワーク構造でした。

オブジェクト指向とは、ソフトウェアの構成要素を、独立して存在する実世界のモノのようにとらえる考え方だというのは、最低限言えることです。それ自体に何の意味があるのかと問われると人によって意見はさまざまですが、相対的に言って、構造化プログラミングの機能分解ではないというメッセージにはなります。はて、どこが決定的に違うのでしょうか。

実在するモノのイメージでいけば、部品を外して別の部品に付け替える発想ができます。部品を外されたモノも、今は機能しないだけで、存在が破綻することはありません。**オブジェクト指向の抽象型**を使うと、オブジェクトは、具体的なサブ部品と独立して成り立ちます。電動プラモデルの設計図は、乾電池の製造方法を参照しません。「ここに1.5Vの単3電池を入れる」と、規格と大きさが書かれているだけです。これが、構造化プログラミングとオブジェクト指向の決定的な違いです。つまり、上位構造が正しいことを下位構造なしに成立させられるということです。後からインターフェースに適合するモノを当てはめるだけでよい形を目指すのは、明確に、「構造化プログラミングに対してオブジェクト指向プログラミング的」であると言えます。

みなし抽象 v.s. 機能する抽象

構造化プログラミング用語の「抽象」は、オブジェクト指向では「具象クラス」にあたります。構造化プログラミングの抽象はあくまで、観念的に抽象とみなすという、ただの考え方にすぎません。しかし、オブジェクト指向でいう「抽象」は機能します。オブジェクト指向プログラミングでは、その抽象を仮に正しいとすることで、上位構造が下位と独立して正しいと言い切ることができます。具象の方にいくらバグがあろうと、抽象オブジェクトの利用者は、下位に混入したバグと無関係でいられます。観念的な存在ではなく「実際に開発工程で機能する抽象が実在する」ことが、構造化プログラミングにはなかった、オブジェクト指向プログラミング特有のメリットです。

強い構造を弱く結合せよ

この話は、構造化プログラミングを時代遅れだと否定するための話ではありません。むしろ、サブ構造の詳細を閉じて抽象的にとらえるのは、オブジェクト指向感覚の前提となる大事な基礎です。C言語をベースにC++を開発したビャーネ・ストラウストラップのオブジェクト指向はまさに、構造化プログラミングをベースとしつつ、その限界を超えるプラスアルファを加えようとするものでした。

機能分解で考えたときのサブ構造との密結合は、単一パッケージ内であればさほど問題になりません。密結合が問題になるのは、オブジェクトの関係がパッケージ境界の外に出るときです。複数のパッケージの結びつきが強くなりすぎると、パッケージの独立性（ひとつの交換単位であること）を保てなくなる点が、ソフトウェア開発の困難さにつながる問題です。外部とつながる部分ではなく、閉じた系の中では、むしろ、きちんと密な上下構造を作れることのほうが、閉鎖性共通の原則（CCP）にかなった適切な設計であるとさえ言えるでしょう。素朴な構造化プログラミングがしっかりできているからこそ、ここぞというときにオブジェクト指向プログラミングが活きてきます。

オブジェクト指向というあいまいな言葉ですが、唯一それ使って明確に示せるのは、「ここまでは構造化プログラミングで、ここからはオブジェクト指向だ」という、この発想の転換ポイントです。

「そんな一般論で言われても、こんな話それ自体が抽象的で……」まったくです。現実に使えるものに落とし込んで考えられないと、つかみどころがないと感じるのは当然です。

実は、経験豊富なプログラマーにも、この章で押さえたいポイントを正確に認識できていない人は数多くいます。長くやっているベテランほど、昔に影響を受けた知識に引きずられて、思い込みが強かったりしますからね。

「自分の認識は合っているんだろうか」と心配になりましたか？　ご心配なく。ぼんやりしたクリーンアーキテクチャをパッケージの原則で補ったように、今度はオブジェクト指向の原則を通して、もう少し焦点を合わせていきましょう。

……と、その前に、日本語とコードだけで説明するとこの後だんだん辛くなるので、まずはオブジェクト指向プログラミングを理解する助けになる図を紹介します。

第4章

UML（統一モデリング言語）

実際のプログラミング言語構文に忠実なサンプルコードは、表現としては正確ですが、なにせ文字量が多いので、読解して意味を理解するまでに時間がかかります。ごく簡単なことを表しているだけの場合でも、紙面のスペースもずいぶん専有してしまいます。
そこで、ここからは説明のために、UML（統一モデリング言語：Unified Modeling Language）を導入することにします。

4-1 UML概要

ソフトウェアの設計をする際、開発者はよく模式図を使ってコミュニケーションしていました。長方形と楕円を矢印で結んだスケッチを挟んで、みんなで設計のことを考える場面は今でもよく見ると思います。その議論の中心になる図形要素の形が、人によって理解が違ったり、会社ごとにルールが違ったりすると誤解のもとになります。そこで、オブジェクト指向のエッセンスを中心に、標準的な図の書き方を決めて、つまらない誤解を避けるようにしたのが**UML**（Unified Modeling Language）です。

これまでに登場したコードをUMLのクラス図で表すとこのような図になります（図4-1～図4-3）。

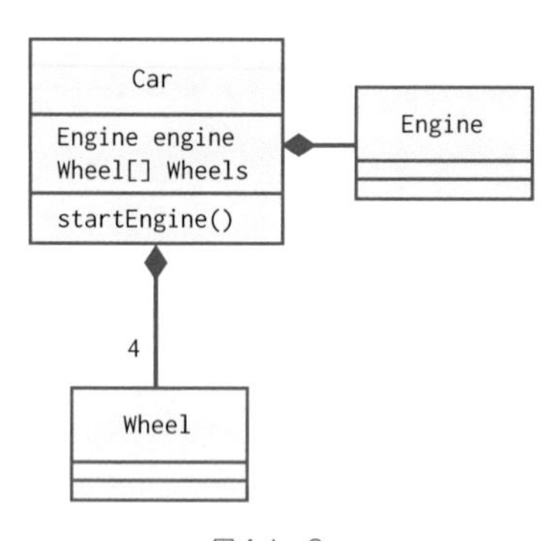

図4-1　Car

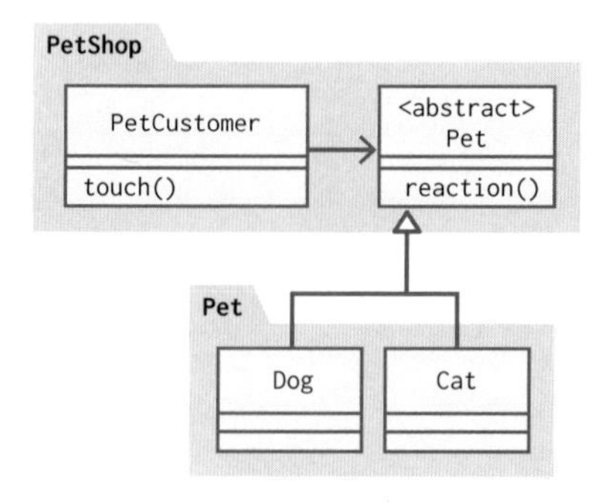

図4-2　Pet

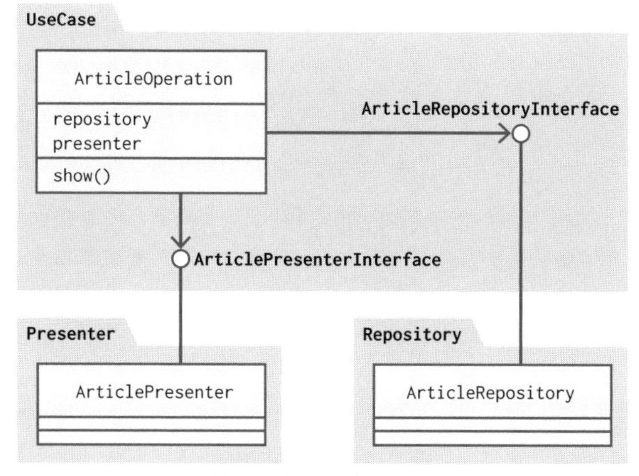

図4-3　Article Operation

UMLは言語

UMLは言語と名付けられてはいますが、その実体は図の書き方のきまりです。「言語」というのはルールにのっとったコミュニケーションの手段のことです。たとえそれが絵でも、正確なきまりがあれば言語になります。

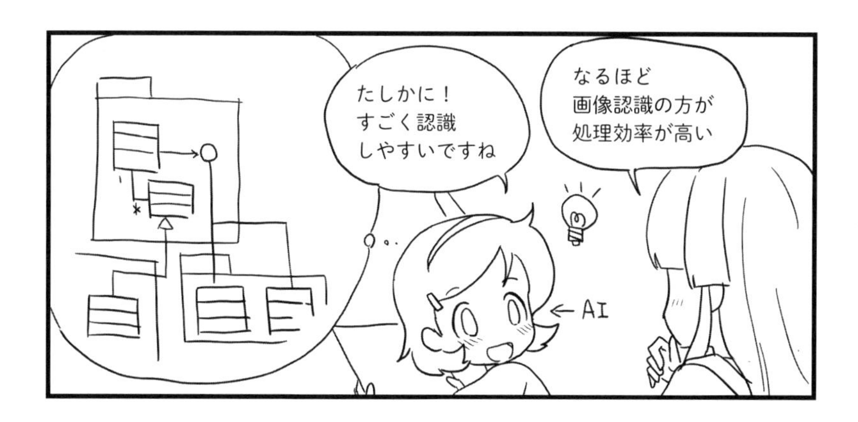

4-2 パッケージ、クラス、インターフェース

構造の要素

クラスやインターフェースは長方形です。長方形を3つのセクションに分けると、クラスの名前に加えて、プロパティとメソッドを書いておくことができます。名前以外は何を省略してもかまいません。

インターフェースは内容を省略したとき変わった書き方ができます。長方形の代わりに小さな円で表し、その外に名前を添えます。クラスではなくインターフェースだと強調したいとき、よく使われる書き方です。（このポリシーを好まない人もいますが、本書では視認性を優先して、小さな円を活用する方針でいきます。）

フォルダアイコンのような形の囲みはパッケージです。ソースコードのまとまりが別々のフォルダに入っている様子を表したいときに使います。UMLの仕様でクラス図とパッケージ図は別のセクションで説明されるため、同時に使うものと考えない人もいます。が、それではパッケージの依存関係とクラスが作る概念構造が同時に見えてきません。ぜひ組み合わせて使いましょう。

要素間の関係

クラスとクラスの間にはいろいろな関係線があります。この関係線の見分けがUMLを読み書きするキーポイントになってきます。

両端に何の飾りもない線は、単純に参照などの関係があることを表します。もしそれが矢印になっている場合は、ことさら依存の向きを主張したいという意図を表します。依存はパッケージ間で起きるものなので、パッケージ内の関係線には矢印が付かないことが多いです。パッケージ内ではいつ相互依存が起きてもかまわないので。矢印はパッケージをまたぐときに意味を持ちます。矢印があれば、どのクラスがパッケージ間に依存を作っている原因なのか、クラスの関係線とパッケージ境界線の交差ですぐに判別できます。

継承は依存の一種

ただし、依存の向きを表す矢印の中でも継承については特別で、**必ず白抜き矢印**で書きます。パッケージ内でもつねに矢印マークを省略せずに書きます。

ある部品が別の部品を使うという関係は組み換えしやすいけれど、継承はそうそう組み換えできるものではありません。概念的なis-a関係が変わるなんておかしいですよね。そういう強い結合は他の関係とは明確に区別されます。

また、継承の矢印の向きにも注意が必要です。元→先のイメージではなく、派生が基底に依存することを表す向きにしないといけません。クラス図に登場する矢印は、データや手順の流れを表すのではなく、つねに依存方向を表現します。

数量関係

クラスが他のクラスの値をプロパティとして所有している関係があるときは、端に数を書いて数量関係を表すことができます。たとえば、自動車にはタイヤが4つ付いているといった情報を添えるのに使います。

"..."を使って上限と下限を表すこともあります。"1...10"なら、最低ひとつはあり、最高でも10までしか持たないという意味になります。片方を省略して、最小値だけで"1..."、最大値だけで"...10"と書く場合もあります。

数量がいくらでもよい場合は数字の代わりに"*"記号を使えます。"1...*"なら、1つ以上で上限なしになります。ゼロを含んでいくつでもよいなら、範囲の代わりに単体の"*"で代用することもできます。

実際にUMLを書きはじめると、ほとんどの場合が1 → *と* →1あるいは* — *になります。

4-3 集約・コンポジション

サンプルの図（図4-1）をよく見るとCarとEngine/Wheelの関係線はその根本がひし形になっていることがわかります。このひし形は「所有関係にある」と強調したいとき使うものなのですが、このマークの白抜きと黒塗りでは意図が変わってくるので注意が必要です。

白抜きのひし形は**アグリゲーション（集約）**で、黒塗りのひし形は**コンポジション**です。

意図の違いでしかない[注1]ため、コードのプロパティ宣言の記述にはその差が現れません。どちらのひし形も同じような宣言コードになります。白か黒か

注1 「所有権」という考え方を持つプログラミング言語では意図の違いだけとも言い切れませんが。

の違いは実際の動きの違いになります。

集約

集約[注2]は、**所有者が既存のオブジェクトへの参照を保持**する関係です。所有者が途中で手放すこともあれば、差し替わることもありえます。所有者がいなくなっても参照したオブジェクトの存亡にはなんの関係もありません。ひとつのオブジェクトを他のオブジェクトと共有所持する可能性もあります。

たとえば、学校に属している生徒がいるといった状況は、学校が生徒を集約していることになります（図4-4）。通常、生徒オブジェクトは所属する学校があるかないかにかかわらず、自立的に存在できるとするのが妥当です。休学や転校をすることもできるでしょうし、場合によっては、学校をかけもちできる設計が必要になるかもしれません。生徒が在学中に学校が廃校になる可能性だって、ありえないとは言い切れません。

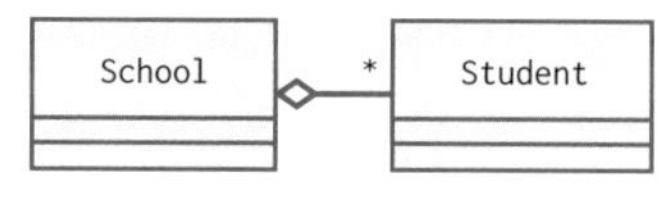

図4-4　School

集約は物体の大小の関係ではないことに注意してください。生徒と学校の関係とは違い、旅行者がどの国に行ったことがあるかを管理するときは、国が旅行者を集約するよりも、旅行者が国を一方的に参照するほうが合っています（図4-5）。先に自立的に存在するオブジェクトを、後で生まれたオブジェクトが集めてきて参照するのが、集約のイメージです。

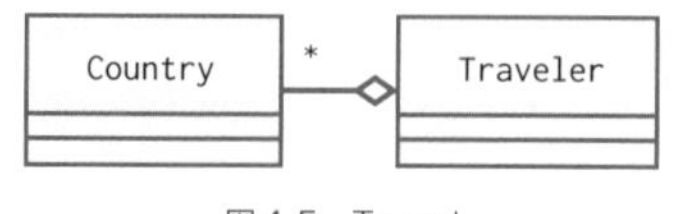

図4-5　Travel

注2　本書では触れませんが、後で出てくるドメイン駆動設計でも、「集約」という用語を使うことがあります。ここで言う集約とは、共通点も相違点もあるので、すっかり混同しないように気をつけてください。

コンポジション

コンポジションは、**所有者がオブジェクトを専有する主体**になる関係です。所有者がいなくなると、所有されていたオブジェクトの存在意義も消滅するような、一体になった構造物を表します。ひとつの大きな構造物がサブ構造を持つとき、それをそのままひとつの構造定義で表せればよいのですが、よくあるオブジェクト指向言語の文法ではどうしても、別のクラスになってしまいます。そういった仕方なく別枠に書かざるを得ないオブジェクト群ではあるけれど、その集合が強いつながりでひとつの意味を成しているのがコンポジションです。

HTMLドキュメントの構造などは、まさにコンポジションのよい例です。<html>には<head>と<body>を1つずつ含まれます。<body>は任意の要素がいくつでも入る構造になっています。ドキュメント全体でひとつの意味を持っていて、親があるからその中に子が存在できるといったかたちをしていますね。もし別のところから一部の要素を参照していたとしても、ドキュメント全体がなくなってしまえば、その参照は何の意味もない残骸を見ているだけになります（図4-6）。

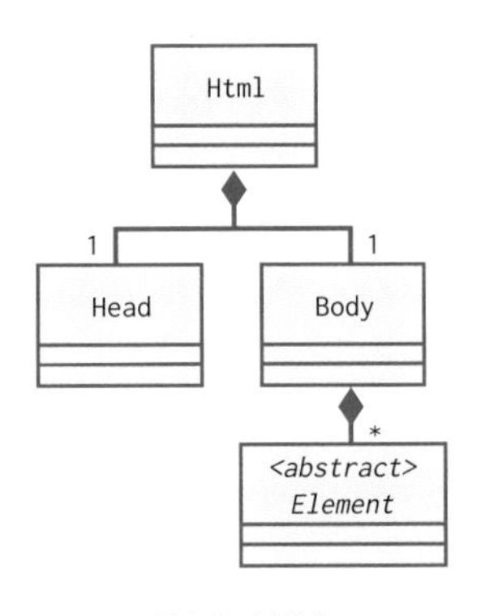

図4-6　HTML

コンポジションのひし形の位置には、集約ほど選択の余地がありません。子構造の存在を管理する親のほうにひし形マークが付きます。つまり、直感的な大小関係そのままのイメージと一致します。

コンポジションでは、子にとっての親は唯一かつ絶対です。原則、独立したり組み変わったりすることはありませんし、他のオブジェクトと共有されることもありません。

4-4 インスタンス図とシーケンス図

クラスの関係やパッケージの依存に着目する図は、クラス図やパッケージ図といった名前で呼ばれるグループです。それらとはまったく違う側面を表現する図に、インスタンス図（もしくはオブジェクト図）とシーケンス図があります。

インスタンス図

クラス図は結局のところ、ソースコードをどう整理するかに対応します。抽象クラスやインターフェースを配置して、関係線が十分に閉じていて無駄な結合がないか、矢印やひし形の向きが整うかなどを調整し、アプリケーションのモジュール構造をどうするかといった問題を考えるのに使います。

一方、インスタンス図はプログラムの実行時の様子に対応します。クラスがインスタンス化されると、メモリにオブジェクトの実体が現れます。この実体化されたものに変数名を付けたときの様子が、インスタンス図で長方形とその中の名前になります（図4-7）。

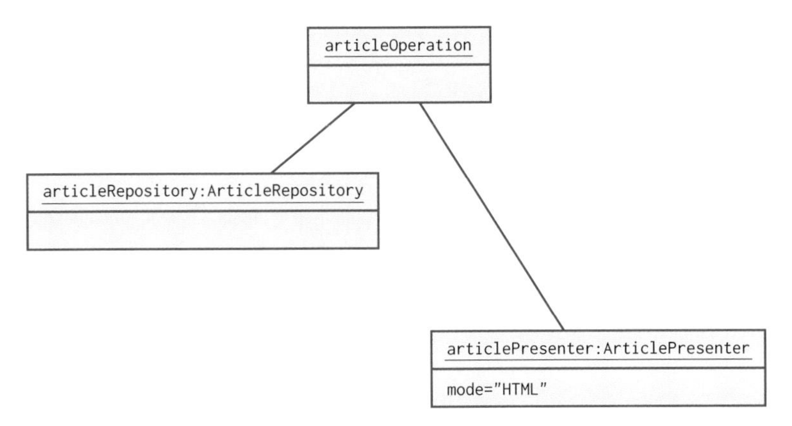

図4-7　インスタンス図

変数の名前ラベルには、インスタンスだとわかるようアンダーラインを引きます。変数名の後に続けてコロンを書き、生成の元になったクラスの名前を書いてもかまいません。インスタンスの長方形は2つのセクションを持つことができます。上は名前、下にはそのインスタンスのプロパティにどんな値が入っているかを書きます。

オブジェクトのプロパティに他のオブジェクトが代入されると、長方形の間に参照を意味する関係線が発生します。クラス図では、たとえば引数の型チェックに使っているだけでも、依存関係があるのでクラス間に線が引かれます。いっぽう、インスタンス図では、プロパティとして参照を持った場合だけに線が生まれます。

クラス図とインスタンス図の違い

直感的に、インスタンス図はだいたいクラス図と同じ形になるのではないかと思うかもしれませんが、2つの図には決定的な違いがあります。それは、インスタンス図には抽象クラスやインターフェースが一切含まれないことです。なぜなら、抽象クラスもインターフェースも、それ単独では実体化できないのですから。

また、クラス図であれば、定義されただけのクラスも登場しますが、インスタンス図にはインスタンス化されていないオブジェクトは登場しません。逆に、ひとつの定義から複数のインスタンスが生成された場合、長方形の数はそのぶんだけ増えます。たとえば、自動車のタイヤは合計4本あり、エンジンは外せるようになっているかもしれません(図4-8)。

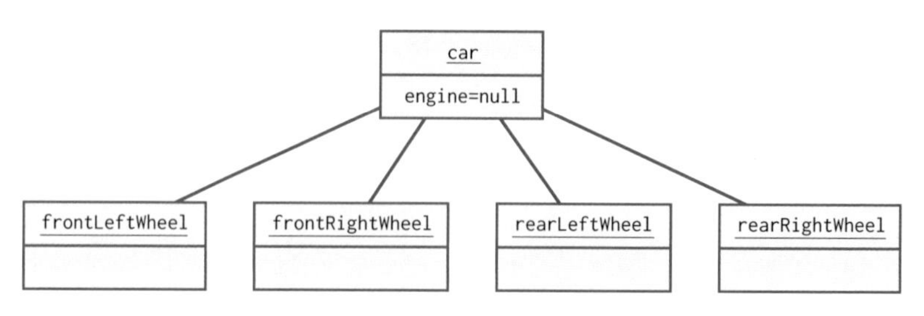

図4-8 車のインスタンス図

4-5 シーケンス図

インスタンス図はある時点でのオブジェクト実体の状態を表現するのに使いました。たとえて言えば、プログラムを一時停止してメモリダンプを取ったようなものです。

シーケンス図はインスタンス図の時間軸版です(図4-9)。インスタンスのプロパティ内容が省略され、代わりに、上から下に時間が流れるレーンが現れます。

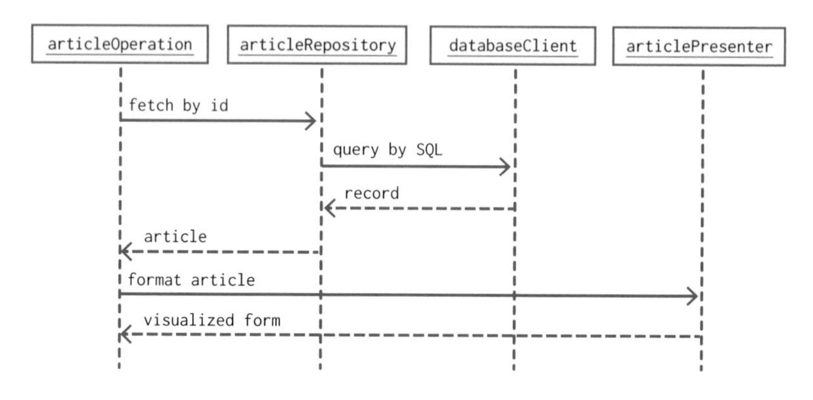

図4-9 シーケンス図

隣り合うインスタンスに、メソッドの呼び出しのタイミングとその応答の左右矢印を引きます。右矢印には「何をするのか」、つまり呼ぶメソッド名を書きます。メソッドの結果が返ってくる場合、左向きの矢印に添えて、何が返されるかを書きます。

他のインスタンスのメソッド呼び出しがさらに別のインスタンスのメソッドを呼ぶ場合、シーケンス図の右へ右へとインスタンスを追加して、往復の矢印を増やすことができます。

とくに詳細が必要でないなら、もちろん省略してもかまいません。というより、伝えたい部分にとってノイズになる詳細は積極的に隠蔽するのが、わかりやすいシーケンス図です。

シーケンス図はアルゴリズムを表現しない

シーケンス図もやはり、プログラム実行時のあるひとつの動作ケースを切り抜いたものでしかなく、全容ではありません。if分岐を持つロジックを扱う場合、条件を満たしたケースかelseケースかの、どちらか一方しか記述できません(記述しようとしたUML2は普及しませんでした)。網羅性がないことで逆に何が際立つか、それは、オブジェクトの委譲の様子、つまり構造の概要です。

シーケンス図は、分岐やループを持つアルゴリズムを正確に表すのには向いていないので、NullLoggerのlog()を本物のロガーとみなしてコールする様子は表現できるけれど、ログを書くのか書かないのかの条件分岐がマッチしなかったという情報は、表現できないのです。

また、getterで得たオブジェクトのメソッドを呼ぶ様子にもあまり向いていません。あくまで、集約しているオブジェクトへの“Tell, Don't Ask”委譲を前提に、依存オブジェクトの連鎖をどのように伝わっていくのかを表すための図です。

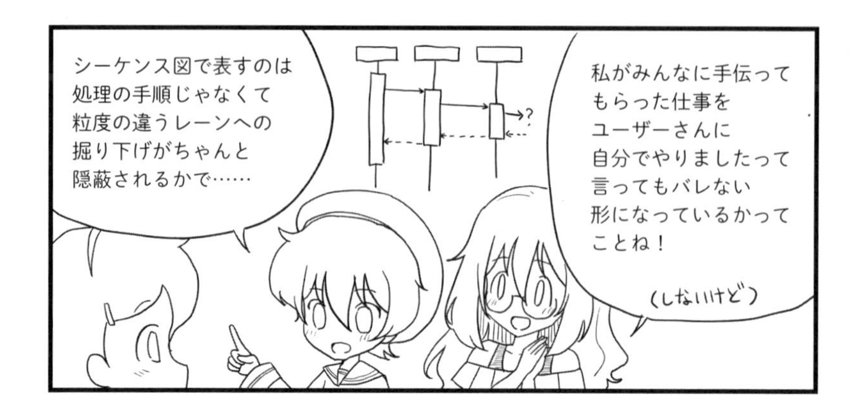

4-6 UMLはプログラミング言語ではない

UMLのLはLanguage＝言語ですが、プログラミング言語とは種類の異なるものだという点を理解しておかなくてはなりません。プログラミング言語はコンピューターに与えるすべての情報を正確かつ網羅的に記述する言語です。いっぽう、UMLの意義はその真逆です。

プログラミング言語は往々にして、そのコード量のせいで設計への意味づけが埋もれてしまいます。そのため人にとっては、いくらクリーンに書かれたコードであったとしても、一貫した意図で記述し続けたり、既存のものから意図を解読したりするのが難しくなりがちです。UMLの目的は、問題認識の助けになることです。人が理解するうえでノイズになる情報を省けば省くほど、UMLの価値は高くなります。

緻密なUMLを書けばそれがそのままプログラミングの代わりになるといった考えが流行った時代もありましたが、それは幻想だったことがわかっています。正確かつ網羅的なUMLは、プログラムコードよりもはるかに無駄が多く、複雑になります。機械的なチェックもできません。

UMLにプログラミングの肩代わりをさせようとするぐらいなら、直接プログラミング言語を使って書いたほうが正しい結果を得られるうえ、効率も上です。UMLはあくまで、プログラムコードに埋もれてしまう設計について、わかりやすい断片を取り上げて、共同開発メンバーに説明するため(あるいは自分の理解のため)の、対人間用コミュニケーション言語であるという点に注意してください。

第5章

オブジェクト指向原則 SOLID

アーキテクチャを俯瞰した視点でのパッケージ設計の原則と同じように、より小さなクラス設計の粒度にも、同様のシンプルな原則があります。

オブジェクト指向プログラミングにおいて、モジュールの最小単位はオブジェクトです。パッケージ原則のように広いスコープを見渡す視点に立つ人向けでなく、コードを書く人なら誰でも意識する、より日常的に触れる機会の多い原則が、このオブジェクト指向原則、通称SOLIDです。

5-1 SOLID

SOLIDとは、5つの原則の頭文字を取った略語です。

- Single Responsibility Principle (SRP)
- Open Closed Principle (OCP)
- Liskov Substitution Principle (LSP)
- Interface Separation Principle (ISP)
- Dependency Inversion Principle (DIP)

日本語訳された名前も付いていますが、英語名と同時に覚えたほうが思い出しやすいので、英語のまま認識するのがオススメです。実際、OCPやDIPは、日本語名より略語の方がよく使われます。

先にタネ明かしをしておくと、SOLIDの全体像が見えてきたとき、実は、この原則が決してオブジェクト指向言語に特化したものではないという点に気づきます。SOLIDは、オブジェクト指向のクラスをどう設計するかを例にしていますが、ソフトウェア一般に応用できる考え方ばかりです。つまりパッケージ原則の中身のことだと理解するのが、素直な解釈になってきます。逆に言うと、パッケージ原則の持つ目的観なしでSOLIDを理解するのは困難です。

SOLIDの最後の部分を理解すると、クリーンアーキテクチャ実現のうえで最後に残っていた謎が、ついに解き明かされるでしょう。どうして技術実現レイヤーが、それを呼び出すはずのビジネスロジックレイヤーに依存できるのか、まだ答えを保留していました。オブジェクト指向の原則を通じて、それがごく自然に起こるものだという理解を進めていきましょう。

5-2 単一責任原則

"Single Responsibility Principle (SRP)"

単一責任原則(SRP)はたいへんシンプルな原則です。クラスと責務はぴったり1:1対応すべしという指針です。言葉ではシンプルですが、実際のケースで考えてみると、シンプルゆえになかなか思ったとおりにならない、難しい原則です。「ひとつのクラスにひとつの責務」と言ったときの、ひとつの「責務」とはいったい何なのでしょう。

再び、ニュースサイトの記事を扱うシステムを想像してみてください。ニュース記事がデータベース内のひとつのテーブルに保存されるとき、記事管理クラスをひとつ設けて記事の操作をひとまとめにするのは、適切な設計でしょうか。

また、こんなケースはどうでしょう？　データベースドライバを作るとき、データ操作に読み出しと書き込みがあると考えて、リーダークラスとライタークラスを設けようとしました。これは適切ですか？

単一責任原則に従えば、ニュース記事の操作をすべてひとつのクラスにするのは間違いです。そして、データベースドライバは読み書きを両方持ったクラスにするのが正解です。いったいなぜなのでしょうか。

責務を持ちすぎないこと

クラスは交換可能なモジュールの最小構成単位です。クラスにカプセル化された知識は、同種の抽象を共有するクラスと置き換えることができます。クラスの利用者がどんなとき、別のクラスやより新しいバージョンに交換したいと思うかを想像してみてください。実際に起こりそうな交換欲求への想像が、責務=クラスのカバー範囲を見極めるヒントになります。

ニュース記事を書く人の事情が変わったけれど、購読ユーザーには従来どおりのサービスを提供したい。逆に、入稿はそのまま、購読ユーザーへのサービスを拡張したい。そんなニーズが起きるのは容易に想像できます。入稿と購読のそれぞれを互いに影響を与えない独立したクラスとしておき、いつでも気兼ねなく別の実装に交換できる単位としておく方が、後で便利に決まっています。なので、ニュース記事管理の場合は、「入稿」と「購読」が、それぞれひとつの責務になります。リスト5-1と図5-1は扱いにくい設計の例です。異なる機能の担当者がソースコードを取り合うことになります。

▼ リスト5-1　異なる変更理由が混在しているクラス

```
// BAD: このクラスには異なる変更理由が混在している
class ArticleOperation
{
    private Article $article;

    public function draft(Writer $writer ) : void { }
```

```
    public function subscribe(Subscriber $subscriber): void { }
}
```

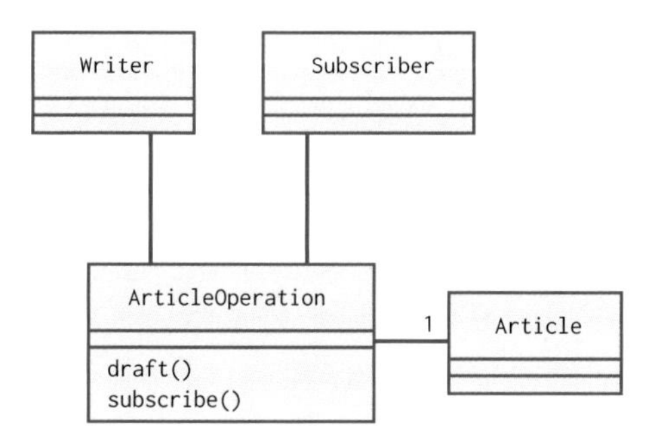

図5-1　ニュース記事管理（混在した責務）

リスト5-2、5-3に示すように分離すると、別々のパッケージに分けることができるので、互いに気を使うことなく、好きなときに独立した変更ができます（図5-2）。

▼ リスト5-2　Writingパッケージ

```
namespace Writing;

class ArticleDraftOperation
{
    private Article $article;

    public function draft(Writer $writer): void { }
}
```

▼ リスト5-3　Publishingパッケージ

```
namespace Publishing;

class ArticleSubscribeOperation
{
    private Article $article;

    public function subscribe(Subscriber $subscriber): void { }
}
```

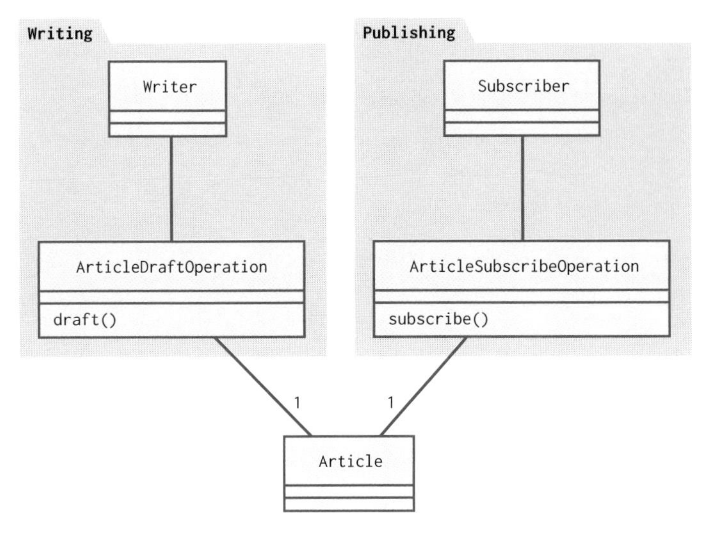

図5-2　責務がひとつずつになったニュース記事管理

交換の単位として適当か

では、データベースドライバの場合はどうですか？　読み取りだけを切り替えたり、書き込みだけを切り替えたりしたいと思うでしょうか。同時に変更しないと都合が悪いのは目に見えています。もし書き込みと読み取りに異なるドライバを使ってしまうとどうなるでしょう？　ドライバ実装の内部には、相手が想定外の実装だった場合でも自分が壊れないようにするための、無駄な防衛的コードが必要になってきます。いくらコードが分けてあっても、互いの事情を常に意識し合わないといけない状況に陥ってしまえば、それは実質的に癒着した大きな塊になります。

これは間違ったバージョンの組み合わせができてしまう分け方の例です（リスト5-4、5-5、図5-3）。

▼ リスト5-4　分けすぎたデータベースドライバVer.1

```
class WritingDatabaseDriverVer1 implements WritingDatabaseDriverInterface
{
    public function write(string $key, mixed $data): void { }
}
```

```
class ReadingDatabaseDriverVer1 implements ReadingDatabaseDriverInterface
{
    public function read(string $key): mixed { }
}
```

▼ リスト5-5　分けすぎたデータベースドライバVer.2

```
class WritingDatabaseDriverVer2 implements WritingDatabaseDriverInterface
{
    public function write(string $key, mixed $data): void { }
}
class ReadingDatabaseDriverVer2 implements ReadingDatabaseDriverInterface
{
    public function read(string $key): mixed { }
}
```

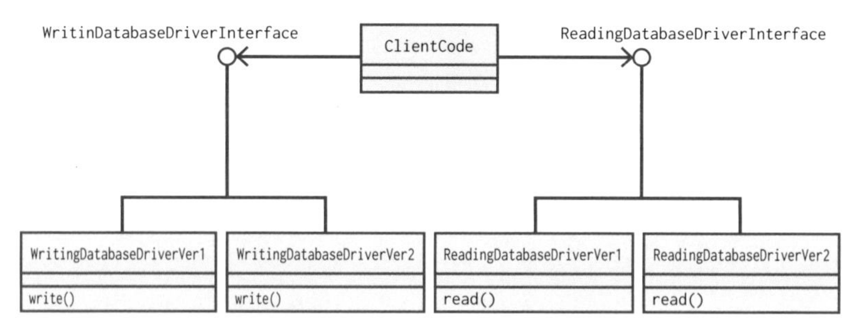

図5-3　ちぐはぐなバージョンの組み合わせになる

ちぐはぐな組み合わせができてしまうので、別世代のバージョンの可能性にも対処しないといけません。

でもこうすれば、Ver2は、Ver1が同時に使われる可能性を考える必要がなくなります(リスト5-6、5-7、図5-4)。

▼ リスト5-6　まとまりのあるデータベースドライバVer.1

```
class DatabaseDriverVer1 implements DatabaseDriverInterface
{
    public function write(string $key, mixed $data): void { }
    public function read(string $key): mixed { }
}
```

▼ リスト5-7　まとまりのあるデータベースドライバVer.2

```
class DatabaseDriverVer2 implements DatabaseDriverInterface
{
    public function write(string $key, mixed $data): void { }
    public function read(string $key): mixed { }
}
```

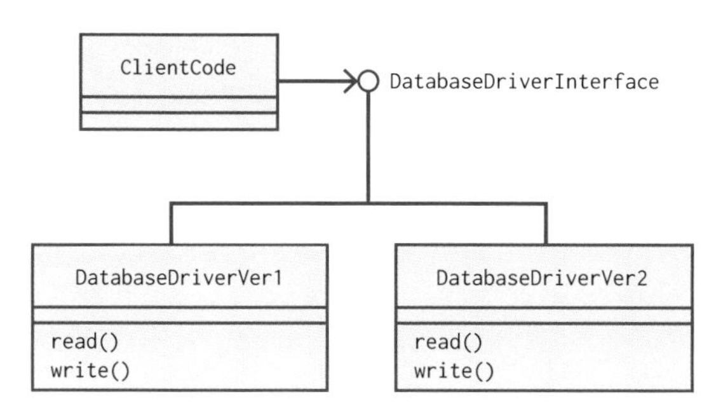

図5-4　バージョンが常に一致する

責務から概念を生み出す

パッケージ原則の全再利用の原則（CRP）と閉鎖性共通の原則（CCP）を思い出してください。パッケージに含まれるものはすべて一度に再利用されてしまうことに配慮してあり、一度に再利用されるものは分散することなくひとつのパッケージにまとまっているのが、適切なパッケージ設計でした。単一責任原則はそれらのクラス版だと言うことができます。

パッケージをどのようにまとめると、後で再利用する人が困らないかを考えるのと同じように、クラスの責務は、何かの法則で機械的に決まるものではなく、将来の保守開発への想像から恣意的に生み出すものです。設計するという行いは、この恣意的な判断と、その役目を表す最適な概念名をつけることにほかなりません。ひとつのクラスが持つ責務の量は、この観点で**デザイン**するのです。

データベースドライバを例に挙げると、たしかに書き込みと読み取りの混在したもののほうが都合がいいのですが、その実体は複数の機能のまぜものです。これを概念的にどんな単一責務があると言えばいいでしょう？　ここがデザインのポイントです。最初からトップダウン的に意味が与えられているのではなく、開発者の都合に無理やり意味づけをするのです。データベースドライバクラスの場合、その責務はもともと考えていた「読み書きを分けられる」ことより、「バージョンを明確に区別できる」ほうが優先だ、という意思決定をするわけです。

責務を事前に予測できるとよいのですが、現実には、コードを書いてしまってから「これはひとつの責務だったか」と気づく場合がよくあります。開発を進める中で、異なる複数の要素を同時に変更しなければならない状況が起きたときは、作業をそのまま続ける手を止めて、いつでもクラスの分け方を考え直しましょう。

5-3 開放閉鎖原則

"Open Closed Principle（OCP）"

開放閉鎖原則（OCP）は、日本語名ではいまいちピンと来ません。英語の語感のまま「オープン」と「クローズド」で考えるほうがわかりやすい原則です。クラスの設計は、**拡張に対してオープン**な姿勢を取り、**変更に対してクローズド**な姿勢であるべしというのが開放と閉鎖の意味です。

機能追加の要望には応じたいけれど、うまく動いているプログラムを書き換えて壊してしまうのは嫌だ。誰もが自然に抱く欲求ですね。でも、思っているだけではなかなか実現できません。ソフトウェア開発が長年抱えている、本当に悩ましいテーマです。

仕様変更は起きる

やはりこれも、将来起きるであろう変動要素に関係する原則です。ソフトウェアを長く使っていると、あるいは長期的に開発していると、時間とともに仕様変更が起きるのは必然です。実装が始まると仕様変更は起きないなんてことはありえません。実動作するロジックはいつも、初期の要求の見落としを明らかにします。「動いてるのを見たらやっぱり気が変わった」は、ユーザーだけでなく、(動作済みの部分でも、もっと良い書き方ができないかを考えている賢明な)開発者にもカジュアルに起きます。

仕様変更の際、コード中のあちこちの間違いにいちいち行変更をかけていく必要があると、ソフトウェアのどこにも安定部分がない状態になります。依存方向を安定依存の原則(SDP)に従って設計しろと言われても、何の方針も立ちません。コード変更が起きにくく、同時に、仕様の拡張を阻害しないようにするにはどうしたらよいのでしょうか。

それには、安定度・抽象度等価の原則(SAP)の発想が役に立ちます。コードの行変更が起きにくい安定度の高いものほど、概念的に抽象度が高いというおおまかな方針を立てるのです。抽象度が高いというのは、単に抽象クラスが多いというだけの意味ではありません。人の希望で変えることができる**仕様**を削ぎ落とした**本質**を分離するという意味です。

変化する仕様を予測する

プログラミングの練習問題「FizzBuzz」を例に、本質と仕様の分離を考えてみましょう。FizzBuzzとは、次のようなプログラムを書きなさいという、プログラミングの練習用課題です。

- 入力された数字をあるルールに従って変換表示しなさい
- 3の倍数だった場合はFizzと表示しなさい
- 5の倍数だった場合はBuzzと表示しなさい
- 3の倍数かつ5の倍数の場合については、FizzBuzzと表示しなさい
- これらの条件に当てはまらなければ数字をそのまま表示しなさい

まずは本質と仕様の分離を意識せず、そのまま手続きとしてコード化してみましょう。数字をひとつ取って変換する部分について、次のような関数を思いつきます(リスト5-8)。

▼ リスト5-8　FizzBuzzハードコード版

```
function fizz_buzz(int $n): string
{
    if ($n % 15 == 0) {
        // 3 でも 5 でも割り切れる場合は、Fizz や Buzz だけを
        // return してしまわないよう先に判定する
        return "FizzBuzz";
    } elseif ($n % 3 == 0) {
        return "Fizz";
    } elseif ($n % 5 == 0) {
        return "Buzz";
    } else {
        return (string)$n;
    }
}
```

ここでいう3や5は、人の都合で別の数になる可能性があります。これが**仕様**です。

「なるほどわかった、それをパラメーターにするんだな。引数よりもクラスのプロパティにしたほうが……」おっと、すぐにそうやって実装を書き換えようとしてしまうのは早計です。**変更に対してクローズド**でなければいけないのに、そんな調子ではいつまでも変更と付き合わないといけませんよ。変更され得る仕様は本当にそれだけでしょうか。

そうですね、FizzとBuzzの文字列が別の文字列になる可能性もあります。他には？　よく考えてみてください。「倍数である場合」という判定条件は人が恣意的に決めたものではないですか？　たとえば、「すべての桁が同じ数字になる」といった別の仕様を考えつく可能性だって十分にあります。

さらに、見落としがちだけど必ず起きる仕様変更は、FizzルールとBuzzルールを残しつつ、プラスアルファのルールが増える場合です。既存の仕様をそのまま互換で残したうえで機能を追加してほしいという要望は、もっとも多く、また、依頼者が簡単にできると思っている要求です。でも実際は、気軽に書き足すと複雑なif-elseif-elseの下位互換性がすぐに壊れてしまうことを、プログラミング経験のある人ならみんな知っています。現状維持と追加を同時に行うのは、ユーザーの想像よりはるかにリスキーで手間のかかる変更です。

本質の洗練

ちょっとここで、複数の条件に該当した場合の法則、結果がFizzBuzzになるパターンに目を向けてみましょう。複数条件にマッチしたときは、変換が重複してかかるという一般法則があるのではないかと推測できます。変換ルールの定義順に、Fizz の次に Buzz が結合されるということは、もし次の新しいルールが定義されても、その結果にさらに何かの文字列を結合するような変換仕様の追加だろうと期待できます。

変わらないと期待できる本質はこう抽出できそうです。

- 整数を入力すると文字列を返す
- 任意の変換ルールを複数定義できる
- 変換ルールは何らかの判定条件を満たしたときに適用される
- 変換結果は前のルールの結果を受けて累積したものになる

本質と見立てたことを素直にコード化するとこうなります（リスト5-9）。

▼ リスト5-9　FizzBuzz抽象モデル版

```
namespace FizzBuzz\Core;

interface ReplaceRuleInterface
{
    public function match(string $carry, int $n): bool;
    public function apply(string $carry, int $n): string;
}

class NumberConverter
{
    /**
     * @param ReplaceRuleInterface[] $rules
     */
    public function __construct(
        protected array $rules
    ) { }

    public function convert(int $n): string
    {
        $carry = "";
```

```
        foreach ($this->rules as $rule) {
            if ($rule->match($carry, $n)) {
                $carry = $rule->apply($carry, $n);
            }
        }
        return $carry;
    }
}
```

match()に3と5の倍数が来たときの挙動は簡単に想像できます。複数回のapply()によって、15の場合の特殊ケースの必要性がなくなりました。どの条件にもマッチせず数字をそのまま表示する場合も、これでカバーできそうな気がします。けれど、こんな抽象的なものが本当に思ったように動くのかどうか……。心配ではあるれど、とりあえず**仕様**側のコードまで見てみましょう（リスト5-10）。

- 特定の数の倍数かどうかに応じて、対応する任意の文字列が結合される
- 最終的に何にも置き換わっていない場合用の「数字そのまま」が必要

▼ リスト5-10　FizzBuzzの仕様

```
namespace FizzBuzz\Spec;

use FizzBuzz\Core\ReplaceRuleInterface;
use FizzBuzz\Core\NumberConverter;

/**
 * 倍数に関するルール
 */
class CyclicNumberRule implements ReplaceRuleInterface
{
    public function __construct(
        protected int $base,
        protected string $replacement
    ) { }

    public function match(string $carry, int $n): bool
    {
```

```
        return $n % $this->base == 0;
    }

    public function apply(string $carry, int $n): string
    {
        return $carry . $this->replacement;
    }
}

/**
 * 変換条件に該当しない場合のルール
 */
class PassThroughRule implements ReplaceRuleInterface
{
    public function match(string $carry, int $n): bool
    {
        return $carry == "";
    }

    public function apply(string $carry, int $n): string
    {
        return (string)$n;
    }
}
```

▼ リスト5-11　拡張性の高いFizzBuzz

```
use FizzBuzz\Core\NumberConverter;
use FizzBuzz\Spec\CyclicNumberRule;
use FizzBuzz\Spec\PassThroughRule;

$fizzBuzz = new NumberConverter([
    new CyclicNumberRule(3, "Fizz"),
    new CyclicNumberRule(5, "Buzz"),
    new PassThroughRule(),
]);

echo $fizzBuzz->convert(1 ) , "\n";  // 1
echo $fizzBuzz->convert(3 ) , "\n";  // Fizz
echo $fizzBuzz->convert(5 ) , "\n";  // Buzz
echo $fizzBuzz->convert(15 ) , "\n"; // FizzBuzz
```

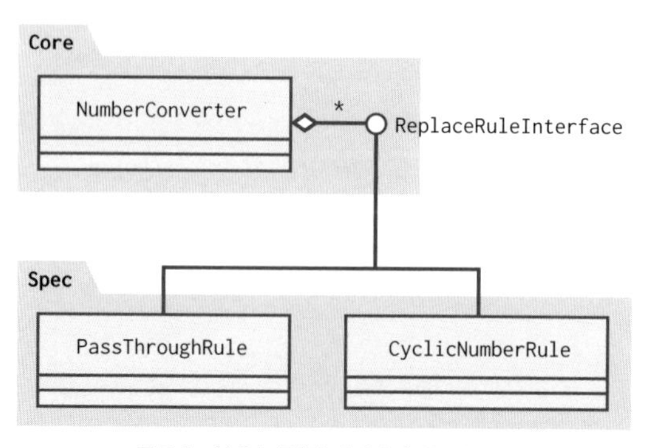

図5-5　抽象と具象に分かれたFizzBuzz

実際に15の場合は`$carry = "Fizz"`となっているところに`$carry."Buzz"`と結合されるので、3と5の仕様をそのまま順に定義するだけで済みました。結果が"FizzBuzz"になる仕様はやはり、個別の仕様ではなく、本質として見いだした一般法則だったようです。

仕様リストに書いてあったFizzBuzzに関する部分は、「複数ルールの変換結果が累積する」という挙動の例にすぎなかったと考えられます（図5-6）。

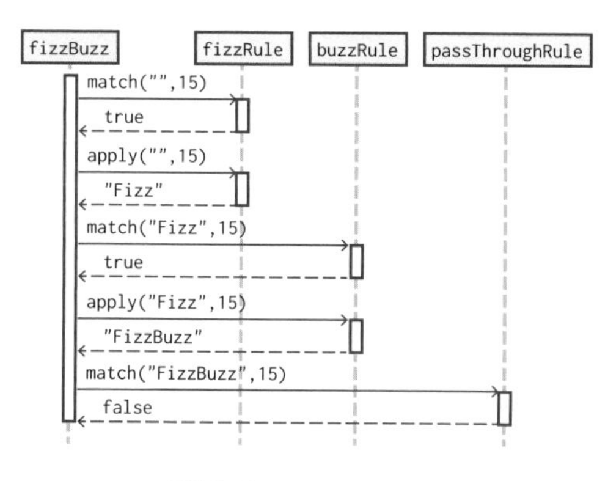

図5-6　FizzBuzzになる場合

数字をそのまま出してくるケースに関しても、ReplaceRuleInterfaceを少々トリッキーに実装する形で表現できました（図5-7）。

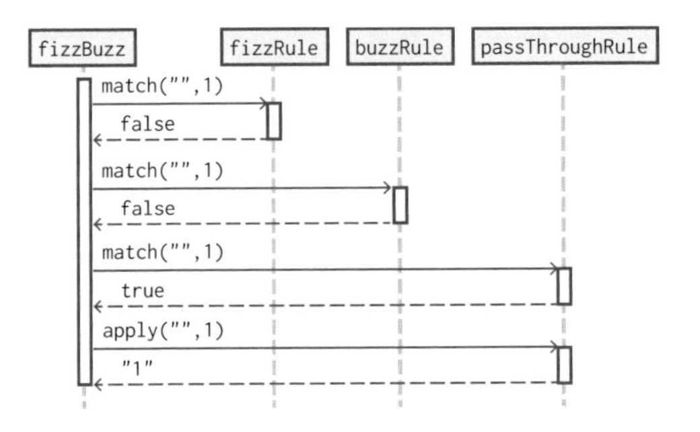

図5-7　数字をそのまま出力する場合

拡張性とは徹底した一貫性

変換なしのルールは組み込みでいいのではないかと思うかもしれませんが、「数字をそのまま表示する」はまぎれもなく**仕様**側の存在です。最終変換が「何も表示しなくていい」に変わることだって、業務のUIなどではざらにあります。最後を数字で固定してしまうのは、他の部分にさらに別のif仕様を増やしてしまう可能性が考えられます。直観的な上辺の優しさを気にして、固定機能を中に隠したものよりも、一貫した法則をベースに、徹底してパーツを外せるように作られたもののほうがシンプルですよね。

このシンプルさによって、FizzBuzz\Coreに含まれるクラスを一切変更しなくてよくなります。7と11の倍数への変更や、3つ目のルールの拡張が、オブジェクトの集約によって簡単に達成できることがわかると思います。別のルールセットを作るとき、既存のFizzBuzz\Specに含まれるクラスは単に使わなくなるだけで、中を変更する必要がありません。

オブジェクト指向ベースの言語でなくても

これと同じアルゴリズムは関数型プログラミングで書くこともできます。いえ、むしろこのプログラムは、関数型のように式と宣言でできているとさえ言えます。言語やプログラミングパラダイムを問わず、もうこれ以上変更の必要がないと言い切れる部分を安定させられるのは、とてもありがたいことです。この意味で、開放閉鎖原則(OCP)は必ずしもオブジェクト指向のための原則ではないと言えます。オブジェクト指向なら、たとえばクラスを使ったこのような実現方法があるというだけです。

FizzBuzz問題のような簡単なケースでは、たしかに最初に作ったベタ書きのスクリプトのほうが向いていることもあります。しかし、現実のプログラムはいつも、時間とともにいつの間にかコード量が膨らんでいきます。そのうえ、成熟すればするほど、ユーザーが増えて改善ニーズが高まります。長生きするとわかった部分は、早い段階で開放閉鎖原則（OCP）を意識しておきましょう。ベタ書きで我慢してしまうと、あちこちにオンボロな継ぎ当てが発生して、保守開発が硬直していきます。

5-4 リスコフの置換原則

“Liskov Substitution Principle（LSP）”

リスコフの置換原則（LSP）は、正しい継承とは何かを述べた原則です。正しい継承？　文法エラーがないのに間違った継承があり得るということでしょうか？はい、そのとおり、文法上は正しいのに、実際には不具合のある、誤った継承のパターンがあります。

間違った継承

リスコフの置換原則（LSP）を一言で言うと、「派生クラスの振る舞いは、基底クラスの振る舞いを完全にカバーしなければならない」となります。オーバーライドするときは基底クラスのメソッドを呼んでおくべき？　いえいえ、そんな簡単な話ではありません。

この原則の意味を理解できる事例を紹介します。あるところに「total件中done件が完了しました」と、タスクの消化具合を表示するためのクラスがありました（リスト5-12）。

▼ リスト5-12　TaskDisplay基底クラス

```
class TaskDisplay
{
    public function show(): string
    {
        return "{$this->total} 件中 {$this->done} 件が完了しました";
    }
    // 他の部分は省略
}
```

「消化率のパーセント表示版も欲しい」という要望があったため、派生クラスを作り、既存のTaskDisplayを別のオブジェクトのインスタンスで置き換えられるようにしました（リスト5-13）。

▼ リスト5-13　TaskDisplayの派生クラス

```
class PercentileTaskDisplay extends TaskDisplay
{
    public function show(): string
    {
        $percent = (int)(100.0 * $this->done / $this->total);
        return parent::show() . " ($percent %)";
    }
}
```

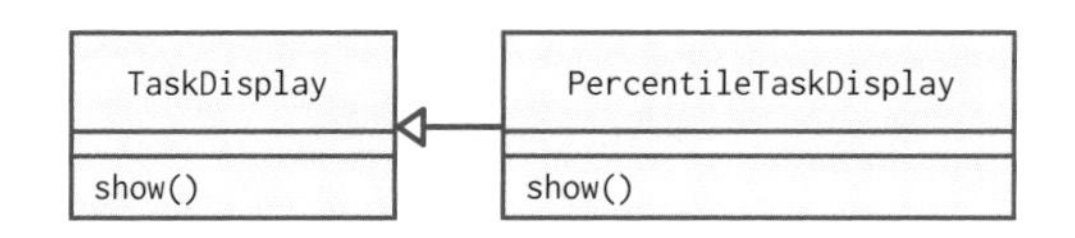

図5-8　派生クラスを追加

ところがこの派生クラスを使ったところ、「"0件中0件が……"を表示していたケースでプログラムが停止する」というバグが報告されました。よく見てください。totalが0のときはゼロ除算の実行時エラーが起きます。

PercentileTaskDisplayのtotalプロパティには、0であってはいけないという制約があることがわかりました。さて、「totalに0をセットできないよう修正する」という方針で、このバグの修正がうまく行くでしょうか。

残念ながら、それはより都合の悪い状況を招いてしまいます。

派生物はまったく同じ使い方を保証しないといけない

もともとTaskDisplayのtotalには何の制約もありませんでした。この機能を使う他のコードは、インスタンスの実体がすり替わっているのを知りません。相変わらず、以前と同じTaskDisplayのインスタンスだと信じています。

PercentileTaskDisplayをTaskDisplayのつもりで使うコードは、平気で0をセットしてきます。もし制約を増やす方針で行ってしまうと、せっかく呼び出し側の変更をせず拡張できたはずなのに、使用しているところすべてに、0を入力しないようにする変更が必要になります。なんという本末転倒……。

これが**リスコフの置換原則に違反する**ということです。派生クラスによるオーバーライドは、基底クラスのつもりで使うクライアントコードに対して、基底クラスと同じ使い方を完全保証しなければなりません。この場合どう修正するべきかというと、「totalが0のときは黙って率を100%としておく」などの対応が正解です（リスト5-14）。異常を報告せず黙って動くのは良くないプログラミングのように感じますが、その感覚よりも、すでに定着している仕様を勝手に変えてしまうのを避けるほうがはるかに重要です。

▼ リスト5-14　正しい派生クラスの実装

```
class PercentileTaskDisplay extends TaskDisplay
{
    public function show(): string
    {
        if ($this->total != 0) {
            $percent = (int)(100.0 * $this->done / $this->total);
        } else {
            // やることがない=最初から完了している、なので 100% とする
            $percent = 100;
        }
        return percent::show() . " ({$percent}%)";
    }
}
```

基底クラスにない事前条件（入力値の制限など）を加えてはいけない以外に、基底クラスが持っていた事後条件（出力結果など）の範囲を逸脱するのもNGです。長さが256文字未満の文字列しか返さないことを保証したメソッドをオーバーライドして、300文字返すようなカスタマイズをすると、最大で255文字しか格納できないデータベースカラムに保存できなくなります。

型レベルですでにわかる置換原則違反

リスコフの置換原則の違反は、具象クラスを継承でカスタマイズしようとした場合によく発生します。期待しない振る舞いは、言語によるサポートを受けられなかったプログラマーのミスで起きるものなので。

しかし、この点を見て「実装継承の注意点か、やっぱり継承は悪だからインターフェース実装でやれば関係ない」と思ってしまうのは早とちりです。互換性を維持しなければならないのは**使い方の仕様**です。具象クラスが具体的な動作の詳細を決めるのに対して、抽象クラスやインターフェースの役目は、まさにこの**使い方**、つまり**対外的インターフェース**を定めるものですよね。

オーバーライドした引数の型および戻り値の型によって、リスコフの置換原則違反がすでに自明な場合、PHPとJavaは、宣言した時点で型チェックエラーを発生させて、問題を未然に防いでくれています。

型の事後条件

オーバーライドしたメソッドの戻り値が、同じ型か元の型のサブタイプでないとき、その継承はエラーになります。「Animalのつもりで戻り値を受けたら実際はCatだけしか出てこなかった」。この場合はセーフ（リスト5-15）ですが、「Catだと思って戻り値を受ているのに、どんなAnimalが出てくるかわからない」なんてことを許してしまうと、その後プログラムがどうなるかわかりません。基底クラスが持つ戻り値型の宣言の意味がなくなってしまいます。

▼ リスト5-15　より狭い事後条件

```
interface ZooInterface
{
    public function randomWalk(): Animal;
}
```

```
class CatOnlyZoo implements ZooInterface
{
    // OK 動物を期待した呼び出し元に常に猫を返すのはセーフ。逆はまずい
    public function randomWalk(): Cat { }
}
```

型の事前条件

また、こちらはPHPだけですが、引数にも型のルールがあります[注1]。派生クラスでオーバーライドした引数の型は、基底クラスのメソッド引数と同じ型のものなら何でも受け入れないとエラーになります。基底クラスがCatのインスタンスを受け入れるとき、Animalを入力できるようにするのは、何の問題もありません(リスト5-16)。どんな動物でも入るケージなら、猫なんて余裕で入ります。でもその逆は許されません。どんな動物でも入ると約束したのに猫しか入らないじゃないかとなると、大問題です。

▼ リスト5-16　より広い事前条件

```
interface CatCageInterface
{
    public function insert(Cat $cat): void;
}

class VeryHugeCatCage implements CatCageInterface
{
    // OK 猫を入れたいだけの人が使ってもぜんぜん問題ない。逆はNG
    public function insert(Animal $anyAnimal): void { }
}
```

下位互換性を保った成長

リスコフの置換原則は、オブジェクト指向の言葉を借りて「拡張版ソフトウェアの下位互換性とは何か」を物語っています。インスタンスの違いが原因でなかったとしても、たとえば、あるソフトウェアをバージョンアップしたらこれまでの使い方ができなくなった、という経験したことがある人は多いので

注1　Javaにはメソッドのオーバーロードがあるため、引数違いは別のメソッドになります。

はないでしょうか。

開発中のソフトウェアは毎日がバージョンアップです。私たちは無意識のうちに、以前のコードから見て置換原則違反になるような書き換えをしてしまいます。リリース時だけでなく、開発中こそ、互換性が保たれているように務めるべきではありませんか。

しょっちゅうあちこち手直ししないといけない状況が減って、「いつも誰かに無駄な作業をさせられている」とボヤく必要がなくなると、どれだけ開発がスムーズになるでしょう。

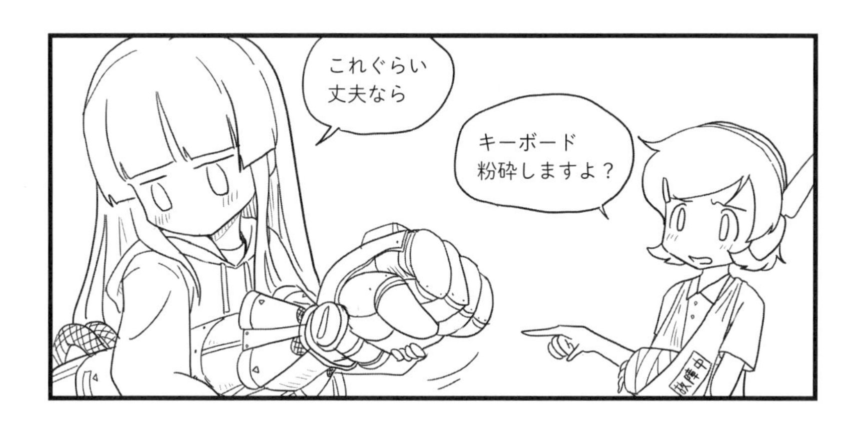

5-5 インターフェース分離原則

"Interface Segregation Principle (ISP)"

インターフェース分離原則(ISP) は、インターフェース版の単一責任原則(SRP)です。単一責任原則は実装を持つモジュールであるクラスに関する原則でした。クラスはモジュールを提供するときの単位ですが、インターフェースは利用時の概念の最小単位です。

小さなインターフェース

あるひとつの文脈内では、オブジェクトを使う側のコード(クライアントコード)が、クラス実装の全体をくまなく操作することはまれです。ほとんどの場合、クライアントコードはクラスの持つメソッド群の一部だけを使います。

単一責任原則(SRP)の例に出てきたデータベースドライバは、データの入出力を両方持つクラスでした。このクラスを使う様子を考えてみてください。あるクライアントコードは入力しかしないし、また別のクライアントコードは出力しかしないといった偏りがありそうです。「あれ？　やっぱり読み書き2つのクラスにしたほうが……」

いえいえ、そこで分けるのに使うのは、クラスではなくインターフェースです。ひとつのクラスが、入力だけのインターフェースと、出力だけのインターフェースの2つを実装するかたちにするのです。クラスはひとつ交換したら済むようにしつつ、そのクラスの利用者には「入力」「出力」という別の単位概念と認識させることができるのが、インターフェースを使うメリットです(リスト5-17、リスト5-19)。

▼ リスト5-17　インターフェース分離DB抽象

```
namespace DB;

interface DataInputInterface
{
    public function write(string $key, mixed $data): void;
}

interface DataOutputInterface
{
    public function read(string $key): mixed;
}

interface DatabaseDriverInterface
    extends DataInputInterface, DataOutputInterface {}
```

▼ リスト5-18　インターフェース分離DBベンダー

```
namespace VendorDB;

class VendorDatabaseDriver implements DatabaseDriverInterface
{
    public function write(string $key, mixed $data): void
    {
        // キーにデータを保存
    }
```

```
    public function read(string $key): mixed
    {
        // return キーで取得したデータ;
    }
}
```

▼ リスト5-19　分離されたインターフェースを使うアプリケーション

```
namespace MyApp;

class CommandExecuter
{
    public function __construct(
        // DatabaseDriverInterface ではなく
        protected DataInputInterface $input
    ) { }

    public function exec(...$args): void
    {
        $this->input->write(...$args);
    }
}

class QueryService
{
    public function __construct(
        // DatabaseDriverInterface ではなく
        protected DataOutputInterface $output
    ) { }

    public function query(...$args): mixed
    {
        return $this->output->read(...$args);
    }
}
```

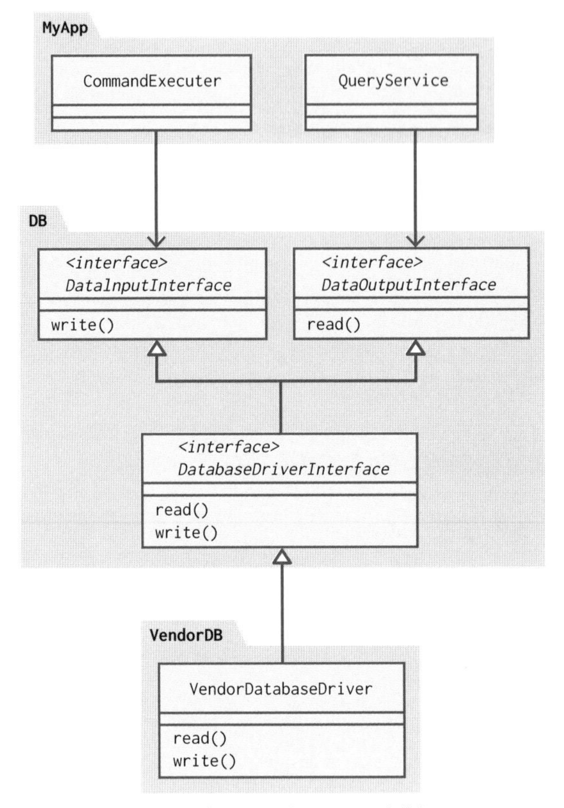

図5-9　小さなインターフェースを使う

メソッドの最小セットに絞ったインターフェースには、次のようなメリットがあります。

- 呼び出し側から無関係なメソッドが見えなくなり、使い方が簡単になる
- 呼び出されるメソッドを限定できて、問題分析しやすくなる
- 別のクラスで代替するとき、使っているインターフェースのメソッドだけ満たせば済む

と、ここまでは便利な機能の紹介でしかありません。もちろんやった方がいいけど、しなくても面倒が増えるだけで、絶対にダメと言い切れるものではありません。

このようなことが可能だという話を前提に、インターフェース分離がなぜ**原**

則＝必ず守るべきものなのかを理解していきましょう。

抽象化以前

別のたとえ話をします。ラップトップPCにはキーボードとポインタデバイスが組み込まれています。同時に、USBポートも備えています。USBポートにはUSB対応のキーボードとマウスが接続できます。もちろんフラッシュメモリなどもUSBポートに接続できます。

さて、このPCを操作する人にとって自然なオブジェクトモデルはどのようなものでしょうか？　まずUSBポートを軸に考えてみましょう。すべて具象クラスで書くとこうなります（リスト5-20、リスト5-21）。

▼ リスト5-20　具象USBデバイス

```
class USBKeyboard
{
    public function connect(InternalBus $bus): void {}
    public function typeKey(string $code): void {}
}

class USBMouse
{
    public function connect(InternalBus $bus): void {}
    public function moveCursor(float $direction, float $distance): void {}
}
```

▼ リスト5-21　USBポート

```
class USBPort
{
    private InternalBus $internalBus;

    public function plugKeyboard(USBKeyboard $keyboard): void
    {
        $keyboard->connect($this->internalBus);
    }

    public function plugMouse(USBMouse $mouse): void
    {
        $mouse->connect($this->internalBus);
```

```
    }

    // ... plugXXX あとどれぐらい必要なんだ
}
```

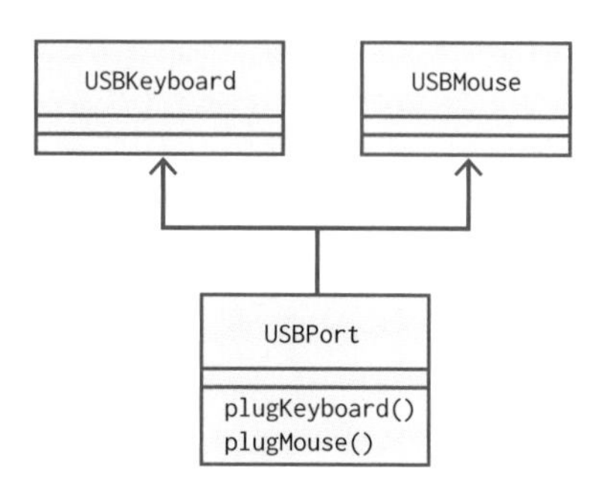

図5-10　具象USB接続

こんな調子でUSB接続できるデバイスのすべてに対応できるんでしょうか。フラッシュメモリーも使えるようにしようと思ったら、USBPortのコードを書き換えないといけません。開放閉鎖原則（OCP）的にそれはタブーですね。そもそも実際のUSBの持つ「同じ形の穴のどこに何を刺しても動く」という特徴とも、大きくかけはなれています。

抽象ひとつに具象が複数

「USBキーボードとUSBマウスはUSBデバイスの一種だ」と一般化できるのがオブジェクト指向です。では抽象クラスでUSBデバイスという一般型を設けるとどうでしょうか（リスト5-22、リスト5-23）。

▼ リスト5-22　抽象USBデバイスポート

```
abstract class AbstractUSBDevice
{
    abstract public function connect(InternalBus $bus): void;
}

class USBPort
```

```
{
    private InternalBus $internalBus;

    public function plug(AbstractUSBDevice $device): void
    {
        $device->connect($this->internalBus);
    }
}
```

▼ リスト5-23　デバイス実装

```
class USBKeyboard extends AbstractUSBDevice
{
    public function connect(InternalBus $bus): void {}
    public function typeKey(string $code): void {}
}

class USBMouse extends AbstractUSBDevice
{
    public function connect(InternalBus $bus): void {}
    public function moveCursor(float $direction, float $distance): void {}
}
```

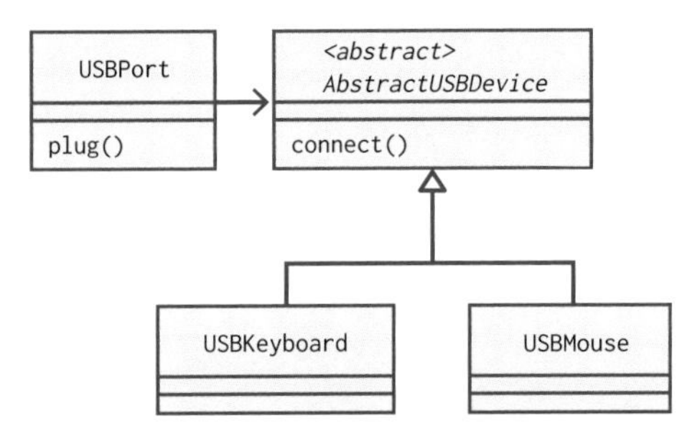

図5-11　抽象USB接続

デバイスごとの接続メソッドがあった形から、plug(AbstractUSBDevice $device)ひとつになり、いくらかスマートになったように見えます。汎化されたひとつの使い方に多態性があるのは、オブジェクト指向の大事な特徴です。

具象ひとつに抽象が複数

これで一件落着なんでしょうか？　おっと、まだPCの操作について考えていませんでした。PCを操作する人が行いたいのはキー入力やマウスカーソル移動ですよね。キー入力とカーソル移動ができるデバイスは、USB接続のものだけではなく、ビルトインのものもあります。むしろビルトインは必須でUSBはオプションです（リスト5-24、リスト5-25）。

▼ リスト5-24　ビルトインデバイス

```
class BuiltinKeyboard
{
    public function typeKey(string $code): void {}
}
class BuiltinTrackpad
{
    public function moveCursor(float $direction, float $distance): void {}
}
```

▼ リスト5-25　具象デバイスの操作

```
class PCOperator
{
    public function __construct(
        protected BuiltinKeyboard $builtinKeyboard,
        protected BuiltinTrackpad $builtinTrackpad,
        protected ?USBKeyboard $usbKeyboard = null,
        protected ?USBMouse $usbMouse = null,
    ) { }

    public function inputText(array $codes): void
    {
        foreach ( $codes as $code) {
            // USB キーボードがあれば使う。なければビルトイン
            if ($this->usbKeyboard) {
                $this->usbKeyboard->typeKey($code);
            } else {
                $this->builtinKeyboard->typeKey($code);
            }
        }
    }
```

```
    public function pointAt(int $x, int $y): void
    {
        // inputText と同じような面倒がありそうだな...
    }
}
```

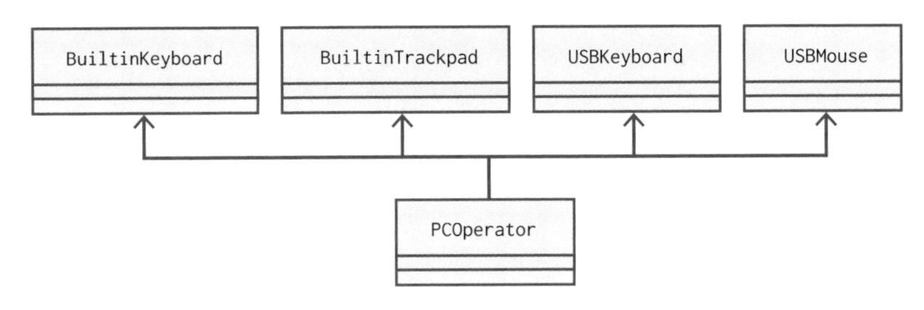

図5-12　ビルトインも対象にした場合

ずいぶん複雑なコードになります。サンプルコードだからこの程度で済んでいるようなもので、現実にはもっと深いifにまみれることでしょう。「シフトキーを押しながらクリック」がどうなるかなんて、想像したくもありません。現在想定される接続方法が何とかなっても、「Blutoothキーボードにも対応してほしい」と言われた途端に、また開放閉鎖原則（OCP）の違反につながりそうです。

こんな非本質的なif（そもそも人間がキー入力をするときに接続の種類を意識して打ち分けているのか？）は、たいてい不安定で、すぐに行の修正に晒されます。多態性の特徴を活かして、こうしたアルゴリズムを排除できるのがオブジェクト指向だったはずです。

人がPCを操作している時の関心は、そのデバイスがキーボードなのかポインタデバイスなのかだけです。いくら複数のキーボードとマウスが接続されていたとしても、通常のPC操作には、そのとき手を置いたデバイスしか必要ありません。このような、操作する人から見て最低限必要な「キーボード」「マウス」といった認識が、プログラミングにおいても、コードで操作する対象の、概念の最小単位なります。いくら大きなオブジェクトでも、私たちはその一部の、小さな部分概念しか使っていないのです。

インターフェースは、この「使用者が認識する部分概念」です。これを活かして、「細く」、外部のクラスと接続するのが、インターフェースの言葉どおりの意味です(リスト5-26、27、28)。

▼ リスト5-26　抽象デバイスの操作

```
// PC 操作
namespace Operation;

interface KeyboardInterface
{
    public function typeKey(string $code): void;
}

interface PointerDeviceInterface
{
    public function moveCursor(float $direction, float $distance): void;
}
```

```
class PCOperator
{
    public function __construct(
        protected KeyboardInterface $keyboard,
        protected PointerDeviceInterface $pointerDevice,
    ) { }

    public function inputText(array $codes): void
    {
        foreach ($codes as $code) {
            $this->keyboard->typeKey($code);
        }
    }

    public function pointAt(int $x, int $y): void
    {
        // $direction と $distance を $x,$y から考えて...
        $this->pointerDevice->moveCursor($direction, $distance);
    }
}
```

▼ リスト5-27　抽象デバイスの接続

```
namespace Connection;

interface USBDeviceInterface
```

```
{
    public function connect(InternalBus $bus): void;
}

class USBPort
{
    private InternalBus $internalBus;

    public function plug(USBDeviceInterface $device): void
    {
        $device->connect($this->internalBus);
    }
}
```

▼ リスト5-28　具象デバイスの実装

```
// 標準デバイス
namespace BuiltinDevice;

class BuiltinKeyboard implements KeyboardInterface
{
    public function typeKey(string $code): void {}
}

class BuiltinTrackpad implements PointerDeviceInterface
{
    public function moveCursor(float $direction, float $distance): void {}
}
```

```
// 拡張デバイス
namespace ExternalDevice;

class USBKeyboard implements KeyboardInterface, USBDeviceInterface
{
    public function connect(InternalBus $bus): void {}
    public function typeKey(string $code): void {}
}

class USBMouse implements PointerDeviceInterface, USBDeviceInterface
{
    public function connect(InternalBus $bus): void {}
    public function moveCursor(float $direction, float $distance): void {}
}
```

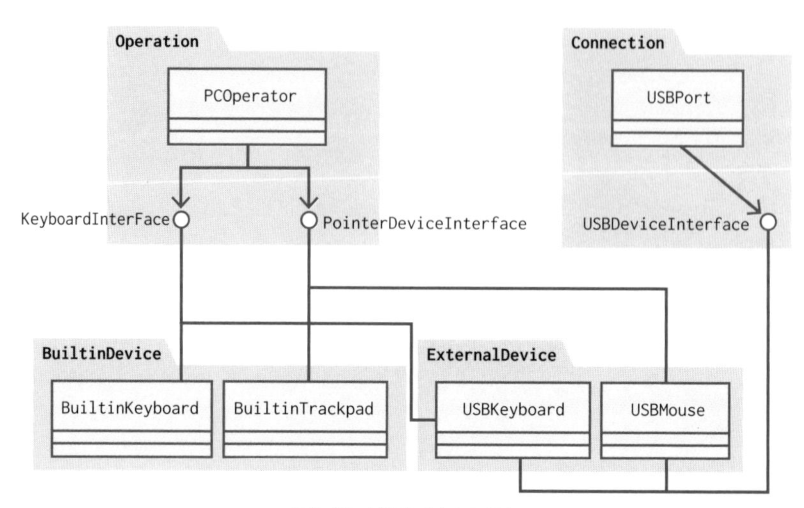

図5-13 拡張を考慮した場合

USBフラッシュメモリを拡張するには何を実装すればいいですか？ Bluetoothのキーボードとマウスが登場したときどんなレシーバーとデバイスを設計できるでしょう？ USBポートのメソッド数が増える心配や、オペレータークラスの中が複雑になるか心配のモヤモヤがなくなり、そこは気にせず拡張性を想像できるようになりました。これなら拡張に対してオープンな設計(OCP)と言えそうです。

利用者と同じ数のインターフェース

DBドライバの例との決定的な違いは、クライアントコードが異なるパッケージにある点です。あるクラスがあちらとこちらで連携するとき、そのクラスは**使うときの関心**を複数持っているのです。実装より先に使用を想像し、複数の**使うときの関心**を結合させてしまうのを避けるよう注意すれば、最初からこのキーボードとマウスの例の結果が出せるようになります。いえ、むしろ、最初の困った設計を考えるほうが難しくなるぐらいです(実際に難しかったです)。

インターフェース分離原則がオブジェクト指向の原則なのは、構造化プログラミングの**データ型**に、みんなが等しくアクセス権を持つ様子が、オブジェクト指向パラダイムとマッチしないことを表しています。オブジェクト指向でプログラミングをするときは、データの実体と概念型を1:1と考えてはいけません。実体は隠蔽されて、利用側からは概念が部分的にしか見えません。けれどそれで十分、なぜなら、利用の文脈にとって、利用時の関心以外は不要なのだから。この、実体と利用、あるいは利用方法間の関心を分けて考えることが、オブジェクト指向を活かすうえでの基本だと意識するためにあるのが、インターフェース分離原則（ISP）です。

5-6 依存性逆転原則

"Dependency Inversion Principle (DIP)"

依存関係逆転原則（DIP）は、構造化プログラミングの機能分解の考え方に対して、オブジェクト指向らしさを決定的に示す、象徴的な原則です。この原則は、オブジェクト指向プログラミングには常に、ツリー型のトップダウン機能分解アプローチからの頭の切り替えが必要になる、ということを改めて主張しています。

構造化プログラミングの機能分解アプローチは、アプリケーション全体を部分的な小さな機能部品に分け、その小さな機能部品をさらに小さな詳細機能に分けて作る設計方針です。これ自体は、違和感のない自然な考え方です。しかし、その機能呼び出しの際、実質的に、上位構造の正しさが下位の実体の動作に依存してしまう問題について、構造化プログラミングは明確な答えを持っていませんでした。

機能分解における依存関係

まず、構造化プログラミングでもよいのはどんな場合かを、簡単な例で考えてみましょう。整数を数値範囲内に収まるよう調整する関数saturate(飽和)を、max(引数のうちいずれか大きい方の値を返す)とmin(引数のうちいずれか小さい方)の2つの関数を使って作る場合がそれにあたります(リスト5-29)。

▼ リスト5-29　機能分解の例

```
function saturate(int $value, int $minValue, int $maxValue ) : int
{
    return min(max($value, $minValue ) , $maxValue ) ;
}
```

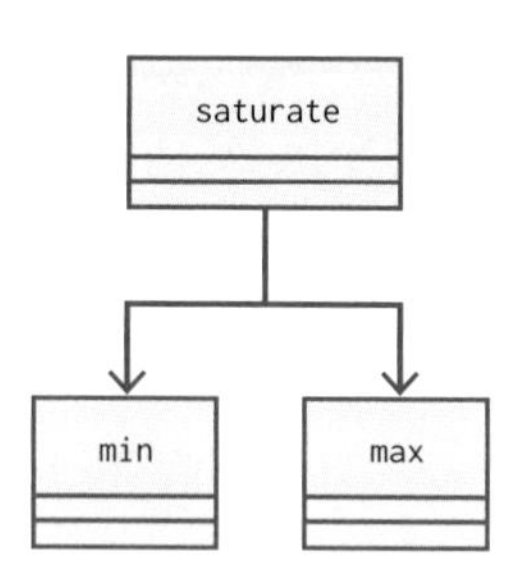

図5-14　機能分解(疑似UML)

大小どちらにも飽和する関数は、小さい方にキャップをつける関数と、大きい方にキャップをつける関数に分解して考えます。こうすると、saturateの中にminの中身とmaxの中身をコピーしてきて混ぜたような、複雑なロジックを書くのを避けることができます。

安定度・抽象度等価の原則(SAP)と安定依存の原則(SDP)を思い出してください。minやmaxの仕様がブレることはあるでしょうか?　ありえませんね。それらはこれ以上分けられない単位機能です。また、数学的な普遍性もあり、直接何かの機能を提供することはないけれど、応用範囲は広く汎用的です。つまり、もっとも安定した抽象なので、使う方から依存するのは合理的です(後でこれを崩す例も紹介しますが、ひとまずはかなりの安定度を得られます)。

呼び出すものの実体に依存しない

しかし、同じ「使う」でも、インターフェース分離原則（ISP）に登場したUSBPortとUSBKeyboardの場合はどうでしたか？　USBPortはパソコン本体という上位構造の一部です。

その下位構造としてUSBKeyboardを設け、その機能を呼び出します。このとき、USBPortとUSBKeyboardのどちらを安定抽象にするのが適切でしたか？　あらかじめ作られたUSBKeyboardに依存してUSBPortを作るダメな設計はこうなっていました（リスト5-30、図5-15）。

▼ リスト5-30　安定方向に依存しない悪い例

```
// NG 先に完成させる
class USBKeyboard
{
    public function connect(InternalBus $bus): void {}
}

class USBPort
{
    private InternalBus $internalBus;

    public function plugKeyboard(USBKeyboard $keyboard): void
    {
        $keyboard->connect($this->internalBus);
    }
}
```

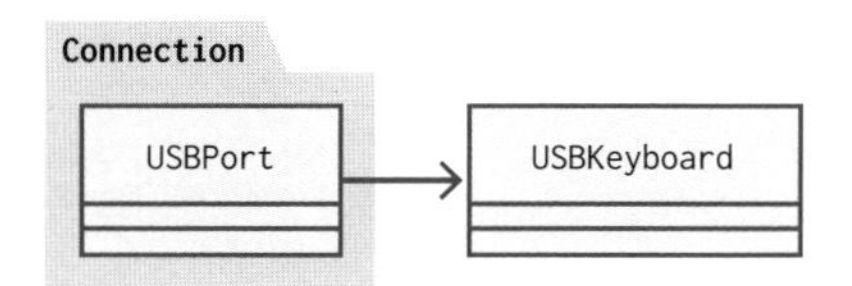

図5-15　呼び出しの向きに依存

より重要で優先的に作らないといけないのはUSBPortのほうであるべきなので、最終的には次のかたちになりました（リスト5-31、リスト5-32、図5-16）。

▼ リスト5-31 安定した抽象

```
// 抽象を仮置きする
interface USBDeviceInterface
{
    public function connect(InternalBus $bus): void;
}
// OK 抽象を前提に先に完成させる
class USBPort
{
    private InternalBus $internalBus;

    public function plug(USBDeviceInterface $device): void
    {
        $device->connect($this->internalBus);
    }
}
```

▼ リスト5-32 抽象に依存する具象

```
// OK 後で追加的に作り足す
class USBKeyboard implements USBDeviceInterface
{
    public function connect(InternalBus $bus): void {}
}
```

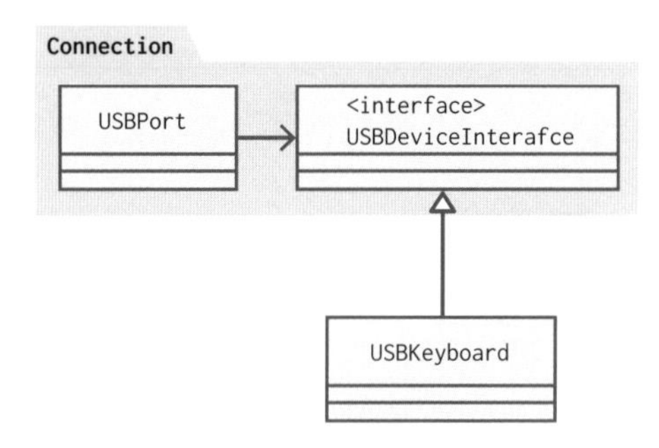

図5-16 安定方向に依存

インターフェース分離原則（ISP）のサンプルコードは、こうして定義の順序、つまり依存の向きが逆になりました。

呼び出す側の安定度を確保する

開放閉鎖原則（OCP）に従うFizzBuzzの例（リスト5-9、リスト5-10）も同じです。NumberConverter::convert()の呼び出し方向は**本質**側から**仕様**側に向かいますが、仕様を変えてもNumberConverterのコードに変更が起きないようにしたはずです。

どんなに仕様が変わっても、NumberConverterの正しさは変わらない、つまり呼び出す方から呼び出される方への依存はありませんでした（リスト5-33、リスト5-34、図5-17）。

▼ リスト5-33　変更に対してクローズドな本質

```
namespace FizzBuzz\Core;

interface ReplaceRuleInterface { }

class NumberConverter
{
    /** @var ReplaceRuleInterface[] */
    protected array $rules;
}
```

▼ リスト5-34　変更に対してオープンな仕様

```
namespace FizzBuzz\Spec;

use FizzBuzz\Core\ReplaceRuleInterface;

class CyclicNumberRule implements ReplaceRuleInterface { }
class PassThroughRule implements ReplaceRuleInterface { }
```

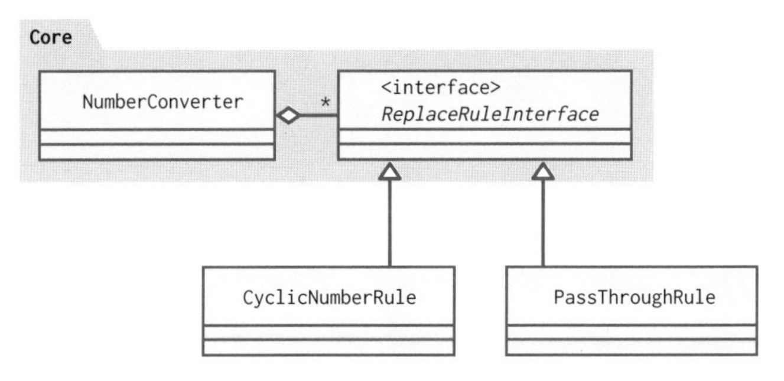

図5-17　呼び出す側の安定度が確保された設計

開放閉鎖原則（OCP）を守る際にも、すでに依存関係逆転原則（DIP）は存在していました。

オブジェクト指向では依存の向きを安定度で決める

飽和関数saturateは、上位より下位が安定する前提で作れましたが、他の原則の例に出てきた問題状況はみんな、まったく逆の事情を持っていました。オブジェクト指向プログラミングにおいては、安定抽象に向く依存の向きが、呼び出し構造の上位下位の関係に縛られない、独立したものであると言っているのが、この依存関係逆転原則（DIP）の意味です。

クリーンアーキテクチャの謎の答えが、意味的にも技法的にも、見えてきたのではないでしょうか。オブジェクトを使うコードは、最小のインターフェースに依存すべきです。この観点で作ると、制御構造と依存関係が逆転します。開放閉鎖原則（OCP）を守るために、仕様変更から中立な安定した抽象部分を設けると、仕様の実装はその上位概念に依存するかたちになります。

「抽象に依存したプログラム」と「動的に入れ替え可能な具象」の関係は、オブジェクト指向以前にもありました。UNIXの入出力ストリームや、アプリケーション固有の追加拡張パックなどです。しかし、それらは特定機能に固有です。決まった部分でだけ使える、特別な仕組みでした。そんな特別なものだけでなく、プログラムのどこにでも、この制御構造と依存関係の向きの逆転が自然に存在するのが、オブジェクト指向というパラダイムの特徴です。

オブジェクト指向の原則を意識すると、おのずと依存関係逆転原則が起きます。クリーンアーキテクチャを実現するには、この特徴を応用すればよいのです。極端に言えば、クリーンアーキテクチャとは、依存関係逆転原則をアーキテクチャに適用するという、応用方法の一例にすぎない、とも言えます。

column ›› オブジェクト指向らしさ

ここからはちょっと個人の意見です。ベテラン開発者は、各々が仕事内容に応じてさまざまな工夫をしてきました。完全なひとつの正解はどこにもありません。考え方は人それぞれなので、同じ用語を別の意味で使っている人もいます。なので、あなたのオブジェクト指向、私のオブジェクト指向、となってしまうような、哲学的な議論には意味がありません。現在のオブジェクト指向にはもう、アラン・ケイのSmalltalkのことであるという定義がないのですから。

いっぽう、オブジェクト指向の原則、SOLIDには定義があります。それも、本質的にはオブジェクト指向プログラミングに限らない、ソフトウェア設計の一般論として意義があるかたちで。オブジェクト指向自体の定義ができない以上、このSOLIDの目的観に向かっているかどうかぐらいしか、オブジェクト指向で考えているかどうかの判断をする拠り所がないと、筆者は考えています。SOLIDに則していないけれど良い工夫は他にもあって、それはじゃんじゃん進めていっていいのは間違いありません。どんな実装／設計スタイルを好んでもいいのだけれど、明らかにSOLIDに則していないものについては、それを指して「これがオブジェクト指向だ」とは言いにくいんじゃないかと考えています。

本書では、SOLIDに則している領域に関してだけ、その良い工夫の詳細を紹介し、それを指して便宜上「オブジェクト指向らしいプログラミングができている状態」と考えます。

読者のみなさんにも、できれば、判断基準なしに「あれもこれもオブジェクト指向」と呼んでしまわないよう、気をつけてほしいと願っています。これまでの歴史で培われた良い考え方は、意識的にも無意識的にも、SOLIDに則した特徴を持っていると感じています。明確な原則を手がかりに、それらに共通したひとつの大事な感覚を見い出せることが、最短ルートでベテランに追いつくコツ、つまり**巨人の肩に乗る**という言葉の意味ではないかと思います。共通したその感覚は、次々と、別の技法につながっています。現在も生き残っている技法は、同じ認識を持っている多くの人が発明し、育てたのだから。

第6章

テスト駆動開発

本書はここまでの内容で、オブジェクト指向、あるいはクリーンアーキテクチャを解説しました。それはより良い生産的なコード作りが目標でした。けれど、せっかく抽象と具象の関係をコントロールしても、本当に動くプログラムでなければ意味がありません。変更に対して安全なアーキテクチャの設計を、確かに動くものとして作っていく方法を考えていきましょう。

6-1 実際に動くプログラム

オブジェクト指向プログラミングをベースにした設計というのは、実動作する下位の具象を取りそろえるよりも、先に上位の抽象を安定させ、それに依存して下位構造を作っていこうとする考え方です。プログラムコードを書くだけで済むなら、このプロセスはたいへん合理的に感じます。が、実際に動作する実機能を見たい人にとっては、全体の動作を得るのが最後になるという特徴を持っています。そのため、最後の最後で、思ってもいなかった不具合が眠っていてうまく動かず、ひどい場合には設計し直しにまで手戻りする可能性もあります。

せっかくの疎結合設計が実動作後に手戻りが起こるのでは本末転倒です。「回りくどい記述でコード量が増えたから、しらみつぶしに見直す手間が余計に増えた」などと言われてはたまりません。

「やっぱりそういうときは構造化プログラミングのほうが……」と思ってしまいましたか？　でも、オブジェクト指向的な考え方で作らなかった場合でも、結局、動作確認が最上位構造での結合のあとの一発勝負になると、不具合が見つかったときのダメージは同じです。数多くのサブモジュールが組み合わさった複雑な構造物から、仕様どおりに動いていないコードがどこにあるかを探し出すのは、砂浜で米粒を見つけるような作業になりかねません。99.9%の下位構造が正しくても、1箇所間違えているだけで、全体が間違って動いてしまうのが、プログラミングの怖いところです。

どうすれば、複雑なソフトウェア構造物のデバッグを、こんなに不合理な作業にせずに済むでしょう。

開放閉鎖原則（OCP）の教えによると、「本質や抽象については、変更や見直しをせずに済む」と閉じるように作るべきで、そのためにオブジェクト指向の技法を活用するのが最適でした。しらみつぶしを避ける鍵はこれに違いありません。では、どうすれば、手戻りのない正しい抽象オブジェクトの設計を早い段階で手に入れられるでしょうか。ここで、**テスト駆動開発（TDD：Test Driven Development）**という考え方がその助けになります。

6-2 単体テスト

単体のテストとは

テスト駆動開発とは何かを知る前に、まずその基礎となる**単体テスト（Unit Test）**から段階的に理解していくことにします。

ソフトウェアを作ったらその動作が正しいかを検証しないといけません。起こりうるさまざまなリスクに対して、いくつもの観点の異なるテスト方法があります。なかでも単体テストは、ひとつのモジュール、ひとつのクラスといった粒度にフォーカスした、最小単位のテスト技法です。

単体テストとテスト駆動開発を混同しないように気をつけてください。名前のとおり、単体テストは「テスト」の技法であり、テスト駆動開発は「開発」の技法です。

バグの巣探しは下へ広がる

数値を上限と下限で飽和させるsaturate関数を例に、最小単位という意味について考えてみます（リスト6-1）。

▼ リスト6-1　構成単位を考える例

```
function saturate(int $value, int $minValue, int $maxValue): int
{
    return min(max($value, $minValue), $maxValue);
}
```

saturate関数はmax関数とmin関数を使っています。もしsaturateが誤った動作になった場合、その原因は、saturate内のコード記述にバグがあるか、maxやminの中にバグがあるかのどちらかです。maxとminの中にバグがあるときはさらに、それらが依存している他の関数にバグがあるかもしれません。といったかたちで、原因の可能性は再帰的にいくらでも下位構造に広がります。

構造ツリーを下っていく観点では、「こんな簡単な処理を間違えるはずない」とたかをくくって調べなかった箇所ほど、意外な大穴があるものです。タスク消化率を表示するPercentileTaskDisplayのゼロ除算の不具合を思い出してみてください（5-4節、リスト5-13）。ソフトウェアの不具合は、広大な下位構造のあらゆる箇所に潜在しています。

単体テストの考え方

別の見方をしてみましょう。maxとminはおそらくsaturate以外の関数からも使われています。saturateが期待する動作とmax、minの責務はそもそも独立しています。もしも、maxとminがどんな使われ方をしても普遍的に正しいことがあらかじめ保証できているなら、バグ原因の可能性の拡散は即座にストップします。さらに、saturateがどのように使われても誤りがないこともあらかじめ保証しておけば、不具合の原因はsaturateの中ではなく、それを利用している外側のコードにあると言い切れます。

どんな工業製品でも、不良品が混ざっているかもしれないネジを使ってから、どのネジが不良かを調べるような作り方はしません。汎用的で品質保証のある部材を使って部品を作り、作った部品が仕様範囲の用法をすべてカバーすると動作保証したうえで、さらに上位の部品に組み込みます。この、工程ごとに小さなスコープで部品品質の保証を積み上げるのが、単体テストの考え方です。

人が使うアプリケーションをテストするのは人です。ではソフトウェアモジュールを使うのは？　当然それを使うソフトウェア、つまりクライアントコードですよね。モジュールを作るときは、そのモジュールをさまざまなパターンで使うプログラムを書き、「呼び出し方によってはバグが起きる」なんてことがないかを、あらかじめテストをしておくべきです。

テストコードは、実際にそのモジュールを使うプログラミング言語と同じ言語で書きます。こうして、モジュール単体での品質保証ができたものを使った上位モジュールを開発し、また同様にテストして、さらに上の構造に組み込んでいきます。

すべての下位構造が単体テストされていれば、プログラムがうまく動かない原因は十中八九、目の前にある自分の書いたコードにあると考えることができます。

おっと、単体テストがあるからといって、十分かどうかはわからないぞと思った方は察しがいいですね。そのとおり、単体テストの品質保証は自己申告です。テストパターンに完全性があるよう務めるべきなのはもちろんなのですが、それを客観的に「ある」「ない」と断定する方法はありません。けれどひとまず、基本的な考え方として、単位テストの積み上げは、複雑な工業製品を作るのと同じ、ごく自然なもの作りの考え方だというポイントは、理解できたかと思います。

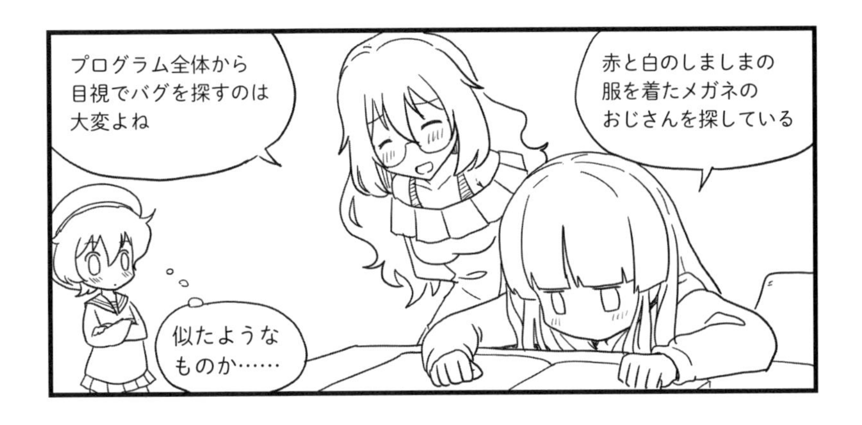

6-3 xUnit実践

単体テストの記述方法で人気があるのはxUnitと呼ばれる手法です。xUnitというのはあくまで便宜上の総称で、実物は各言語ごとに、JUnit（Java用）やNUnit（.NET用）といった個別のツールとして提供されています。言語によって使い方に差はありますが、xUnit系でありさえすれば、基本的には同じ考え方で使えます。

本書ではPHP用のPHPUnitを紹介します。

テスト対象の準備

テストをやってみる前に、まずテスト対象の問題を定義しておきましょう。minとmaxの標準関数がないPHPがあると仮定してください。飽和関数のsaturateが欲しくても、minとmaxから作らないといけないとします。もちろんこんな状況は現実にはないので、たとえ話としてとらえ、実際の仕事で書くプログラムに置き換えて考えてくださいね。

関数とは言ったものの、オブジェクト指向プログラミングのモジュールの最小単位はクラスでした。なので、minとmaxはMathクラスのメソッドということにしましょう。src/Math.phpにクラスを定義します（リスト6-2）。

▼ リスト6-2　src/Math.php

```
class Math
```

```
{
    public function min(int $a, int $b): int
    {
        return $a < $b ? $a : $b;
    }

    public function max(int $a, int $b): int
    {
        return $a > $b ? $a : $b;
    }
}
```

PHPUnit のインストール

PHPのパッケージマネージャ Composerを使って、PHPUnitをインストールします。コマンドラインから次のように入力すると、vendor/binディレクトリにphpunitコマンドが追加されます[注1]。

```
composer require --dev phpunit/phpunit
```

テストコード作成

いきなりですが、Mathの最初の単位テストを書いてみます。tests/MathTest.phpをこう記述します（リスト6-3）。

▼ リスト6-3　tests/MathTest.php

```
<?php
use PHPUnit\Framework\TestCase;

// クラスが自動ロードされない場合用。Composer で自動ロードできるなら不要になる
require_once __DIR__ . '/../src/Math.php';

class MathTest extends TestCase
{
    public function testMinMax(): void
```

注1　単体テストを行うのは開発者なので、--dev オプションを付けて、ユーザーが使うときは除外できるようにしておきましょう。

```
    {
        $math = new Math();

        $minExpected = 1;
        $minResult = $math->min(1, 2);
        $this->assertEquals($minExpected, $minResult);

        $maxExpected = 2;
        $maxResult = $math->max(1, 2);
        $this->assertEquals($maxExpected, $maxResult);
    }
}
```

見慣れない部分もあるかもしれませんが、まず注目してほしいのは、この例でもっとも重要なポイントが、Mathクラスのインスタンスを普通に使っているだけだということです。

```
        $math = new Math();
        $minResult = $math->min(1, 2);
        $maxResult = $math->max(1, 2);
```

上位モジュールに組み込んでからではなく、実際にMathを利用するであろうコードとまったく同じ条件で事前に実行して、動くことを試すのです。実行されたことのないコードをいきなり使うと、最初からうんともすんとも言わないなんてこともありえます。少なくともそんなひどいことは起きないということが、これだけで最低限保証できますね。

ここまでで、ファイル配置はこうなっているはずです(図6-1)。

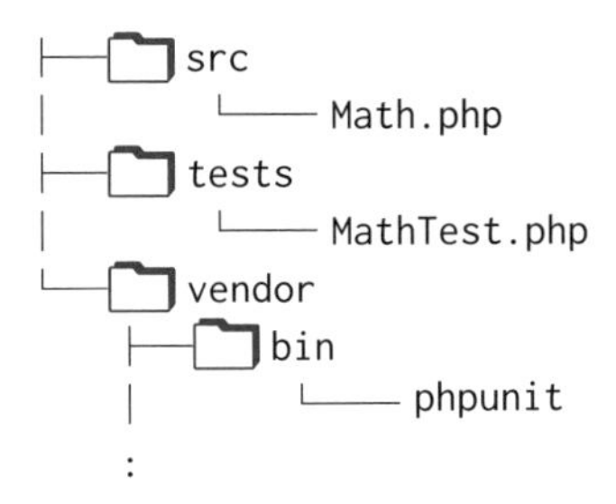

図6-1　Mathとテストのファイル配置

単体テスト実行

ディレクトリtestsを指定してPHPUnitを実行すると、コンソールにこのように表示されます(図6-2)。

```
vendor/bin/phpunit tests
```

```
PHPUnit x.x.x by Sebastian Bergmann and contributors.

.                                                   1 / 1 (100%)

Time: 00:00.004, Memory: 4.00 MB

OK (1 test, 2 assertions)
```

図6-2　PHPUnitの実行(正常)

意図どおりに正常なときは、テストが済んだことを表すドットと、そっけないOKだけが表示されます。もし何かしらロジックに間違いがあった場合、テストは失敗してこのような表示結果になるかもしれません(図6-3)。

```
PHPUnit x.x.x by Sebastian Bergmann and contributors.

F                                                   1 / 1 (100%)

Time: 00:00.007, Memory: 4.00 MB

There was 1 failure:

1) MathTest::testMinMax
Failed asserting that 1 matches expected 2.

/path/to/tests/MathTest.php:19

FAILURES!
Tests: 1, Assertions: 2, Failures: 1.
```

図6-3　PHPUnitの実行(失敗)

単体テストはすべて成功するのが正常なので、成功時には詳しい情報は不要です。けれど、わずかに発生する失敗箇所に関しては、その修正のために詳細情報が必要です。

テストコード詳細

PHPUnit（および他の言語のxUnitツール）が何をしてくれるものか概要がわかったところで、もう少し書式を確認しておきましょう（リスト6-4）。

▼ リスト6-4　テストコード書式

```
class MathTest extends TestCase
{
    public function testMinMax(): void
    {
        // ...
    }
}
```

テストの手続きはテストケースと呼ばれる単位にまとめ、TestCaseクラスを継承したクラスに書きます。PHPUnitはTestCaseのサブクラスを実行の対象と認識します。クラス内で先頭がtestで始まる名前のメソッドがひとつのテスト項目になります注2。

TestCaseを継承したことで、自分のテストケースクラスの$thisに、assertEquals()などのアサーションメソッドが追加されています。これを利用して結果を検証します。

```
        $minExpected = 1;
        $minResult = $math->min(1, 2);
        $this->assertEquals($minExpected, $minResult);
```

$minExpectedは期待する結果の値です。assertEqualsメソッドは、第一引数に期待する値、第二引数に実際に得られた値を受け取り、同値かを検証するメソッドです。もし期待と違う結果だった場合は、そこで手続きが中断されてテストの失敗が報告されます。assert系のメソッドには、等価かどうかの比較だけでなく、assertNullやassertTrueといったバリエーションもあります。

適切なアサーションを選ぶ

比較式を使ってassertTrue($maxExpected == $maxResult)のように書けば

注2　アノテーションを利用した別の書き方もありますが、ここではもっとも伝統的な方法を採用します。

いいのではないか、と思うかもしれませんが、より適したメソッドを使うことで、失敗状況を表すメッセージが適切なものになります。「2を期待したが1だった」と説明せず「trueではなかった」とだけ言われるのは不親切ですね。

また、テストの手順を見ただけで、何を検証しようとしているのかの意図がわかるというメリットもあります。==ひとつぐらいなら読解というほどではないと思うかもしれませんが、たとえば、文字列中に別の文字列を含むかを検証するassertStringContainsStringの場合はどうでしょうか。真偽値を得ようとすると、それ自体が正しいのかわからない式になってしまいます[注3]。検証に難しいロジックが入っていると、それ自体が間違っている恐れ(本当に合っているのかという無駄な思考負荷)もあります。

より良いテストコード

初めての単体テストはあくまで動作を試すだけの内容でした。このままではまだ、十分に考えられたテストを行っていると言えません。もう少しこのテストケースを改善していきましょう(リスト6-5)。

テストケースのメソッド内でassertに失敗すると、そこで手続きが終了してしまいます。minとmaxの動作を一度に試していると、もしminに不具合があって失敗したら、maxが正しいかどうかがまったく検証されません。

テストシナリオの実装は、実際に起こる一連の操作をひとつの単位とするのが理想です。プログラムは通常、前の処理が正しいのを前提に次の処理を実行しますね。正しくないことがわかった時点で中断されるのは理にかなっています。しかし、直交する2つの問題をテストしたいとき、それでは困ります。minとmaxは同じテストメソッドに含むのではなく、別のテストシナリオとして分けておくべきです。

また、特定の数値サンプルをひとつ選んで試しただけでは、検証が不十分です。もしかしたら偶然正しく動いているだけかもしれません。単純にサンプル数がもっとあればいいのかというと、そうとも言えません。うまくいきそうな無難な入力をいくら試しても、イレギュラーケースで失敗しない保証にはなりませんから(「以下」と「未満」を間違うバグはよくありますね)。ゼロやマイナスをちゃんと大小比較できているのか、引数が逆でも同じように機能するのか、入力が整数の最大と最小まで行っても大丈夫か。そうした、間違いが起こりそうなケースに絞った方

注3　PHP 8なら標準でstr_contains関数を使えますが、以前のPHPは「strposの結果がfalseでない」と表現しなければなりませんでした。

が効率的です。正常な入力範囲きわきわの値を**境界値**と呼びます。境界値でテストが通るなら、雑に何の根拠もなく選んだ無難な値でのテストは不要です。

▼ リスト6-5　test/MathTest.php（改善版）

```
class MathTest extends TestCase
{
    public function testMin(): void
    {
        $math = new Math();
        $this->assertEquals(0, $math->min(0, 1));
        $this->assertEquals(0, $math->min(1, 0));
        $this->assertEquals(-1, $math->min(0, -1));
        $this->assertEquals(-1, $math->min(-1, 0));
        $this->assertEquals(0, $math->min(0, 0));
        $this->assertEquals(0, $math->min(0, PHP_INT_MAX));
        $this->assertEquals(PHP_INT_MIN, $math->min(0, PHP_INT_MIN));
    }

    public function testMax(): void
    {
        $math = new Math();
        $this->assertEquals(1, $math->max(0, 1));
        $this->assertEquals(1, $math->max(1, 0));
        $this->assertEquals(0, $math->max(0, -1));
        $this->assertEquals(0, $math->max(-1, 0));
        $this->assertEquals(0, $math->max(0, 0));
        $this->assertEquals(PHP_INT_MAX, $math->max(0, PHP_INT_MAX));
        $this->assertEquals(0, $math->max(0, PHP_INT_MIN));
    }
}
```

テストを積み上げる

ともかくこれでMathクラスは完璧だろうと期待できる状況が作れました。次はMathに依存するMathUtilにsaturateメソッドを作り、同じ要領で単体テストをしてみましょう（リスト6-6、リスト6-7）。

▼ リスト6-6　src/MathUtil.php

```
class MathUtil
{
    public function saturate(int $value, int $minValue, int $maxValue): int
    {
        $math = new Math();
        return $math->min($math->max($value, $minValue), $maxValue);
    }
}
```

▼ リスト6-7　tests/MathUtilTest.php

```
use PHPUnit\Framework\TestCase;

// クラスが自動ロードされない場合用。Composer で自動ロードできるなら不要になる
require_once __DIR__ . '/../src/Math.php';
require_once __DIR__ . '/../src/MathUtil.php';

class MathUtilTest extends TestCase
{
    public function testSaturate(): void
    {
        $mathUtil = new MathUtil();
        // 範囲内ならそのまま
        $this->assertEquals(2, $mathUtil->saturate(2, 1, 3));

        // 範囲外なら上限値/下限値になる
        $this->assertEquals(1, $mathUtil->saturate(0, 1, 3));
        $this->assertEquals(3, $mathUtil->saturate(4, 1, 3));

        // 上限値/下限値と同じ値は範囲内である
        $this->assertEquals(1, $mathUtil->saturate(1, 1, 3));
        $this->assertEquals(3, $mathUtil->saturate(3, 1, 3));
    }
}
```

「ゼロや負の数についてテストしていないから境界値が甘いんじゃないか」と思いましたか。いいえ、それらの要素が数学的にイレギュラーにならないことは、もうすでにminとmaxが保証してくれていますよ。おかげで、saturateにとっての境界値は$minValueと$maxValueおよびその前後だけになりました。もしsaturateの実装がテスト済みのminとmaxを利用していなかったとした

ら、そのテストはゼロや負の数をまたぐ組み合わせを全て検証しなければならなくなるところでした。単体テストを積み上げるとはこういうことなのです。

結合機能テストにならないように

単体テストの積み上げは、構造化プログラミングのメリットにそのまま対応します。サブモジュールでテスト済みの責務にまで検証範囲を広げてしまうと、上位のモジュールではテストシナリオのパターンが際限なく増えてしまいます。下位モジュールで心配しなくてよいとわかったリスクについては無視し、テスト対象のロジック検証だけに集中できるようになるのが、単体テストを下からきちんと積み重ねる意味です。

ビジネスロジックがSQLでデータベースとやり取りをする部分の単体テストを書いているとき、いつの間にか「それ、データベース自体に不具合ないか確認するシナリオになってない？」と言いたくなるようなテストを作る人がいます。実際にデータベースが期待どおり動くかどうかの動作検証をするのは大事ですが、それは結合テストです。単体のレベルでやるべきなのは、クラスの責務範囲、「SQL文を正しく構築したか」まででかまいません。データベースがSQLの言語仕様どおり動くかの検証は、データベースベンダーがもう終わらせていますよね。

回帰テスト

このようにして、モジュールの責務範囲の検証だけを過不足なくカバーした階層を積み上げておけば、調査すべき問題箇所を簡単に洗い出すことができます。どこかが変更されて不具合が連鎖したときでも、これまでに行った単体テストをすべてやり直すだけで済むのですから。不具合の再現方法をいちいちゼロから考えていると、かかる時間が見積もれなくて、予定が狂います。

変更を加えるとき、あらかじめ既存の単体テストがこれまでどおり動くのを確認しておけば、前のバージョンとの互換性が保たれていると確認できます。そして、新たなバージョンで追加された内容に関するテストシナリオもきちんと追加しておけば、この互換性キープの好循環をいつまでも続けていくことができます。

以前と同じテストをすべて再実行することを**回帰テスト(リグレッションテスト)**と呼びます。プログラムは常に、サブモジュールのささいな変更に影響を受ける可能性があります。変更と無関係だと思われる、成功して当たり前と思っている箇所も、すべて再検証するのが堅実な方法です。もし再実行が手動なら面倒ですが、コードとして積み上げた単体テストの山は、すべて自動実行できます。常に回帰テストをし続けても苦にならないのも、プログラムとして書かれた単体テストのメリットです。

6-4 オブジェクト指向との併用 

密な構造と単体テストの相性

と……この理屈は理論上良いことづくめのように思えますが、同時に大きな辛みを物語っています。下位モジュールのテストケースに漏れがあってバグが混入したとき、それが正しいという前提で積み上げられた上位のテストケースは、多くが失敗するか、成功したとしてもまったく信用できないものになってしまいます。これは、単体テストの積み上げの問題と言うよりも、構造化プログラミングの考え方に原因があります。

MathとMathUtilはクラスを使って作りましたが、オブジェクト指向ではなく構造化の関係になっていました(リスト6-8)。Mathに間違いがあったとき、MathUtilには必ず不具合が起きます。なぜなら、MathUtilは最終的に、Mathクラスの**使い方**ではなく**振る舞い**に依存することになったからです。

構造化プログラミングでは、MathUtilに必要なMathの仕様を、作る**前**に決めて、minやmaxといった名前を**抽象**とみなします。が、作ってしまったあと、それらはもう抽象ではいられない、**密結合した実体**になってしまいます。こうなると、後でMathクラスをより良く書き直したいと思っても、リスクが高すぎるからと上からストップがかかります。

▼ リスト6-8 生成と利用がひとつになった用法

```
class MathUtil
{
    public function saturate(int $value, int $minValue, int $maxValue): int
    {
        // 自身で「実装」を生成している
        $math = new Math();
        return $math->min($math->max($value, $minValue), $maxValue);
    }
}
```

振る舞いへの依存を分離する

MathUtilが依存するMathは、本当に絶対安定な抽象なんでしょうか。数学ライブラリには、遅い言語で書いた可読性の高いバージョンと、CPUネイティブコードで書いたハイパフォーマンスバージョンがあるかもしれません。もしかしたらGPU最適化バージョンもあるかもしれません。少々考えすぎに思うかもしれませんが、このたとえ話を実際のソフトウェア開発に置き換えると、この想定はごく自然な発想になりませんか？

Mathの実装を簡単に切り替えできるMathUtilを作るには、自力生成を避けて、コンストラクタに利用するオブジェクトを与えるかたちにするのがもっとも簡単です（リスト6-9）。

▼ リスト6-9 自分で生成せずに利用する方法

```
class MathUtil
{
    public function __construct(
        // 任意のインスタンスを与えられる
        protected Math $math
    ) { }

    public function saturate(int $value, int $minValue, int $maxValue): int
    {
        return $this->math->min($this->math->max($value, $minValue), $maxValue);
    }
}
```

さて、ここからがオブジェクト指向らしいxUnitの使い方の醍醐味です。

境界値ゼロやマイナスに関して、MathUtilが無関心でよかったことを思い出してください。MathUtilを正しいと言うのに必要な検証の量はごくわずかでした。その理由は、Mathの正しさを信用したからです。この「信用」は、「実際にバグがない」を前提にするのではなく、「Mathに間違いがなく期待どおりに動いたとして」という前提仮説でも、同じではないですか。ということは、書き換え後のMathUtilのテストでは、与えられたMathの実装が**必ず期待した結果を返すという前提**を、勝手に作ってしまえばよいのです。

スタブオブジェクト

ここで、オブジェクト指向の特徴のひとつ、多態性が役に立ちます。Mathクラスそのものを使わずに、Mathクラスと互換性のある擬似的なオブジェクトを使えば、Mathの実装にバグが入ろうと、あるいは未実装が残っていようと、おかまいなしに、Mathを使う側のオブジェクトを動かしてテストできるのです。

このようなテスト用の擬似オブジェクトは**スタブ**と呼ばれます[注4]（リスト6-10）。

▼ リスト6-10　スタブオブジェクトの例

```
class MathUtilTest extends TestCase
{
    public function testSaturate(): void
    {
        $mathStub = $this->createMock(Math::class);
        $mathUtil = new MathUtil($mathStub);

        $mathStub->method('max')->willReturn(2);
        $mathStub->method('min')->willReturn(2);
        $result = $mathUtil->saturate(2, 1, 3);

        $this->assertEquals(2, $result);
    }
}
```

注4　より知られたコード例にするためにcreateMockで作成していますが、最新のPHPUnitにはcreateStubというメソッドもあります。

スタブオブジェクトを利用すれば、依存クラスの特定のメソッドが決まった値を返すと仮定して、リアルな実装なしでテストを書くことができます。これで、MathUtilに着目しているときは、Mathの内部バグの可能性を完全に忘れて、MathUtilTestを自己完結させられます。この分離ポイントで、下位モジュールのバグが連鎖的にテストを失敗させて、上を信用できないものにしていく現象を途切れさせることができます。いったんの目的は果たしました。

モックオブジェクト

さらにもう一歩進んで考えてみましょう。スタブはテスト対象の正当性を完全に示したことになるでしょうか。

何を入力しても期待した戻り値が出てきてしまうと、依存オブジェクトのメソッドを正しいパラメーターで呼び出したのかがわかりません。もしかしたら、実際は呼び出されておらず、結果が自作自演だったなんて場合もあるかもしれません。依存オブジェクトの実装を分けて考えるには、結果のチェックだけでなく、「本来使うべき機能に正しく委譲して正しい結果を得た」と検証することもセットで必要です。

ただのスタブではなく、createMockの名前のとおり、本来の**モックオブジェクト**にしていくことで、この問題を解消できます。単体テストの文脈でいうモックとは、**使われ方を検証する**ための疑似オブジェクトのことです。モックオブジェクトは、ダミーメソッドの呼び出しが行われたか（あるいは行われなかったか）と、そのパラメーターが何であったかをチェックできます。それらが期待どおりでなかった場合、モックはテストシナリオを失敗させます（リスト6-11）。

▼ リスト6-11　モックオブジェクトの例

```
class MathUtilTest extends TestCase
{
    public function testSaturate(): void
    {
        $math = $this->createMock(Math::class);
        $mathUtil = new MathUtil($math);

        // 少なくとも 1 回 max が引数 2, 1 で呼ばれ、2 を返す
        $math->expects($this->atLeastOnce())
            ->method('max')
            ->with($this->equalTo(2), $this->equalTo(1))
            ->willReturn(2)
```

```
        ;

        // 少なくとも 1 回 min が引数 2, 3 で呼ばれ、2 を返す
        $math->expects($this->atLeastOnce())
            ->method('min')
            ->with($this->equalTo(2), $this->equalTo(3))
            ->willReturn(2)
        ;

        $result = $mathUtil->saturate(2, 1, 3);
        $this->assertEquals(2, $result);
    }
}
```

maxとminのメソッドはそれぞれ、少なくとも1回は呼ばれていなければなりません。でなければ、上限と下限の両方について、ちゃんと依存を使ってチェックしたことにならないからです。また、そのパラメーターにwillReturn(2)の根拠となる値が正しく渡されているかも重要です。スタブのときは、おかしな値を渡していても期待どおりの答えが得られていました。それでは、「saturateがminとmaxを正しく呼び出した」と証明できませんね。

スタブというのは、相手が正しく動くかどうかに関係なく、「仮に期待どおりの答えを得たとしたら」と仮定するダミーオブジェクトです。非常に重い通信をともなうものの場合や、実際に動いてしまうとまずいものの場合によく利用されます。テストのアサーションとして意味があるのはモックの方です。使っているサブモジュールの事前条件を満たしている(ちゃんと仕様どおりに使っている)ことを示すことで、実物を動かさずに正しさを示したと言えるようになります。

分離すべきか否か

ただ、スタブやモックを使うのは諸刃の刃でもあります。テストシナリオが長くなるのはもちろんですが、弊害はそれだけではありません。下位にバグが入ったとき、上位が回帰テストで失敗し壊れてくれるのは、メリットでもあります。上位が壊れることで、変更が入った下位モジュールのテストに漏れがあったことがわかります。それこそが、回帰テストの大事な役目であり、また、下位の自己申告の嘘を見破るチャンスでもあります。上位が盛大に壊れると問題なのは、その波及範囲が広くなりすぎるときです。

一般的には、単一パッケージ内のクラス関係は、直接依存で単体テストを書き、異なるパッケージのクラスを使う場合だけモック化するのがオススメです。

パッケージ原則の再利用・リリース等価の原則(REP)を思い出してください。ソフトウェア部品の変更は、パッケージまるごとの単位で行われます。パッケージ内で閉じてテスト失敗が連鎖しても、遠慮なくすべていっせいに修正できます。しかし、複数のパッケージにまたがって、別の人と足並みをそろえながら修正をする状況になるようでは、閉鎖性共通の原則(CCP)の言う上手なまとめ方とは言えません。あちこち手直ししなくても済むよう、関係あるものをまとめておくのが、パッケージ化の目的ですよね。

「抽象型に依存しておけば実装を常に交換可能と考えられる」というオブジェクト指向らしさは、単体テストと非常に相性が良いと理解できたと思います。最初の例、Mathをnewで自力生成していたsaturateのように、必要に応じて気軽にモック化するテストがやりにくい、つまり単体テストしにくい設計は、いくらクラスを書くための文法を使っていようと、オブジェクト指向というパラダイムに乗り切れていないと言えます。

テストのためにプログラミングしない

おっと、まだ慌てないでくださいよ。最後の注意がまだです。「なるほど、とにかく単体テストがありさえすればいいんだな」と、闇雲に既存コードの単体テストを書こうとすると、テストしにくいコードがたくさん出てきます。そのとき、単体テストを書きにくいからといって、テストのためのメソッドを追加したり、非公開だったプロパティを公開するといった歪みを持ち込むのは、絶対にしないでください。

そんなバックドアを作ると、いずれ、本当は隠蔽しなければならなかったはずの情報が漏れ、カプセル化の意味がなくなりかねません。結合してほしくない箇所に結合されると、クラスは閉じて自由に変更できなくなり、パッケージ内部のアーキテクチャは硬直します。無理矢理テスト用に設計を変形させるのはご法度です。そうではなく、オブジェクト指向的に設計したプログラムが、自然と単体テストしやすい形になっているのが理想です。もしテストを書きにくいと感じたなら、それは、原則を逸脱する部分が潜んでいるバロメーターになります。やるべきことは、privateのpublic化などではなく、原則に従ったクラス設計の再レビューです。

column ›› PHPでのクラスローディング

PHPはクラスの読み込みがファイルシステムと密接に関係しています。生のPHPでは、requireやrequire_onceといったファイルからのソースを読み込みを、明示的に記述する必要があります。

```
require_once __DIR__ . '/../src/Math.php';
```

いちいちクラスファイルのロードを手書きするのは面倒です。現在ほとんどのPHPフレームワークは、こんな方法を採用していません。Composerのクラスローダーを使って、ファイル読み込みを書かなくてもクラス定義ファイルが読み込まれるようにするのが普通です。本書のサンプルコードも、次の説明に入る前に、Composerにユーザークラスの読み込みも任せることにしましょう。

自動的に作られたcomposer.jsonファイルに、autoloadおよびautoload-devを書き加えます（リスト6-12）。

▼ リスト6-12 composer.json

```
{
    "require-dev": {
        "phpunit/phpunit": "^9.5"
    },
    "autoload": {
        "psr-4": {
            "FizzBuzz\\": "src/"
        }
    },
    "autoload-dev": {
        "psr-4": {
```

```
            "FizzBuzz\\": "tests/"
        }
    }
}
```

psr-4というのは、ファイル配置とクラス名のマッピング仕様のことです。名前空間（パッケージパス）のFizzBuzz\とsrcディレクトリ（および開発用にtestsディレクトリ）が対応するという宣言です（おっと、次のサンプルコードがFizzBuzzだとバレてしまいました）。

この変更後にcomposer installコマンドを実行することで、vendor/autoload.phpファイルが更新されます。以後このautoload.phpファイルを一度だけ参照すれば、クラスファイルをいちいちrequireしなくても済むようになります。

6-5 テスト駆動開発:振る舞いのためのTDD

テスト駆動開発（Test Driven Development：TDD）を理解する準備はできました。「えっ？　準備？　これで終わりじゃないの？」違いますよ。ここまではあくまで、自動テストによる品質保証の話です。テスト駆動開発はテストの作り方ではなく、**プロダクションコードを書くための**技法です。

開放閉鎖原則（OCP）に登場したFizzBuzz（5-3節、リスト5-9、リスト5-10）はなかなかエレガントな作りでした。本体と詳細仕様が分離されていて、本体を書き換えることなく構築や追加で何とでも柔軟になる設計でしたね。あんなものをどうやって生み出すんだろうと疑問に思ったかもしれません。これまでに登場した単体テストの技法と、これから解説するテスト駆動開発を実践すれば、自ずと「気がついたらあんなふうになっていた」ができるようになります。

オープンでクローズドなFizzBuzzがどう設計されていくか、そのプロセスを見てみましょう。第一段階はテスト駆動開発の基礎です。いったん動作するかたちを作り、さらにそれを、第二段階として、テスト駆動開発を活用した設計技法へと進めていきます。

テスト駆動開発の基本サイクル

何はともあれ、まず作りたいものの名前を決めます（リスト6-13）。思考を邪魔しない素直な名前は重要ですからね。

▼ リスト6-13　src/Core/NumberConverter.php

```
namespace FizzBuzz\Core;

class NumberConverter
{
}
```

このあと、テスト駆動開発では、最初にメソッドを足すのではなく、もっとも簡単なテストケースを書きます（リスト6-14）。もちろん、まだ実在しないメソッドを呼び出すことになりますが、気にせず書ききってしまいます。

▼ リスト6-14　tests/Core/NumberConverterTest.php

```
namespace FizzBuzz\Core;

use PHPUnit\Framework\TestCase;

class NumberConverterTest extends TestCase
{
    public function testConvert()
    {
        $fizzBuzz = new NumberConverter();
        $this->assertEquals("1", $fizzBuzz->convert(1));
    }
}
```

次に、このテストケースが最低限言語文法レベルのエラーを起こさないように、とりあえず呼び出されるメソッド実装を追加します（リスト6-15）。テストケースから、引数の型と数はわかります。このとき、正しい結果を出すアルゴリズムを考えてはいけません。わざと、何か間違った結果を返しておきます。そうすると、実行はできるけどテストには失敗します。実行できるコードを得たときは、必ず最初に、テストが失敗することを確認しておかなければなりません。

▼ リスト6-15　失敗するメソッドの実装

```
class NumberConverter
{
    public function convert(int $n): string
    {
        // 型が合っているだけで結果は間違っている
```

```
        return "";
    }
}
```

まだアルゴリズムは考えません。テストをパスする**最小限の実装**を書きます。検証されているのは"1"かどうかだけなので、固定で文字列を返してしまい、テストを成功させてしまいます（リスト6-16）。

▼ リスト6-16　テストを成功させる最小の実装①

```
class NumberConverter
{
    public function convert(int $n): string
    {
        return "1";
    }
}
```

もちろんこれでは、あんな場合こんな場合にダメになるのがすぐに想像できます。そのダメになりそうなケースをひとつ選んで、テストシナリオに追記するか、もしくは新たなシナリオを書きます（リスト6-17）。そして、「ほらやっぱり失敗するじゃないか」という確認をします。

▼ リスト6-17　未完成ロジックを失敗させるシナリオの追加②

```
class NumberConverterTest extends TestCase
{
    public function testConvert()
    {
        $fizzBuzz = new NumberConverter();
        $this->assertEquals("1", $fizzBuzz->convert(1));
        $this->assertEquals("2", $fizzBuzz->convert(2));
    }
}
```

また再び、テストをパスする最小限の実装を書き、テストを成功させます（リスト6-18）。TDDは実装の美しさを問いません。入力が1の場合と2の場合についてif文を書くか、整数を文字列に変換するか、どちらも間違いではありません。より短く書けそうなので、今回は整数から文字列への変換を選んでおきましょう（アルゴリズムとして適切だからではありません）。

▼ リスト6-18　テストを成功させる最小の実装②

```
class NumberConverter
{
    public function convert(int $n): string
    {
        return (string)$n;
    }
}
```

次は3がFizzになる場合の追加と、失敗確認です（リスト6-19）。

▼ リスト6-19　未完成ロジックを失敗させるシナリオの追加③

```
class NumberConverterTest extends TestCase
{
    public function testConvert()
    {
        $fizzBuzz = new NumberConverter();
        $this->assertEquals("1", $fizzBuzz->convert(1));
        $this->assertEquals("2", $fizzBuzz->convert(2));
        $this->assertEquals("Fizz", $fizzBuzz->convert(3));
    }
}
```

Fizzを期待したのに3でしたと言われます。ということは、3の場合は特別にFizzを返してやり、そうでない場合にこれまでどおりにするのが最小限の実装です（リスト6-20）。

▼ リスト6-20　テストを成功させる最小の実装③

```
class NumberConverter
{
    public function convert(int $n): string
    {
        if ($n == 3) {
            return "Fizz";
        } else {
            return (string)$n;
        }
```

```
    }
}
```

テストファースト

この「テスト追加」「失敗確認」「最小限の実装」「成功」のサイクルを繰り返すのがテスト駆動開発の流れです。実装よりもテストを先に書く特徴を指して、**テストファースト**と言います。テストファーストは、テスト駆動開発の鉄則です。

新たなテストを追加するときは、失敗するであろうケースを追加し、必ず一度、確かに失敗すると確認しないといけません。最初から合格してしまうと、新たに作った部分のおかげでプログラムが正しく動いたのかわかりません。もしいきなり成功してしまったら、実装を触らずに、別のテストを追加します。これ以上追加すべきシナリオがないとなった時点で、完全なテストをともなった実装が得られていることになります[注5]。

4のときは成功してしまうので、5がBuzzになる場合を追加します。期待したBuzzの代わりに数字の5が出てきます(リスト6-21)。

▼ リスト6-21　失敗するまでテストを追加

```
class NumberConverterTest extends TestCase
{
    public function testConvert()
    {
        $fizzBuzz = new NumberConverter();
        $this->assertEquals("1", $fizzBuzz->convert(1));
        $this->assertEquals("2", $fizzBuzz->convert(2));
        $this->assertEquals("Fizz", $fizzBuzz->convert(3));
        $this->assertEquals("4", $fizzBuzz->convert(4));
        $this->assertEquals("Buzz", $fizzBuzz->convert(5));
    }
}
```

それに対応する実装は、数字を返そうとしたとき5だった場合の分岐です。ちょっと汚くなってきました(リスト6-22)。

注5　説明のためにひとつのメソッドにコード行を追加していますが、実際はメソッドを追加していきます。ひとつのメソッドは一連の動作を表して完結させるのがベターです。

▼ リスト6-22　実装は最小労力で変更する①

```
class NumberConverter
{
    public function convert(int $n): string
    {
        if ($n == 3) {
            return "Fizz";
        } else {
            if ($n == 5) {
                return "Buzz";
            } else {
                return (string)$n;
            }
        }
    }
}
```

この部分だけ変更

続いて6がFizzになる場合を追加すると、やはり数字が出ます。ここで「これは3の倍数に関するところだな」と認識できます。そして、「3と一致ではなく割り切れた場合にFizzになるように書くのが最小だぞ」というのを、ようやくやっていいことになります。

10がBuzzになる場合も同様です。この進め方でいくと、テストコードを書く手順は割愛しますが、この進め方でいくと実装はこうなります（リスト6-23）。

▼ リスト6-23　実装は最小労力で変更する②

```
class NumberConverter
{
    public function convert(int $n): string
    {
        if ($n % 3 == 0) {
            return "Fizz";
        } else {
            if ($n % 5 == 0) {
                return "Buzz";
            } else {
                return (string)$n;
            }
        }
    }
}
```

リファクタリング

数字のままの場合（1, 2）、Fizzになる場合（3, 6）、Buzzになる場合（5, 10）を作りました。いよいよ次は15がFizzBuzzになるこの場合です。

```
$this->assertEquals("FizzBuzz", $fizzBuzz->convert(15));
```

FizzBuzzを期待したのにFizzが出て失敗するでしょう。そこでFizzが出るケースに分岐を挿入します。3で割り切れる場合の特殊ケースとして、「もし5でも割り切れるなら」というロジックを愚直に書くとこうなります（リスト6-24）。

▼ リスト6-24　複雑化してきた実装

```
class NumberConverter
{
    public function convert(int $n): string
    {
        if ($n % 3 == 0) {
            if ($n % 5 == 0) {
                return "FizzBuzz";
            } else {
                return "Fizz";
            }
        } else {
            if ($n % 5 == 0) {
                return "Buzz";
            } else {
                return (string)$n;
            }
        }
    }
}
```

実装コードがひどい有様になってきました。テスト駆動開発の手を止めて、リファクタリングの時間にします。

リファクタリングとは、動きをまったく変えずにプログラムコードを書き換えて、コード品質を高めることを言います。プログラムコードを書き換えたら動きが変わらない保証なんてなくなってしまうのでは？　いえ、そこはもう心配ないですね。現在のプログラムは、これまでのテストシナリオをクリアできる最小限の実装です。ということは、書き換えたプログラムが同じテストシナリオをクリアすれば、十分に同じとみなしてよいはずです。さきほどの入り組んだ**if-else**を整理してここまで最適化しても、テストは同じように成功します（リスト6-25）。

▼ リスト6-25　リファクタリングでマシになった実装

```
class NumberConverter
{
    public function convert(int $n): string
    {
        if ($n % 3 == 0 && $n % 5 == 0) {
            return "FizzBuzz";
        } elseif ($n % 3 == 0) {
            return "Fizz";
        } elseif ($n % 5 == 0) {
            return "Buzz";
        } else {
            return (string)$n;
        }
    }
}
```

TDDで得られるもの

テスト駆動開発では、はじめから綺麗なアルゴリズムを思いついていたとしても、それをすぐに書きたい気持ちをぐっとこらえ、まずは愚直な実装コードを書きます。そうすることで、テストコードと実装の振る舞いが同じ歩調で育ちます。実装はテストされていない振る舞いを持たず、テストは過不足なく実装を検証している状態をキープするのです。

頭の中で境界条件を網羅できているか考えるよりも、実際に境界を攻めてはクリアを積み重ねるほうが着実です。そうしてできた（実際に動く）テストパターンは、漏れのないリアルな仕様記述になります。テスト駆動開発が得たいものがだんだんわかってきたでしょうか。

テスト駆動開発において、クールなアルゴリズムの優先度は最低です。もっとも重要なことは、漏れのないテストをともなっていることです。そのテストには、**動く仕様ドキュメント**という価値が生まれます。おかげで、いくらでも同じテスト仕様に従った回帰テストが可能になります。回帰テストが信頼できるからこそ、リファクタリングがリファクタリングである(動作は変わっていない)と言えます。かっこいいアルゴリズムで実装を書いていいのは、この何が正しいかの前提を作ってからだ、という理屈です。

最後の仕上げです。15の倍数30には対応できているのか。これは最初から成功します(リスト6-26)。

▼ リスト6-26 TDDで得られたテスト

```
class NumberConverterTest extends TestCase
{
    public function testConvert()
    {
        $fizzBuzz = new NumberConverter();
        $this->assertEquals("1", $fizzBuzz->convert(1));
        $this->assertEquals("2", $fizzBuzz->convert(2));
        $this->assertEquals("Fizz", $fizzBuzz->convert(3));
        $this->assertEquals("4", $fizzBuzz->convert(4));
        $this->assertEquals("Buzz", $fizzBuzz->convert(5));
        $this->assertEquals("Fizz", $fizzBuzz->convert(6));
        $this->assertEquals("Buzz", $fizzBuzz->convert(10));
        $this->assertEquals("FizzBuzz", $fizzBuzz->convert(15));
        $this->assertEquals("FizzBuzz", $fizzBuzz->convert(30));
    }
}
```

最後が連続成功で終わって、これ以上何を追加しても同じだろうとなりました。実装もリファクタリングが済んでいます。これでFizzBuzzはいったん完成と言うことができそうです。バージョン管理ツールを使っているなら、ここがまさにコミットのタイミングです。

6が3の倍数であると気づいたことで、次の数は7ではなく5の倍数の10を選択するべきと思ったところがポイントです。数字がそのまま出てくるパターンはもう十分にやっています。単体テストは必要最小限のチェックにとどめるのが良いですよね。

BDDとTDD

実はこの流れは、テスト駆動開発から派生した**振る舞い駆動開発(Behavior Driven Development:BDD)**と呼ばれる手法と共通した考え方になります。BDDもまた、先にテストプログラムで動く仕様を表現してから、後で実装を作る、テストファーストの手順を踏みます。BDDはこの手順を、クラスやサブモジュールの使い方のレベルではなく、ユーザーが使う機能のレベルで行います。

適用するスケールが違うとはいえ、考えてみれば、ライブラリパッケージにとってのユーザーは、人間ではなくクライアントコードです。ここまでの開発サイクルは、xUnitを使っていても、実質的にBDDと同じと言えます。

BDDの目的は「仕様のとおり動く実装を得る」ことです。一方、TDDの可能性は、BDDの目指すものとは異なります。TDDは実装手法よりも、設計手法として使ったときに、その真価を発揮します。設計済みのフレームワークで動くプログラムを素早く作る目的なら、単体テストによる細粒度テストの積み上げはオーバースペックかもしれません。動作を作るだけの場合はBDDのほうが手短で適していると言えます。逆に言えば、TDDを使うのなら、その用法をBDDと同じで終わらせず、設計のために活用していくのが本当です。

Ruby on Railsの作者であるDHH（David Heinemeier Hansson）は、最短実装で動くフレームワークに対してさえも、過剰に細粒度なTDDを適用しては、なかなかアプリケーションを作らない開発者を見て、“TDD is dead”と表現しました。適材適所ができてこそのエンジニアでないと困りますね。

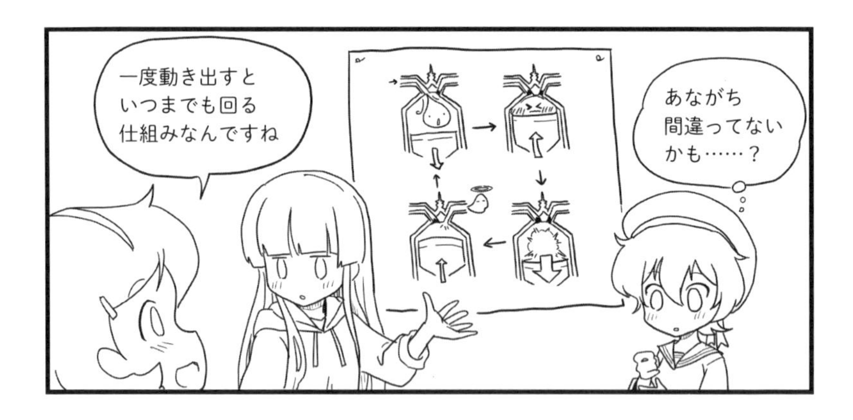

6-6 テスト駆動開発:設計のためのTDD

振る舞いを満たす方針で作ったFizzBuzzは、確かに正しく動きはするけれど、その実、決して変更に強いとは言えないコードになりました。3や5といった事前条件や、FizzやBuzzの事後条件が変わると、プログラムの本体に書き換えが起きます。実装コードが書き換わってしまうと、せっかく作ったテストケースが使い物にならなくなってしまいます。もう一度TDDを回せば、それらの流動的な値をプロパティにすることはできるでしょう。もうこれで変更しなくて済むと言えるようになりましたか？　いいえ、たとえばこんどは「13で割り切れるなら」の場合が**さらに追加で**必要になったと想像してみてください。またしても最初からやり直しです。いくらかパラメータ化していても、全体の変更を避けられないことがわかってしまいました。改修のたびに全体をイチからやり直しになるとわかっていると、やる気が起きませんよね。

抽象で仮説を立ててみる

ちょっと気持ちを落ち着けて、追加の逆で、「もしFizzに変換される仕様しか要らなくなったら」を想像してみましょうか。さらに進んで、「Fizzに変換される仕様さえない、そのまま値を流すだけのものになる可能性」はどうですか。ロジックを追加したり減らしたりしたい、ということは、どうもFizzBuzzの最小構成単位は「何らかの単純な法則で、整数を文字列に置換するルールがある」という感じの抽象で、全体としては、その抽象を好きに組み立てできるものになっていると便利そうだな、と感じます。試しにこの「整数から文字列に置き換える抽象」を記述してみましょう(リスト6-27)。

▼ リスト6-27　src/Core/ReplaceRuleInterface.php(初案)

```
namespace FizzBuzz\Core;

interface ReplaceRuleInterface
{
    public function replace(int $n): string;
}
```

NumberConverteクラス(リスト6-28)はこのReplaceRuleInterfaceの集約なんじゃないかと仮定してみます(図6-4)。

▼ リスト6-28　src/Core/NumberConverter.php

```
namespace FizzBuzz\Core;

class NumberConverter
{
    /**
     * @param ReplaceRuleInterface[] $rules
     */
    public function __construct(
        protected array $rules
    ) { }
}
```

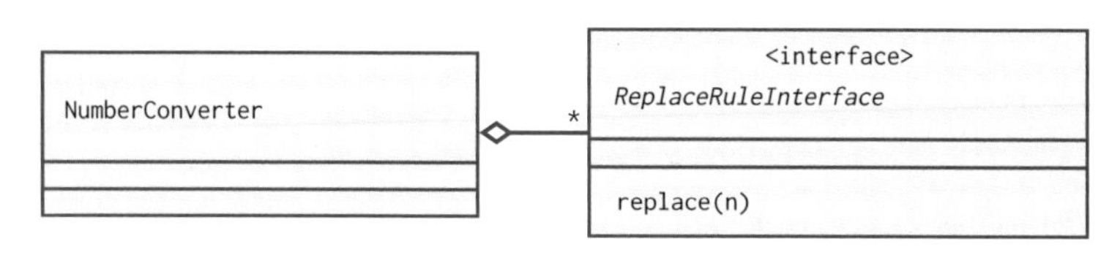

図6-4　設計の仮説（初案）

仮説検証はじめの一歩

この線で合っているのかどうか、インターフェースは正しいのか、まだ設計の整合性を真剣に考えるときではありません。TDDでは実装を考える前にまずテストファーストでしたね。最初のテストケース、境界条件「ルールなし」を作って、最小限の実装を記述してみましょう（リスト6-29）。

▼ リスト6-29　tests/Core/NumberConverterTest.php

```
namespace FizzBuzz\Core;

use PHPUnit\Framework\TestCase;

class NumberConverterTest extends TestCase
{
    public function testConvertWithEmptyRules()
    {
        $fizzBuzz = new NumberConverter([]);
        $this->assertEquals("", $fizzBuzz->convert(1));
```

```
    }
}
```

NumberConverterに書き足すコードはもちろんこうですね。

```
    public function convert(int $n): string
    {
        return "";
    }
```

欠けているところにモックオブジェクト

最初のテストが成功したら、次のテスト……なのですが、次はルールありの場合をやりたいのに、まだReplaceRuleInterfaceしかありません。インターフェースは実装クラスがないと動作させることができないですよね。

ここで生きてくるのが、スタブあるいはモックです。相手がまだ実装されていないときにこそ便利なのがスタブでした。ちゃんと引数付きで呼び出してないとダメだというチェックもしたいので、ここではモックを選択しましょう（リスト6-30）。

▼ リスト6-30　NumberConverterTestへの追加

```
class NumberConverterTest extends TestCase
{
    public function testConvertWithSingleRule()
    {
        $rule = $this->createMock(ReplaceRuleInterface::class);
        $rule->expects($this->atLeastOnce())
            ->method('replace')
            ->with(1)
            ->willReturn("Replaced");

        $fizzBuzz = new NumberConverter([$rule]);
        $this->assertEquals("Replaced", $fizzBuzz->convert(1));
    }
}
```

設計の見落としを防ぐ

テストを満たす実装？　そんなの簡単。配列の最初の要素にReplaceRuleInterfaceの実装が入ってくるんでしょ。

```
public function convert(int $n): string
{
    return $this->rules[0]->replace($n);
}
```

なんということでしょう!!　思いもしない失敗が出てしまいました(図6-5)。

```
PHPUnit x.x.x by Sebastian Bergmann and contributors.

Undefined array key 0
 src/Core/NumberConverter.php:13
 tests/Core/NumberConverterTest.php:11

Time: 00:00.016, Memory: 6.00 MB

ERRORS!
Tests: 2, Assertions: 2, Errors: 1.
```

図6-5　テストの失敗

これは、新たに追加した方ではなく、以前にパスしていたtestConvertWithEmptyRulesの方が失敗したことを示しています。すでに成功していたテストシナリオも、実装に変更が起きたら成功するとはかぎらない。そう、回帰テストですね。

配列にひとつ以上要素があると高を括っていてはいけないことがわかりました(リスト6-31)。

▼ リスト6-31　テストの失敗に対する実装修正

```
public function convert(int $n): string
{
    if (!empty($this->rules)) {
        return $this->rules[0]->replace($n);
    } else {
        return "";
```

```
        }
    }
```

ゼロとイチの次へ

はたして分岐が2つでいいんでしょうか？　これは怪しいです。次のテストは2ルールです（リスト6-32）。

▼ リスト6-32　2ルールテスト

```
class NumberConverterTest extends TestCase
{
    public function testConvertWithFizzBuzzRules()
    {
        $fizzBuzz = new NumberConverter([
            // 1 を受け取り Fizz になるモック
            $this->createMockRule(
                expectedNumber: 1,
                replacement: "Fizz"
            ),
            // 1 を受け取り Buzz になるモック
            $this->createMockRule(
                expectedNumber: 1,
                replacement: "Buzz"
            )
        ]);
        $this->assertEquals("FizzBuzz", $fizzBuzz->convert(1));
    }

    private function createMockRule(
        int $expectedNumber,
        string $replacement
    ): ReplaceRuleInterface {
        $rule = $this->createMock(ReplaceRuleInterface::class);
        $rule->expects($this->atLeastOnce())
            ->method('replace')
            ->with($expectedNumber)
            ->willReturn($replacement);
        return $rule;
    }
}
```

モックの生成はprivateメソッドに抜き出しました。

このテストシナリオで期待する結果はそう、入力が何であろうと無条件に“FizzBuzz”になることです。……と決定するには、ちょっと迷いがありませんでしたか。「整数を特定の文字列に置き換える複数のルールがあるとき、FizzかBuzzのどちらになるのだろう？」と。でもよく考えてみてください。「3でも5でも割れる場合はFizzBuzz」という仕様がありますね。「これって、もしかしたら、新たな特殊ケースなんかではなく、ルールの結果は合成されるという話じゃないかな？」と、テストを記述している間に、仕様をより一般化できることに気づきます。

デザインを見い出す

さあ、すべてのテストに合格するconvertメソッドの実装です(リスト6-33)。

▼ リスト6-33　convertメソッド実装

```
public function convert(int $n): string
{
    $result = "";
    foreach ($this->rules as $rule) {
        $result .= $rule->replace($n);
    }
    return $result;
}
```

なるほどFizzBuzzの本質的な構造というのはこういうことだったのかという発見ができました。少々プログラミング経験がある人にとっては、いつもよく見るパターンです。ループで回す要素がデータではなくルールオブジェクトなのが、ちょっと変わっていますけどね。

関数型プログラミングが好きな人はこれでもいいでしょう(リスト6-34)。

▼ リスト6-34　関数型ふうに実装

```
public function convert(int $n): string
{
    return array_reduce(
        $this->rules,
```

```
            function ($carry, $rule) use ($n) {
                return $carry . $rule->replace($n);
            },
            ""
        );
    }
```

FizzBuzzは一般化すると畳み込み演算になるという発見をした、と言い換えられます（関数型ってなんだ？　と感じる読者は読み飛ばしておいてください）。これ、ほぼできたんじゃないでしょうか？　もしもFizzやBuzzの代わりに空文字列を返せるクラスがあり、数字を文字列に変換するだけのクラスがあれば……（リスト6-35）。

▼ リスト6-35　3つのモックルールを使ったテスト

```
class NumberConverterTest extends TestCase
{
    public function testConvertWithUnmatchedFizzBuzzRulesAndConstantRule()
    {
        $fizzBuzz = new NumberConverter([
            $this->createMockRule(
                expectedNumber: 1,
                replacement: ""
            ), // 1 なので Fizz の代わりに ""
            $this->createMockRule(
                expectedNumber: 1,
                replacement: ""
            ), // 1 なので Buzz の代わりに ""
            $this->createMockRule(
                expectedNumber: 1,
                replacement: "1"
            ), // 1 を "1" にする
        ]);
        $this->assertEquals("1", $fizzBuzz->convert(1));
    }
}
```

追加したテストは初回で成功です。おや？　本当にこれで完成かも……？
（注：完成ではありません）

本物のオブジェクトを組み合わせてみる

モックではなく、本当のプログラムで使えるReplaceRuleInterfaceの実装クラスを作って、両者を組み合わせてみましょう（リスト6-36）。3の倍数をFizzに変換したり、5の倍数をBuzzに変換したりするのに使うルールはすんなり作れます。

▼ リスト6-36　test/Spec/CyclicNumberRuleTest.php

```
namespace FizzBuzz\Spec;

use PHPUnit\Framework\TestCase;

class CyclicNumberRuleTest extends TestCase
{
    public function testReplace()
    {
        $rule = new CyclicNumberRule(3, "Fizz");
        $this->assertEquals("", $rule->replace(1));
        $this->assertEquals("Fizz", $rule->replace(3));
        $this->assertEquals("Fizz", $rule->replace(6));
    }
}
```

▼ リスト6-37　src/Spec/CyclicNumberRule.php

```
namespace FizzBuzz\Spec;

use FizzBuzz\Core\ReplaceRuleInterface;

class CyclicNumberRule implements ReplaceRuleInterface
{
    public function __construct(
        private int $base,
        private string $replacement
    ) { }

    public function replace(int $n): string
    {
        return ($n % $this->base == 0) ? $this->replacement : "";
```

```
    }
}
```

あとは数字を文字列にするクラス(リスト6-38)……それめちゃくちゃ簡単なんじゃないの？

▼ リスト6-38　test/Spec/PassThroughRuleTest.php

```
namespace FizzBuzz\Spec;

use PHPUnit\Framework\TestCase;

class PassThroughRuleTest extends TestCase
{
    public function testReplace()
    {
        $rule = new PassThroughRule();
        $this->assertEquals("1", $rule->replace(1));
    }
}
```

▼ リスト6-39　src/Spec/PassThroughRule.php

```
namespace FizzBuzz\Spec;

use FizzBuzz\Core\ReplaceRuleInterface;

class PassThroughRule implements ReplaceRuleInterface
{
    public function replace(int $n): string
    {
        return (string)$n;
    }
}
```

本当にいいんでしょうか？　合体させてハードコード版のFizzBuzzと同じになれば成功ですが……。

▼ リスト6-40　各クラスを結合させたテスト

```
namespace FizzBuzz;

use FizzBuzz\Core\NumberConverter;
use FizzBuzz\Spec\PassThroughRule;
use FizzBuzz\Spec\CyclicNumberRule;
use PHPUnit\Framework\TestCase;

// 対応するクラスなし。全体の振る舞いに対する BDD 的なテスト
class FizzBuzzTest extends TestCase
{
    public function testFizzBuzz()
    {
        $fizzBuzz = new NumberConverter([
            new CyclicNumberRule(3, "Fizz"),
            new CyclicNumberRule(5, "Buzz"),
            new PassThroughRule(),
        ]);
        $this->assertEquals("1", $fizzBuzz->convert(1));
        $this->assertEquals("2", $fizzBuzz->convert(2));
        $this->assertEquals("Fizz", $fizzBuzz->convert(3));
    }
}
```

まだ、1、2、3の場合までしかありませんが、テストを実行してみましょう。

```
PHPUnit x.x.x by Sebastian Bergmann and contributors.

....F..                                                  7 / 7 (100%)

Time: 00:00.006, Memory: 6.00 MB

There was 1 failure:

1) FizzBuzz\FizzBuzzTest::testFizzBuzz
Failed asserting that two strings are equal.
--- Expected
+++ Actual
@@ @@
-'Fizz'
+'Fizz3'
```

```
tests/FizzBuzzTest.php:20

FAILURES!
Tests: 7, Assertions: 17, Failures: 1.
```

図6-6 テストの失敗

「**Fizz3**だと！？」

設計中に慌てて動作を直すべからず

ああ、そうかそういうことか。正しく動いたCyclicRuleの結果の"Fizz"に、PassThroughRuleから出てきた余計な"3"がくっついてしまったのか。PassThroughRuleは、3や5のときは空の文字列を返さないといけないぞ。

そう慌てた人がPassThroughRuleに書いてしまうのがこうしたコードです（リスト6-41）。

▼ リスト6-41 ハードコードしてしまったPassThroughRule

```
class PassTroughRule implements ReplaceRuleInterface
{
    public function replace(int $n): string
    {
        // 注意: これは良くないコードです
        if ($n % 3 == 0 || $n % 5 == 0) {
            return "";
        }

        return (string)$n;
    }
}
```

これでいいのか……当然ダメですね。うまく動かないとつい、動かすことにしか意識が向かなくなってしまい、大事なことを忘れがちです。変更があまりないと期待できるはずのクラスに3や5をハードコードするのは、そもそもの目的を見失っています。簡単に設定で変更できるはずなのに、それに対応する調整が、見えないところでパッチワークされていると、あとで軽い気持ちで設定を外したとき、盛大に壊れてくれます。マジックナンバーを埋め込んだハードコードは事故のもとです。3と5を将来別の値に変更するとき、忘れる自信しかありません。

「まさかそんなバカなこと、するわけないじゃないか」と思うでしょうが、この種の過ちは、実務で本当に多く見かけます。これぐらい短い時間で考えているから認識できるだけで、問題が起きてからでないと気づかれないミスは、本当によくあります。動きをとりつくろうのではなく、安定度の高低の向きを意識しましょう。

DRY原則

うーん、そうかハードコードでなければ……。

▼ リスト6-42 いまいち上手くない解決案

```
// まずまずだけどできれば避けたいコード
class PassThroughRule implements ReplaceRuleInterface
{
    public function __construct(
        private array $exceptionalNumbers
    ) { }

    public function replace(int $n): string
    {
        // 3 や 5 をハードコードしてはいけないのでプロパティにした
        foreach ($this->exceptionalNumbers as $exceptionalNumber) {
            if ($n % $exceptionalNumber == 0) {
                return "";
            }
        }

        return (string)$n;
    }
}
```

どうにか最悪の事態は免れました。しかしこれは、厳密に言うと**DRY (Dont Repeat Yourself) 原則**に違反した設計になっています。DRYとは、同じ意味のことを繰り返さないということです。ひとつの意図で複数の要素を同時に変更しないといけない作りは、いずれかの変更を同期しそこねると、簡単に壊れてしまいます。使われ方を見てみましょう。

▼ リスト6-43 よく見るとDRYではない

```
class FizzBuzzTest extends TestCase
{
    public function testFizzBuzz()
    {
        $fizzBuzz = new NumberConverter([
            new CyclicNumberRule(3, "Fizz"),
            new CyclicNumberRule(5, "Buzz"),
            new PassThroughRule([3, 5]),
        ]);
```

この場合、3用と5用のルールがあるのと[3, 5]というパラメーターが重複です（もちろん、メソッドの奥深くにハードコードされているよりは、はるかにマシではありますが）。

「いや厳しすぎるのでは？」ええ、確かにこれぐらいの状況なら、コメントで補足して注意を促したり、説明変数を使って2つの値が同じになるようにしておけばいいでしょう。でも、忘れてほしくないのは、FizzBuzzはあくまでたとえ話で、本題は実務のアーキテクチャについてだということです。この種の冗長さに妥協するのは、じわじわ来る**技術的負債**を選ぶということです。負債は必要な選択である場合もありますが、無神経に積むと、割れ窓理論（もともとこんな品質だから自分の仕事もこの程度でいいだろう）によって、いつの間にか予想を超えて増殖します。

「ルール同士を参照させて、これをむりやりDRYに……」は、やめておきましょう。せっかく「単純なルールを3つ並べたらいいだけ」でいけそうなのに、ルール間に複雑な依存関係を作ってしまうことになりそうです。後で拡張する人にも優しくありません。難しすぎるのもまた、別の技術的負債ですから。

失敗は成功のもと

最初の仮説はなかなかいい線いってたようですが、ちょっと惜しかったみたいですね。大丈夫です、仮説が間違っているのは当たり前ですから。それよりも、モックのおかげでかなり抽象度が高いレベルの単体テストができ、それが最後あと一歩のところまで通じるまでの指針を示したことに、大きな価値があります。むしろ、正しく間違えるために意図的に単純化したのが失敗だから、仮説検証は成功と言えます。

仕様を頭の中で考えているうちは、どれだけ知恵をしぼろうと、完全な設計を得ることはできません。実務のプログラミングには数学のような美しさはありません。現実のプログラムは人間の都合から生まれる複雑さの怪物です。これは、どんなものづくりにも共通する特徴です。工業製品なんかは、模型を作って動かしてみるまで、わからないことだらけですよね。プログラムも、仮説を形にして動かしてみるまで、いくら考えてもロジックの穴に気づかないのは当然のことです。

形を目にするまで気づくことができないのは、欠陥だけでなく、そもそもの自分の要求だったりもします。「動いている画面を見てようやく顧客が本当の要求を言い出した」とよく開発者は不満を言いますが、開発者もまた、動いている単体テストと実装コードを見るまで、本当の設計に気が付かないものです。もしお客さんの本当の要求を聞いてあげなかったらどうなりますか？　要件定義したんだから役に立たないソフトウェアでも買い取るべき？　これじゃ喧嘩になりますよね。それと同じです。最初に思いつく設計なんて、動いている画面が想像できなかったお客さんと同じレベルなのです。

開発者が顧客に対して、捨て案のつもりで「言われたとおりやるとこうですけど」と画面案を見せるのと同じことを、テストコードは開発者に対してやってくれています。

デザイン意識の焦点を絞って再チャレンジ

落ち着いて、仮説＝ReplaceRuleInterfaceから見直してみましょう。

```
// 再掲
interface ReplaceRuleInterface
{
    public function replace(int $n): string;
}
```

このインターフェースのメソッドは、他のルールや状況とは無関係に、ただ与えられた整数を文字列に変換するだけです。このせいで、PassThroughRuleが「他のルールにヒットしなかった場合は」という条件を、スマートに扱えなかったのです。ルールには、何か他の入力があったほうが良さそうだという予測が立ちます。

では、どんな入力ならちょうどいいのでしょうか。妥当な一般化を考えるために、まだ存在しない架空の要求仕様を仮定してみます。「条件を満たした場合、後ろではなく手前に、決まった文字列を付け足す」や「文字列の文字の並びを反転する」などの突飛な拡張も、あり得ないとは言い切れません。現在値と結果を合成するというのは合っているんだけれど、それは必ずしも、末尾への文字列結合と言い切れないのではないでしょうか。replaceは、整数を文字列に置き換えるルールではなく、「入力整数を使って**現在の値**を置き換える」ルールであり、任意の合成を内包するものと考え直せそうです(もちろんこれも仮説です)。

こうなると、従来のアイデアで言う「該当しなければ空文字列を返す」は、「該当しなければ何の置き換えもしない」に変わります。ここにも気づきが眠っています。今のままでは、今後拡張される多くの実装が、共通して「if - else - 無」のロジックを毎回書くことになると予測できます。判定と処理を異なるメソッドに分離しておくことで、毎回記述しなければならない冗長なif文をなくせる可能性を模索してみましょう(ひとつずつ段階を追うべきなんですが、紙面の都合で一度にやります)。

新たなReplaceRuleInterfaceの仮説としてこのような形が考えられます(リスト6-44、図6-7)。

▼ リスト6-44　src/Core/ReplaceRuleInterface.php(第2案)

```
interface ReplaceRuleInterface
{
    public function apply(string $carry, int $n): string;
    public function match(string $carry, int $n): bool;
}
```

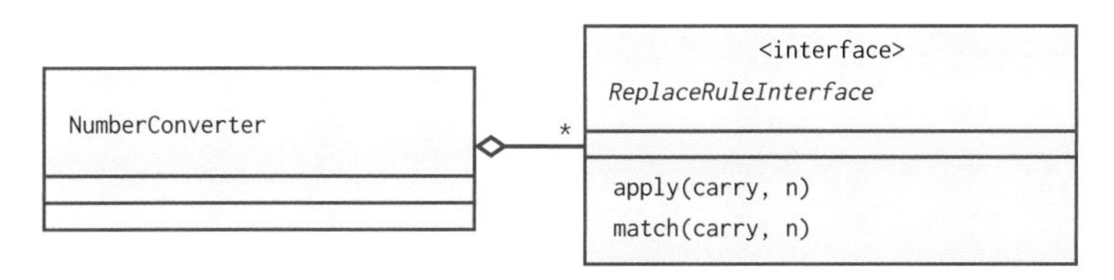

図6-7　設計の仮設(第2案)

コツコツ単純作業でコード修正

インターフェースを書き換えると当然、数多くのシンタックスエラーが起き、テストがすべて壊れます(確かに、抽象度が高く安定を期待するコードを変更すると、依存するコードがすべて巻き添えになりますね)。ひとつひとつ解決していきましょう。

まず手っ取り早いのは、何の問題も抱えていなかったCyclicNumberRuleです(リスト6-45、リスト6-46)。

▼ リスト6-45　CyclicNumberRuleTest修正

```
class CyclicNumberRuleTest extends TestCase
{
    public function testApply()
    {
        $rule = new CyclicNumberRule(0, "Buzz");
        $this->assertEquals("Buzz", $rule->apply("", 0));
        $this->assertEquals("FizzBuzz", $rule->apply("Fizz", 0));
    }

    public function testMatch()
    {
        $rule = new CyclicNumberRule(3, "");
        $this->assertFalse($rule->match("", 1));
        $this->assertTrue($rule->match("", 3));
        $this->assertTrue($rule->match("", 6));
    }
}
```

▼ リスト6-46　CyclicNumberRule修正

```
class CyclicNumberRule implements ReplaceRuleInterface
{
    public function __construct(
        private int $base,
        private string $replacement
    ) { }

    public function apply(string $carry, int $n): string
    {
        return $carry . $this->replacement;
    }

    public function match(string $carry, int $n): bool
    {
        return $n % $this->base === 0;
    }
```

```
}
```

applyは$carryとの合成になります。matchについては何の問題もなかったので$carryと無関係に以前の判定式をそのまま使います。

各テストシナリオには、テストしたいことと無関係な変数が出てきました。この種のものには、明らかにダミー値とわかるものを入れておきます。意味があると思わせる値が残っていると、後から見たときそれが無意味なのかどうか、いちいち考えないといけませんから。

次はNumberConverterのテストの修正です（リスト6-47）。

▼ リスト6-47　NumberConverterTest修正

```
class NumberConverterTest extends TestCase
{
    public function testConvertWithEmptyRules()
    {
        $fizzBuzz = new NumberConverter([]);
        $this->assertEquals("", $fizzBuzz->convert(1));
    }

    public function testConvertWithSingleRule()
    {
        $fizzBuzz = new NumberConverter([
            $this->createMockRule(
                expectedNumber: 1,
                expectedCarry: "",
                matchResult: true,
                replacement: "Replaced"
            ),
        ]);
        $this->assertEquals("Replaced", $fizzBuzz->convert(1));
    }

    public function testConvertCompositingRuleResults()
    {
        $fizzBuzz = new NumberConverter([
            $this->createMockRule(
                expectedNumber: 1,
                expectedCarry: "",
                matchResult: true,
                replacement: "Fizz"
```

```
            ),
            $this->createMockRule(
                expectedNumber: 1,
                expectedCarry: "Fizz",
                matchResult: true,
                replacement: "FizzBuzz"
            ),
        ]);
        $this->assertEquals("FizzBuzz", $fizzBuzz->convert(1));
    }

    public function testConvertSkippingUnmatchedRules()
    {
        $fizzBuzz = new NumberConverter([
            $this->createMockRule(
                expectedNumber: 1,
                expectedCarry: "",
                matchResult: false,
                replacement: "Fizz"
            ),
            $this->createMockRule(
                expectedNumber: 1,
                expectedCarry: "",
                matchResult: false,
                replacement: "Buzz"
            ),
            $this->createMockRule(
                expectedNumber: 1,
                expectedCarry: "",
                matchResult: true,
                replacement: "1"
            ),
        ]);
        $this->assertEquals("1", $fizzBuzz->convert(1));
    }

    private function createMockRule(
        int $expectedNumber,
        string $expectedCarry,
        bool $matchResult,
        string $replacement,
    ): ReplaceRuleInterface {
        $rule = $this->createMock(ReplaceRuleInterface::class);
```

```
        $rule->expects($this->any())
            ->method('apply')
            ->with($expectedCarry, $expectedNumber)
            ->willReturn($replacement);

        $rule->expects($this->atLeastOnce())
            ->method('match')
            ->with($expectedCarry, $expectedNumber)
            ->willReturn($matchResult);

        return $rule;
    }
}
```

createMockRuleは2つのメソッドをモックしないといけないので、パラメーターがずいぶん増えます。matchは必ず一度は評価していないとおかしいのでatLeastOnceのままですが、applyは評価されるかわからないのでanyになっています(評価される場合とされない場合で分けて厳密にチェックすることもできますが、なるべく原型を保ってひとまず動くかたちにするのを目標にします)。

また、各テストのシナリオがtestConvertCompositingRuleResultsとtestConvertSkippingUnmatchedRulesに変わっています。当初はテストファーストで思いついた順に足していったものでしたが、モックのパラメーターのおかげでそれぞれが、ルール適用の結果が合成されていく様子をテストしているのと、マッチせずスキップされるルールがあった場合の流れをテストしているものだということに気付けました。

紙面ではかなり難しいコードになったように見えますが、やりたいことは実はとてもシンプルです。このテストを満たす実装クラスはこうなります(リスト6-48)。

▼ リスト6-48 NumberConvererの修正

```
class NumberConverter
{
    /**
     * @param ReplaceRuleInterface[] $rules
     */
    public function __construct(
        protected array $rules
```

```
    ) { }

    public function convert(int $n): string
    {
        $carry = "";
        foreach ($this->rules as $rule) {
            if ($rule->match($carry, $n)) {
                $carry = $rule->apply($carry, $n);
            }
        }
        return $carry;
    }
}
```

あるいはconvertメソッドはこうでもかまいません(リスト6-49)。

▼ リスト6-49　NumberConverterの修正(別案)

```
    public function convert(int $n): string
    {
        return array_reduce(
            $this->rules,
            function ($carry, $rule) use ($n) {
                return $rule->match($carry, $n) ?
                    $rule->apply($carry, $n) :
                    $carry;
            },
            ""
        );
    }
```

個々の作業はクラスとテストのペアで閉じています。全体を意識する必要がないので、確実にコツコツと作業するだけで修正していけます。

いよいよ問題のPassThroughRuleです。applyは整数を文字列に変換できるかという問題にしか関心がないはずです。既存の"Fizz"を"Fizz3"のようなものに書き換えてしまう予想外の結果も、合成の責務を内包するapplyなら、絶対に出さないと担保できそうな気がします。

▼ リスト6-50　PassThroughRuleTest修正（applyについてのみ）

```
class PassTroughRuleTest extends TestCase
{
    public function testApply()
    {
        $rule = new PassThroughRule();
        $this->assertEquals("1", $rule->apply("", 1));
        $this->assertEquals("2", $rule->apply("", 2));
        // apply は確かに無条件に適用される -> Fizz3 にはならない
        $this->assertEquals("3", $rule->apply("Fizz", 3));
    }

    // testMatch はリスト6-51に
}
```

間違った結果にならないためには、matchのほうで、適用すべきかどうかの判断が適切にできることがポイントです。すでに別のルールが適用されている場合、$carryには有意な文字列が入っているはずなので、とりあえずこれが判定のヒントになりそうです（リスト6-51）。

▼ リスト6-51　PassThroughRuleTest（matchについてのみ）

```
    public function testMatch()
    {
        $rule = new PassThroughRule();
        $this->assertTrue($rule->match("", 0));
        $this->assertFalse($rule->match("Fizz", 0));
    }
```

この2点を満たせる実装は次のようになります（リスト6-52）。

▼ リスト6-52　PassThroughRule修正

```
class PassThroughRule implements ReplaceRuleInterface
{
    public function apply(string $carry, int $n): string
    {
        return (string)$n;
    }

    public function match(string $carry, int $n): bool
```

```
    {
        return $carry == "";
    }
}
```

思ってもいなかったぐらい、圧倒的にシンプルになりました。別のルールがあることを意識したロジックがまったくありません。「整数をそのまま文字列にする」「これを適用するのはまだ空文字列の場合」と、自然言語をそのまま書いたようなコードを得ることができました。第二の仮説はかなり値打ちがあるものだったようです。

プロパティがなくてもオブジェクト

この実装からは、ちょっと別の学びも得ることができます。途中の修正案ではPassThroughRuleに例外的な値を持たせていましたが、そのプロパティがなくなりました。構造化プログラミングのデータ構造のイメージで考える人は、プロパティを持たないオブジェクトには意味がないと考えることがあります。しかしオブジェクト指向では、その実装のバリエーションによっては、プロパティを必要としない、純粋関数のようなオブジェクトも十分にありえます。具象データにメソッドを生やすという枠にとらわれた考え方を捨て、データの有無に関係ない抽象概念をキーにすることが大事です。

シンプルさこそが拡張性

構成する下位モジュールの正しさを保証しなおすことができたので、この時点で勝手に、上位のFizzBuzz全体は成功します。修正するとしても、PassThroughRuleのコンストラクタ引数がもう要らなくなった部分ぐらいでしょう(PHPは余計な引数を無視するので修正しなくても動きます)。もしまだ失敗するようなら、それはFizzBuzzのテストが問題なのではなく、作り変えた下位モジュールの何かの検証に、まだ漏れがある証拠だと言えます。リファクタリングとは、動作を変えずに設計を変えることを意味する言葉でしたよね。全体の動作はむしろ同じでないといけません。

得られたクラス群の使い方を再確認してみましょう。

```
$fizzBuzz = new NumberConverter([
    new CyclicNumberRule(3, "Fizz"),
    new CyclicNumberRule(5, "Buzz"),
    new PassThroughRule(),
]);
$fizzBuzz->convert($n);  // $n は任意の整数
```

いかがでしょう？ 3と5が一度ずつしか登場しなくなりました。それにもまして、オブジェクトの生成が仕様説明とぴったり一致するようになったと言えないでしょうか。

3と5の最小公倍数が登場することもなく、結果がFizzBuzzの語順になる理由は「FizzとBuzzの定義順によってそうなる」と自然に表せています。オブジェクト指向プログラミングによって拡張性を得るというのは、まさにこのような、組み合わせによって何とでもなる部品によって、誤読のない仕様を物語ったコードを常に維持するということです。拡張性の役に立つのは、作り込んだ高度なメカニズムより、元のコードのシンプルさです。

TDDはアーキテクチャを導き出す

センスだけでこのような形の作りが可能だと確信できる人はまれです。というのも、もしセンスでこんなパターンじゃないだろうかという勘がはたらいたとしても、結果の振る舞いでしか検証できなかったら、どこが悪いのかを複数のソースとにらめっこしないといけなくなります。そうこうしているうちに、たいてい途中で心が折れて妥協してしまいます。なにせ仕事は忙しいので。

テスト駆動開発を味方につけた設計には、気づきのヒントが何度も登場しました。実際、筆者もイチからTDDで進めてみなければ、ここまでシンプルなルール実装を書くことはできませんでした。ヒントがあっても気づけなかったらどうするんだと言われればそれまでですが、少なくとも、実際に動くコードで試す感触なしでやるよりは、ずっとチャンスが多いんじゃないでしょうか。プログラムの動作だけで見れば、結果得られるものはBDD的なテスト駆動開発と同じです。しかし、第2の方法を通して、私たちは、何を言われても変わることがない安定抽象と、要求によって変わる具象との分離を得ることができました。TDDは実質的に、振る舞いをテストする以上に、こうした、実動作とは軸の異なる設計のメカニズムを、自信を持って作っていくのに役立ちます。

6-7 テスト駆動の総括

単体テストはボトムアップで信頼性を積み上げるテスト技法です。オブジェクト指向との直接的な関係はありません。げんにxUnitの普及以前から、非オブジェクト指向なライブラリにも自己テストはありました。一方、テスト駆動開発はオブジェクト指向的に設計するための技法です。こちらはまぎれもなく、オブジェクト指向の進化の歴史にあるものです。

振る舞い駆動開発（BDD）との対比によって、テスト駆動開発（TDD）が**設計の技法**だということが端的にわかります。BDDのテストは振る舞いの結果を問い、内部設計の良し悪しを問いません。逆に、TDDのテストはその大部分が内部設計の整合性のために書かれ、実動作よりもアーキテクチャが成立しているかを重視します。

「テストの粒度とクラスの粒度は一致しない」と言われることがあります。確かに、作るものによっては一理ある話ですが、テスト駆動開発においては、ほとんどの場合、クラスとテストケースが一対一に対応するのがよい設計の指針だと、筆者は考えています。テスト駆動開発を設計に活かすなら、自然とクラスの単一責任原則（SRP）を目指すことになり、個々のクラスにひとつの責務を持たせることになるからです。

第7章

依存性注入

テスト駆動開発によって優れたオブジェクトを手に入れることができるとわかりました。が、それはまだ「動くはずとわかった部品」なだけです。いくら良い部品を得ることができても、それらを使って製品を組み立てることができなければ意味がありません。本当に良いオブジェクト指向が良い組み立ての役に立つのかについては、依存性注入という考え方を知るのが近道です。
この章では、順を追ってこの依存性注入を理解していくことにします。まずは手探りで、FizzBuzzを実際のアプリケーションに組み込んで使ってみましょう。目的のアプリケーションは、1から100までの数をFizzやBuzzに変換した結果を表示するコマンドラインプログラムです。

7-1 依存性注入とは

依存性注入(DI: Dependency Injection)とは何かを一言で説明すると、「オブジェクトが使う機能の実体を得る際、その解決を自力で行わず、常に外部から与えるようにすべし」という設計方針です。これだけじゃ、何をどうすることなのかぜんぜんピンと来ませんね。実際の例で理解していきましょう。

前章で作ったFizzBuzzのNumberConverterクラスは、モデルとしては有力ですが、文字列を返すメソッドがある、というところまでしか作っていませんでした。まだ実行できるアプリケーションまでたどり着いていなかったので、動くものにしないといけません。

1から100までのFizzBuzzの結果をコンソールに出力するクラスFizzBuzzSequencePrinterを作り、それを主たるアプリケーション機能と見立てることにします。1や100は例によって「仕様」なので、外部から指定できるパラメーターにしたほうがよさそうです。

▼ リスト7-1　src/App/FizzBuzzSequencePrinter .php

```
namespace FizzBuzz\App;

use FizzBuzz\Core\NumberConverter;
use FizzBuzz\Spec\CyclicNumberRule;
use FizzBuzz\Spec\PassThroughRule;

class FizzBuzzSequencePrinter
{
    public function printRange(int $begin, int $end): void
    {
        $fizzBuzz = new NumberConverter([
            new CyclicNumberRule(3, "Fizz"),
            new CyclicNumberRule(5, "Buzz"),
            new PassThroughRule(),
        ]);
        for ($i = $begin; $i <= $end; $i++) {
            printf("%d %s\n", $i, $fizzBuzz->convert($i));
        }
    }
}
```

▼ リスト7-2　src/App.php

```
namespace FizzBuzz;

use FizzBuzz\App\FizzBuzzSequencePrinter;

class App
{
    public static function main(): void
    {
        $printer = new FizzBuzzSequencePrinter();
        $printer->printRange(1, 100);
    }
}

require __DIR__ . '/../vendor/autoload.php';

App::main();
```

強すぎる結合は扱いにくい

確かに、このFizzBuzzSequencePrinterを使ったアイデアは実行できるプログラムになります。が、オブジェクト指向プログラミングの観点で、果たして良いアイデアと言えるでしょうか。

FizzBuzzSequencePrinterはprintRangeメソッドの内部で、NumberConverterや各種ルールのインスタンスを自力で生成しています。もしFizzBuzzSequencePrinterの単体テストをしておきたいと思ったらどうなるでしょうか。FizzBuzz\AppとFizzBuzz\CoreおよびFizzBuzz\Specパッケージの間に、具象の振る舞いのレベルで強い依存関係ができています。つまり、サブモジュールの変更影響を直接受ける上位構造になるということです。

パッケージをまたいだ変更影響が及ぶのは、できるだけ避けておきたいところです。FizzBuzzSequencePrinterの単体テストが、別のパッケージに含まれるNumberConverterの変更によって、知らない間に失敗してしまうのは、あまり良いパッケージ分離とは言えません。

また、このプログラムは文字を出力します。外部にデータを出力しきってしまう機能は、単体テスト困難なものの代表です。単体テストは、返された結果やモックオブジェクトのメソッド呼び出しを検証するのは得意ですが、外に出てしまうものを検証するのは苦手です。

詳細への結合を避ける

こうした、モジュールの変更影響や検証しにくい動作の厄介さを切り離すには、それらの課題を内部から追い出すのが得策です。焦点を当てたクラスには、固有のロジックとそのための設計だけを残すようにします。FizzBuzzSequencePrinterは、NumberConverterの何らかのインスタンス（どのようなルールで構成されているかわからない）およびOutputInterfaceの何らかのインスタンス（インターフェースを実装するクラスは何かわからない）を、外部からコンストラクタで受け取ることにしておきましょう。こうしておけば、それらの詳細の変更影響を受けなくなります（リスト7-3）。

▼ リスト7-3　FizzBuzzSequencePrinter（改良）

```
namespace FizzBuzz\App;

use FizzBuzz\Core\NumberConverter;

class FizzBuzzSequencePrinter
{
    public function __construct(
        protected NumberConverter $fizzBuzz,
        protected OutputInterface $output
    ) { }

    public function printRange(int $begin, int $end): void
    {
        for ($i = $begin; $i <= $end; $i++) {
            $text = $this->fizzBuzz->convert($i);
            $formattedText = sprintf("%d %s\n", $i, $text);
            $this->output->write($formattedText);
        }
    }
}

interface OutputInterface
{
    public function write(string $data): void;
}
```

これなら、モックオブジェクトを使って、「依存を意図どおりコールしていればよい」というテストシナリオを書くことができます(もちろんTDDで作るなら逆順ですが、今回は理解を優先します)。

▼リスト7-4　test/App/FizzBuzzSequencePrinterTest.php

```
namespace FizzBuzz\App;

use FizzBuzz\Core\NumberConverter;
use PHPUnit\Framework\TestCase;

class FizzBuzzSequencePrinterTest extends TestCase
{
    public function testPrintNone(): void
    {
        $converter = $this->createMock(NumberConverter::class);
        $converter->expects($this->never())->method('convert');

        $output = $this->createMock(OutputInterface::class);
        $output->expects($this->never())->method('write');

        $printer = new FizzBuzzSequencePrinter($converter, $output);
        $printer->printRange(0, -1);
    }

    public function testPrint1To3(): void
    {
        $converter = $this->createMock(NumberConverter::class);
        $converter->expects($this->exactly(3))->method('convert')
            ->will($this->returnValueMap([1, "1"], [2, "2"], [3,
"Fizz"]));

        $output = $this->createMock(OutputInterface::class);
        $output->expects($this->exactly(3))->method('write')
            ->withConsecutive(["1 1\n"], ["2 2\n"], ["3 Fizz\n"]);

        $printer = new FizzBuzzSequencePrinter($converter, $output);
        $printer->printRange(1, 3);
    }
}
```

使用の責務・生成の責務

こうして外部から具象インスタンスを与えられる形にしたものは、それ自身の責務以外に関心を払わなくて済む閉じた形になります。つまり、正しくオブジェクトのインスタンスを生成して構築することが別の責務に分離されたということです。電子工作などで、メーカーが別売りの各部品がそれぞれきちんと動作すると保証しているかと、それらをどう買い集めて組み立てるかは、まったく別のフェーズにある問題ですね。

オブジェクトを活かす文脈では、使うオブジェクトのインターフェース仕様(抽象)にしか関心を払わないようにします。これを逆に言えば、使われるオブジェクトは、自身がどのように組み立てられるかを気にしないということです。この割り切りで独立性を確保したクラスだからこそ、具象のインスタンスを別の多態に切り替えることを活かした、多様な組み立てに期待できます。

依存チェーン

依存を注入する準備はできました。「与えられたインスタンスを使うだけのロジック」から追い出された部分＝生成を、依存性注入の考え方で補っていきましょう。生成に関する知識をできるだけていねいに分けて実装したクラスは、リスト7-5のようになります。

▼ リスト7-5 src/FizzBuzzAppFactory.php

```
namespace FizzBuzz;

use FizzBuzz\App\FizzBuzzSequencePrinter;
use FizzBuzz\App\OutputInterface;
use FizzBuzz\Core\NumberConverter;
use FizzBuzz\Spec\CyclicNumberRule;
use FizzBuzz\Spec\PassThroughRule;

class FizzBuzzAppFactory
{
    public function create(): FizzBuzzSequencePrinter
    {
        return new FizzBuzzSequencePrinter(
            $this->createFizzBuzz(),
            $this->createOutput()
```

```
        );
    }

    protected function createFizzBuzz(): NumberConverter
    {
        return new NumberConverter([
            $this->createFizzRule(),
            $this->createBuzzRule(),
            $this->createPassThroughRule(),
        ]);
    }

    protected function createFizzRule(): ReplaceRuleInterface
    {
        return new CyclicNumberRule(3, "Fizz");
    }

    protected function createBuzzRule(): ReplaceRuleInterface
    {
        return new CyclicNumberRule(5, "Buzz");
    }

    protected function createPassThroughRule(): ReplaceRuleInterface
    {
        return new PassThroughRule();
    }

    protected function createOutput(): OutputInterface
    {
        return new ConsoleOutput();
    }
}

class ConsoleOutput implements OutputInterface
{
    public function write(string $data): void
    {
        echo $data;
    }
}
```

FizzBuzzAppFactoryの各メソッドは、newを一度だけ行います。そのとき、適切なコンストラクタパラメーターは何なのかを知識として持っています。よく見ると、多くのパラメーターは他のメソッドの呼び出し、つまり別のインスタンスであることがわかります。このオブジェクトがあれば、あとはcreate()を呼ぶだけで、必要とするFizzBuzzSequencePrinterのインスタンスが得られます。

▼ リスト7-6　FizzBuzzSequenceFactryを使ったApp

```
namespace FizzBuzz;

class App
{
    public static main(): void
    {
        $factory = new FizzBuzzAppFactory();
        $printer = $factory->create();
        $printer->printRange(1, 100);
    }
}

require __DIR__ . '/../vendor/autoload.php';

App:main();
```

「オブジェクトを生成する」という行為をすべて、このファクトリクラスのメソッドに置き換えて考えることで、ほとんどのコードが、完成品のオブジェクトを使うことしか考えなくて済むようになります。依存を使うことしか考えていないクラスは、同時に、他のオブジェクトの依存インスタンスにもなります。さらにそのクラスも同様に……と、シンプルに一般化した再帰的な原理だけで、全体の構造ができている形が見えてきます。アプリケーション全体をこの方法で構築すれば、依存が連鎖的につながり、最上位でたったひとつのルートオブジェクトにたどり着きます。

依存性は外部の何者かに注入してもらう

どれだけ複雑な構造物でも、一定のルール（依存は外部から与えられる）に従っていれば、依存オブジェクトを使うことに集中すべきクラス実装から、生成と構築に関する知識をすっかり排除できます。依存オブジェクトは他の誰かに与えてもらえる形を徹底するこの考え方が、**依存性注入＝DI（Dependency Injection）**です。

- 実装＝依存するインスタンスは外部から与えてもらう前提で無責任に作る
- 生成＝適切な依存インスタンスを取得して注入済みで使用者に与える
- 使用＝取得または与えられたインスタンスは完成しているのであとは使うだけ

DIを徹底することで、各クラスの実装は、外部のクラスの使用方法、つまりインターフェースにだけ依存する独立性の高い形になります。そうしたクラスをこのシンプルな考え方で数珠つなぎにしてやることで、どれだけ複雑な構造物を作っても、複雑さが組み合わせの掛け算で効いてくる辛さを忘れて、個々の部分の閉じたシンプルな関係だけを考えれば済むようになります。

オブジェクト指向の醍醐味は、抽象を共有したインスタンスの多態性です。オブジェクトを使用するときは"Tell, Don't Ask"（言え、聞くな）であるべきと言われます。実体がどうなっているかの詳細をいちいち気にせず、使うのに必要な最小限のインターフェースで端的に**使うだけ**を意図するコードを書くほうが、間違いが減り、単体テストも簡単になります。実際に実機能として何が起きるのか、与えられたインスタンスが他のどんなオブジェクトを使うのか、そうした詳細については、カプセル化による隠蔽に委ねてしまいます。

可読性も拡張性も

ダメ押しですが、ふたたび、次のどちらのロギングライブラリがよいかを考えてみてください。

一方はデバッグモードかどうかによってログを残すか残さないかをif文で表すもの（リスト7-7）、もう一方は、デバッグモードを公開しないインターフェースとなっており（リスト7-8）、デバッグ用のログを書けと言うだけで、それが実際に書かれるかどうかわからないもの、となっています。

▼ リスト7-7　デバッグモード分岐が必要なロギング

```
public function someProcess()
{
    if ($this->app->isDebugMode()) {
        $this->logger->log("開始しました");
    }
    // 処理のメイン
    if ($this->app->isDebugMode()) {
        $this->logger->log("終了しました");
    }
}
```

▼ リスト7-8　デバッグモード分岐が必要ないロギング

```
public function someProcess()
{
    $this->logger->debug("開始しました");
    // 処理のメイン
    $this->logger->debug("終了しました");
}
```

ロガーの詳細がデバッグ用のものなのか本番用のものなのかを使用者が気にせずに済む方が、圧倒的にスッキリしますね。動作モードには後でステージングモードが増えるかもしれません。後者なら、使い方を何も書き換える必要がありません。拡張に対して開放された設計でありながら、変更に対して閉じていること(OCP)は、オブジェクト指向を使う目的に関わる大原則でしたね。

独立性・単体テスト・DI

DIという概念を認識することで、機能の拡張性確保は、シンプルなオブジェクトの構成でやることだと考えられるようになります。使用者のロジックを書き換えなくても、抽象に依存することで、生成する具象の多態性を活かせると確信できるからです。**使用と生成の分離**を理解すれば、複雑なハードコードのせいで硬直した設計に陥るリスクが、格段に下がります。

FizzBuzzは単体テストの時点ですでにDI可能になっていました。これは、意図的にそうしたわけではなく、責務の委譲を素朴に書いただけですが、同時に単体テストも素直にできました。単体テストしやすいクラスであることと、DI可能なクラスであるということには、正の相関があります。DIを単に「単体テストのためにやること」といった目的観で考えるのは視野狭窄ではあるのですが、単体テストがアーキテクチャへの気づきの手段として、とても有用なのは間違いありません。単体テストは目的ではありませんが、DIによる柔軟性とシンプルさを得たい開発者にとって、強い味方になります。単体テストと相性が良いシンプルなクラスは、結果としてDIとも相性が良くなります。

7-2 DI コンテナ

コンテナの必要性

依存性注入の考え方は、基本的には、求めるほうからたどっていく連鎖的なインスタンス生成です。が、実はこれだけではまだ、パフォーマンス上の問題があります。異なる経路で二度三度同じ構成要素を求められた際、いちいち新規のインスタンスを生成していると、メモリを無駄に消費することになります。変化する状態を持たない(イミュータブルな)オブジェクトは、別々のインスタンスでも同じ結果しか返さないので、複数のインスタンスを生成する意味がありません。プログラムロジックでこの無駄をなくすには、いちいちこんな工夫をしないといけません(リスト7-9)。

▼ リスト7-9　ムダをなくすためには？

```
class FizzBuzzAppFactory
{
    private ?ReplaceRuleInterface $fizzRule = null;

    public function createFizzRule(): ReplaceRuleInterface
    {
        // なければ生成、あれば再利用
        if (!$this->fizzRule) {
            $this->fizzRule = new CyclicNumberRule(3, "Fizz");
        }
        return $this->fizzRule;
    }
```

すべてのインスタンス生成についてこんなロジックを書くのでしょうか。ロジックが入ってしまうと、設定ミスのレベルではすまないバグが入るかもしれません。せっかく生成を単体テストの対象から分離したのに、ロジックをテストしておきたくなるのは本末転倒です。しかもですよ、FizzBuzzAppFactoryはいったいどれだけ多くのクラスに直接依存しているでしょう……。とてもじゃないけど単体と言えるサイズではありません。なにより、こんな退屈な作業を大規模アプリケーションでやるなんて、どれだけ非生産的なのでしょう。

この問題を解決するのにちょうどいいのが、DIコンテナと呼ばれる技術です。DIコンテナはオブジェクトの生成と構成を一般化したフレームワークです。JavaではSpring IoCやGoogle Guiceなどが有名ですし、PHPでもWebフレームワークのDIコンテナはよく使われる技術です。本書ではSymfonyのServiceContainerの例を紹介します。

column ›› 「DI or IoC」

DIコンテナと似た言葉にIoCコンテナという言葉もあります。IoCはInverse of Control、「制御の反転」の略です。制御の反転というのは、依存関係逆転原則（DIP）に機能性を加えたようなものとイメージしてください。IoCコンテナとDIコンテナを別の名前の同じものと考える人もいますし、IoCコンテナの依存関係側面だけをDIコンテナと呼ぶ人もいます。本書では、依存と設計思想に着目するために、一貫してDIコンテナと呼ぶことにします。

Symfony ServiceContainerの例

ServiceContainerはPHPの標準的なパッケージマネージャのComposerでインストールできます。開発環境でのみ実行されるものではないので、--devオプションは付けません。同時に必要な他のライブラリもインストールします。

```
composer require symfony/config symfony/dependency-injection symfony/yaml
```

FizzBuzzAppFactoryを削除し、その置き換えとして設定ファイルconfig/services.yamlを書きます。

▼ リスト7-10　config/services.yaml

```
services:
  FizzBuzz\App\FizzBuzzSequencePrinter:
    public: true
    arguments:
      $fizzBuzz: '@FizzBuzz\Core\NumberConverter'
      $output: '@FizzBuzz\App\OutputInterface'

  FizzBuzz\Core\NumberConverter:
    arguments:
      $rules:
        - '@fizzbuzz.rule.fizz'
        - '@fizzbuzz.rule.buzz'
        - '@FizzBuzz\Spec\PassThroughRule'

  fizzbuzz.rule.fizz:
    class: FizzBuzz\Spec\CyclicNumberRule
    arguments: [3, 'Fizz']

  fizzbuzz.rule.buzz:
    class: FizzBuzz\Spec\CyclicNumberRule
    arguments: [5, 'Buzz']

  FizzBuzz\Spec\PassThroughRule: ~

  FizzBuzz\App\OutputInterface:
    class: FizzBuzz\ConsoleOutput
```

すでにFizzBuzzAppFactoryを知っている読者のみなさんは、記法がわからなくても意味が読めるのではないでしょうか。

基本的には、services直下のレベルはコンテナへの登録名になります。名前で管理されるオブジェクトがどのように生成されるかをその中に書きます。DIコンテナとは、このような宣言的な設定ファイル等(アノテーションを使った、設定ファイルがほとんど必要ないスタイルも流行りです)をもとにして、FizzBuzzAppFactoryが行っていたインスタンス生成と同じことをしてくれるエンジンです。しかも、インスタンスの重複生成を防止する管理機能もついてきます。

コンテナ設定ファイル詳細

PHPでは、ある型のインスタンスがシステム内にひとつしか生成されない場合、キーに使う名前としてクラス名を使う習慣があります。ServiceContainerをはじめ多くのPHPのDIコンテナでは、この「クラス名＝登録名」を、生成するクラスインスタンスのデフォルトの名前としています(リスト7-11)。

▼ リスト7-11　登録名

```
# class を明示的に書く書式
FizzBuzz\App\OutputInterface:
  class: FizzBuzz\ConsoleOutput

# 登録名と同じ場合は class を省略できる
FizzBuzz\App\FizzBuzzSequencePrinter:
  arguments:
    $fizzBuzz: '@FizzBuzz\Core\NumberConverter'
    $output: '@FizzBuzz\App\OutputInterface'
```

argumentsはコンストラクタ引数です。名前で指定しても配列で指定してもかまいません。コンテナ内の別のインスタンスを参照するのは「@＋ コンテナ登録名」です。ServiceContainer特有ですが、YAMLで書く都合で、すべての詳細を省略できる場合には、その内容を~とだけ書いておく必要があります(リスト7-12)。

▼ リスト7-12　内容省略

```
FizzBuzz\Spec\PassThroughRule:〜
```

fizzbuzz.rule.fizzとfizzbuzz.rule.buzzはクラス名ではありません。同じクラスのインスタンスを複数作る場合は、仕方ないので別途ユニークな名前を使っておきます（リスト7-13）。

▼ リスト7-13　同じクラスから作られる別のインスタンス

```
fizzbuzz.rule.fizz:
  class: FizzBuzz\Spec\CyclicNumberRule
  arguments: [3, 'Fizz']

fizzbuzz.rule.buzz:
  class: FizzBuzz\Spec\CyclicNumberRule
  arguments: [5, 'Buzz']
```

FizzBuzzSequencePrinterにだけpublic:trueが付いていますが、これは説明するまでもないでしょう。ここがオブジェクト構造のルートであり、唯一コンテナ外から取得できるノードです。

ServiceContainerはとても機能豊富なDIコンテナなので、これで十分に説明できているとはとても言えませんが、ひとまずFizzBuzzAppFactoryを再現するには十分です。

PHPからDIコンテナを利用する

YAML定義ファイルを利用して、オブジェクトグラフ構造のルートを取得し、使ってみましょう（リスト7-14）。

▼ リスト7-14　DIコンテナを使ったApp

```
namespace FizzBuzz;

use FizzBuzz\App\FizzBuzzSequencePrinter;
use Symfony\Component\Config\FileLocator;
use Symfony\Component\DependencyInjection\ContainerBuilder;
use Symfony\Component\DependencyInjection\Loader\YamlFileLoader;
```

```
class App
{
    public static function main(): void
    {
        $containerBuilder = new ContainerBuilder();
        $loader = new YamlFileLoader(
            $containerBuilder,
            new FileLocator(__DIR__ . '/../config')
        );
        $loader->load('services.yaml');
        $containerBuilder->compile();

        $containerBuilder
          ->get(FizzBuzzSequencePrinter::class)
          ->printRange(1, 100);
    }
}
```

containerBuilder->get()によって得られたオブジェクトが、即座に使える構築済みのものである点は、以前とまったく同じです。

高度な技術を使った方が簡単

少し難しくなってきましたか？　たしかに、ひとつの素朴な道具で作業するのに比べて、別の道具の使い方を習得して使い分けるのは高度です。しかし、この少しの高度さを乗り越えるほうが、後々に肥大化したコードのスパゲティに由来する苦労より何倍もマシです。

本格的なアプリケーションには、FizzBuzzの例の何十倍もの規模の構成要素が登場します。単一のファクトリクラスがそれらをすべて抱えていると、途方もないメソッド量になります。かといって、生成ロジックを依存関係がある複数の要素に分けると、また設計問題を抱えてテストをどうするのかとなります。設定ファイルであれば、ロジックにバグが入る心配なしで、追加的に生成方法を拡張していけます。Symfony ServiceContainerは複数のYAMLファイルをロードして結合することもできます。

実際のところ、現代のプログラミングでは、最初からDIコンテナを選択するのが普通です。大規模なアプリケーションを想定したフレームワークには通常、何らかのDI的な仕組みがあります。自作は理解を得るための車輪の再発明ではありましたが、意義はもう理解しました。同じことをより効率的にできる道具がすでにあるなら、自作なんかせず、枯れた道具を使うべきですね。

アンチパターン:サービスロケーター

たいていのフレームワーク製品にはDIコンテナのような仕組みがあります。が、ひとつ気をつけないといけないのは、コンテナではあってもDIのコンセプトにそぐわない場合もあるということです。DIの考え方では、コンテナの管理下に入るすべてのクラスには、外部から依存インスタンス注入をする形になります(例外はアプリケーションのトップレベルだけ)。外部から与えられていないオブジェクトを自主的に取りに行って使うのは、DIという考え方に反しています。

DIと似て非なるものとして、オブジェクトインスタンスのコンテナを、**サービスロケーター**と呼ぶ考え方があります。サービスロケーターは、必要な依存物を外から与えるDIと異なり、各クラス内のロジックが、能動的にコンテナから依存物を取得して使うやり方です(リスト7-15)。

▼ リスト7-15　サービスロケーターのパターン

```
public function someFeature()
{
    global $serviceLocator;
    $serviceLocator->get(AnotherFeature::class)->run();
    // 同様に NG: AnotherFeatureHelper::run();
    // 静的メソッドにサービスロケーターを隠蔽しても本質的には同じ
}
```

これを多用するのはアンチパターン(知らないと陥りがちな間違い)です。たしかに、直接実装クラスを名指しで生成してはいないので、実装を別の多態に差し替えることはできます。が、単体テストしやすいかどうかをよく考えてみてください。テスト用のモックオブジェクトをどうやって与えますか(コンテナ全体をモックにするなんてばかげたことは考えないように)。

また、開放閉鎖原則(OCP)に準拠した拡張性についても考えてみてください。もし、ひとつでいいと思っていたのに、FizzのルールとBuzzのルールのように、同じクラスの複数のインスタンスを使い分けないといけなくなったら、変更をせずに済むでしょうか?　後から、同じタイプのデータベース接続が複数必要になることは、よくありますよ。

サービスロケーターには、不便なだけではすまない別の懸念もあります。それは、依存が手続きの中に埋もれてしまうということです。素直にDIしやすいクラスは、コンストラクタなどに依存がリストアップされるので、何に依存しているのかが一目瞭然です。が、サービスロケーターを使うと、一度「コンテナを使う」と言ってしまったが最後、どのメソッドの中に依存があるかわからなくなります。しかも、手続きの手直しのついでに、何のことわりもなく、システム中のあらゆるものに自由にアクセスできてしまいます。サービスロケーターを乱用すると、誰も気づかないうちに密結合の塊ができてしまい、そこから関係のスパゲティ化、アーキテクチャの硬直が始まります。

サービスロケーターのパターンは、アプリケーションルートや、それに近い表層コードだけに限定するか、仮に深いところで使ったとしても、生成の事情だけを担う限られたクラスでだけに許される、特殊なアクセスであることを、肝に命じておきましょう。仮にフレームワークにDIコンテナがなくても、依存は取りに行くものではなく、与えられるものだ、という意識でクラスを書くのが良い疎結合設計です。

7-3 オートワイヤリング

DIコンテナには、自明なオブジェクト生成設定の記述を省略できるものがあります。オブジェクト間の依存関係を自動的に結びつけることから、**オートワイヤリング**と呼ばれます。

コンテナ設定を最適化してみる

たとえばSymfonyのServiceContainerでは、コンストラクタ引数のないクラスであれば、求められたクラスを**new**するだけというのが自明なので、コンフィグ定義に記述しなくても済みます。

▼リスト7-16 省略できる登録

```
# 削除できる
FizzBuzz\Spec\PassThroughRule: ~
```

さらに、コンストラクタ引数の各項目についても、求める型のオブジェクトインスタンスを型宣言から機械的に一意決定できる場合は、記述を省略できます。

▼リスト7-17 省略できるコンストラクタ引数

```
FizzBuzz\App\FizzBuzzSequencePrinter:
  public: true
  # 削除できる ↓↓↓
  arguments:
    $fizzBuzz: '@FizzBuzz\Core\NumberConverter'
    $output: '@FizzBuzz\App\OutputInterface'
  # 削除できる ↑↑↑
```

また、これは可能なものとそうでないものがあるのですが、Symfonyの場合、「インターフェースと実装クラスの対応づけ」についても、実装がひとつ明確に決定できる場合には、省略できます。

▼リスト7-18 省略できるインターフェースと実装の対応づけ

```
# 削除できる
FizzBuzz\App\OutputInterface:
  class: FizzBuzz\ConsoleOutput
```

これらの省略を可能にするには、ちょっと特殊な項目を追加する必要があります。デフォルトでオートワイヤリングがオンだという設定と、名前空間とファイルパスの対応づけです（PHPはその仕組み上、存在するクラスのリストを得るのにどうしてもファイルスキャンが必要なので）。

```
services:
  _defaults:
    autowire: true

  FizzBuzz\:
    resource: '../src/*'
```

以上のポイントを修正すると、DI設定ファイルはこうなります。

▼ リスト7-19　config/services.yaml（最適化版）

```
services:
  _defaults:
    autowire: true

  FizzBuzz\:
    resource: '../src/*'

  FizzBuzz\App\FizzBuzzSequencePrinter:
    public: true

  FizzBuzz\Core\NumberConverter:
    arguments:
      $rules:
        - '@fizzbuzz.rule.fizz'
        - '@fizzbuzz.rule.buzz'
        - '@FizzBuzz\Spec\PassThroughRule'

  fizzbuzz.rule.fizz:
    class: FizzBuzz\Spec\CyclicNumberRule
    arguments: [3, 'Fizz']

  fizzbuzz.rule.buzz:
    class: FizzBuzz\Spec\CyclicNumberRule
    arguments: [5, 'Buzz']
```

基本設定（一度決めたら変わらない）が増えたけれど、リファクタリングするたびに書き換えが必要になりそうな部分は、ずいぶん減りました。今後クラスが増えても、自動決定できるならいちいち書き足す必要もなさそうです。

透明になるボイラープレート

「なんだ退屈な記述を減らすコード短縮テクニックか」と思ってしまうと、オートワイヤリングの価値を見落としてしまうので気をつけてください。省ける記述を省いた結果を見直してみましょう。コンフィグに残ったのは、特別にインスタンスの組み合わせをカスタマイズしたい内容と、何かアプリケーション固有のパラメーターを与えたい内容だけになりました。

大事な設定が冗長なコードに埋もれてしまうのはリスクです。例示したアプリケーションはまだ規模が小さいので効果がわかりにくいかもしれませんが、アーキテクチャの層が多いアプリケーションになると、アプリケーション固有の設定値よりも、インスタンス間の自明な関係づけがDIの仕事の大部分を占めます。オートワイヤリングの例として、7つのクラス、4つのパッケージでできたシンプルな階層アーキテクチャを考えてみます(図7-1)。

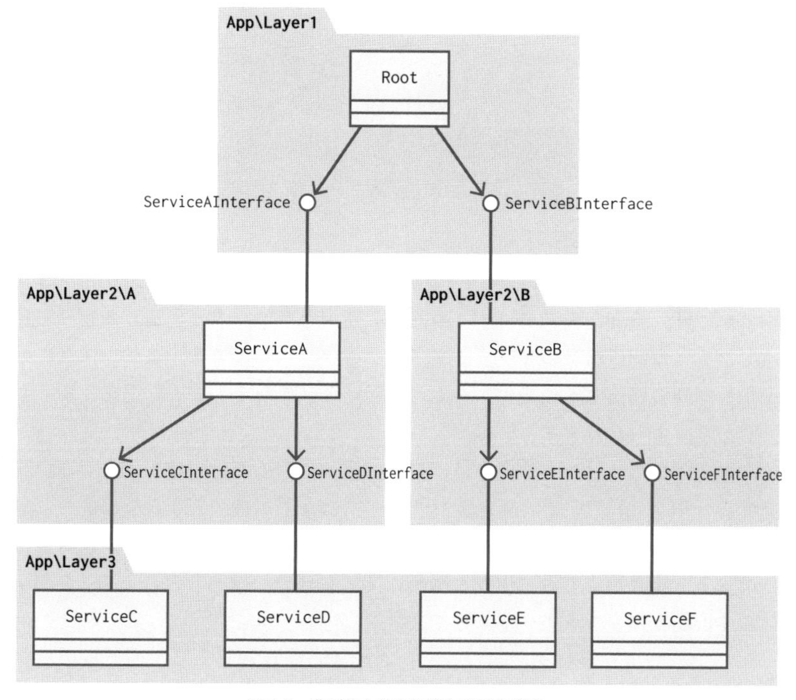

図7-1　典型的な依存性逆転(DIP)構造

典型的な依存性逆転（DIP）構造です。Rootは独立しており、同パッケージ内のServiceAInterfaceとServiceBInterfaceに依存しているだけです。App\Layer2\AとApp\Layer2\Bがそれぞれのインターフェースを実装しています。

ビジネスロジックは業務の知識だけを含むべきなので、ローレベルなIOやデバイス制御などの具体的振る舞いにかかわるコードを含みたくありません。やはりそれらも抽象にしておき、具象はApp\Layer3で実装します（Layer1/2/3やServiceA/B/C/D/E/Fといった命名はもちろん説明用なので、ホントはちゃんと意味のある命名をしないとだめですよ）。

アプリケーションのエントリポイントがRootクラスのインスタンスを使おうとしたとき、ServiceContainerのコンフィグの量はどの程度必要になるでしょう？　なんと、答えはたったこれだけです。

```
services:
  _defaults:
    autowire: true

  App\Root:
    resource: '../src/*'

  App\Layer\Root:
    public: true
```

繰り返しになりますが、オートワイヤリングに任せきれたDIの生成コンフィグには、特別なカスタマイズや固有の運用パラメーター設定しか残りません。クラスの関係設計のリファクタリングをいくらやっても、コンフィグファイルを同時に修正する作業や、そのとき記述ミスをしてしまう心配を、まったくしなくてよくなります。

この自動化のメリットは、単純にひと仕事楽になるだけではありません。開発者の仕事が、「クラスにコンストラクタ引数を設けるだけ」で済むようになると、作業の独立性がとても高くなります。つまり、複数の開発者が同時並行でコードを書き換えても、生成と構築に関する部分でコードのコンフリクトを起こす心配がなくなるということです。

DIコンテナの存在は透明になっていきます。単に単体として完成度の高いコードを書くだけで済み、クラスと単体テストだけに集中して、完成度の高い疎結合設計をやっていけるようになります。

ひとつの抽象、ひとつの具象

「メリットはわかるんだけど、ちょっとこれって……」と、図7-1のレイヤー構造にまだ違和感を持つ人もいるかもしれません。「インターフェースを満たすクラスがひとつだけなのって、意味があるのかな」と。

抽象に対する具象がひとつしかないのは、多態性の観点からすると不思議な気がします。「具象にバリエーションがあってこその抽象なんじゃないのか…？」はい、単一のパッケージ内で閉じている場合には、確かにそのとおりです。閉じた密な関係の中で、わざわざそんな回りくどいことをする必要はまったくありません。けれど、インターフェースを、多態の総称ではなく、パッケージ間の接続点だと考えるとどうでしょう。アーキテクチャ設計のポイントは、パッケージを分けて閉じることと、依存の向きの制御です。

依存は流れに任せるものではなく、より安定した方に恣意的に向けるものでした。そのとき活きてくるのが、クリーンアーキテクチャの正体、依存性逆転原則（DIP）です。「不安定側のクラスに直接依存するのはまずい」というのは、それだけで十分な動機です。

制御と依存を逆転させる目的があるのだから、多態にバリエーションがなくても、決して無意味なんかではありません。

アーキテクチャを成すということ

この「抽象に対応する多態の実装はひとつでもよい」にピンと来るかどうかは、DIコンテナのオートワイヤリングがいかに強力かを理解する重要ポイントです。

たとえば、自動車工場にはエンジンを作るラインと車体を作るラインがあります。自動車のような複雑な構造物は、大小さまざまな部品で作られます。それらの部品がすべて直列に1人の職人によって作られているわけではありません。並列に製造された別々の組み立てラインの部品が合流して、ひとつの製品を作っています。図面上のネジ穴の位置、つまり安定した抽象に合わせることで、バラバラに製造された部品でも、最後に間違いなく組み上げられます。また、古くなった自動車部品の修理交換が可能なのも、組み立て時の規格に合う新しい修理部品が製造できるからです。

別々に作れるという独立性は、プロジェクト規模が個人の短期開発でなくなったとき、大きな力になります。依存性注入という設計方針は、この別々に作れる体制を確保するのに大きく貢献する概念です。単体テストは、その設計を見いだし、確かにできるはずと確認するのに最適なツールです。この関係を通じて、単体テストがテストしている事柄のほとんどは、実挙動ではなくアーキテクチャの設計であると、再確認できるのではないでしょうか。

第8章 デザインパターン

ここまでは原則とTDD・DIを通じ、オブジェクト指向が普及した現代において、すべてのソフトウェアアーキテクチャ設計が共通して持つ基本コンセプトを見てきました。それはソフトウェアの幹となる部分です。けれど幹だけでは木になりません。この章では葉をつけるための枝について、デザインパターンを通して考えていきましょう。

8-1 原則の先へ

モジュール依存関係の静的な構造については、依存性注入（DI）をベースとした設計をテスト駆動開発（TDD）で進めるのが王道でした。これによって、パッケージの原則とオブジェクト指向の原則を守ることが、無駄のない、つまり、安定した部分を確保して、余計なリスクを取らない、良いソフトウェアの作り方につながります。この、開発も保守もしやすいソフトウェア構造には、依存性逆転原則（DIP）が偏在しています。DIPの特徴をレイヤー境界で活かし、より本質的な事柄を安定した中心に据え、より技術的で具体的な課題を周囲から提供するのが、クリーンアーキテクチャという設計方針です。

「基礎となる主軸はわかった。けれど、もっと表現力の豊かさがないと、作りたいソフトウェアを表現できないのではないか」それはまったくそのとおりです。ここまで、本書では意図的に、オブジェクト指向を静的なソフトウェア構造の設計に使う視点で見てきました。なぜならそれは、すべてのソフトウェアアーキテクチャに共通するメリットだったからです。

オブジェクト指向の各種応用方法は、プロジェクトによって必要な場合もあれば、あまり関係がない場合もあり、すべての知識が必ずしも使えるというわけではありません。が、本書の冒頭でも言ったとおり、プロジェクト固有の問題を解決するのがソフトウェア開発の意義です。プログラミング言語の表現力を適切に取捨選択して独自のモデルを表現することこそが、プログラマーの腕の見せどころです。オブジェクト指向は自由自在な表現力を助けるものとして、さまざまな使い方でプログラミングに活用できます。

パターンに学ぶということ

自由な表現力の腕をどうやって磨けばいいのでしょうか。外国語の習得は、文法の基礎を頭で理解すれば何でも話せるようになるわけではありません。それと同じで、頭で考えずに文章が読めるようになったり、言いたいことに対する表現を反射的に出せるようになるには、さまざまな言い回しを見聞きする「パターン学習」が必要です。

他人のパターンからは習慣を学び取れます。また、自分の表現をパターンに落とし込めれば安心できます。何より、パターンという多くの人との共通の語彙を持つことは、コミュニケーション効率の向上につながります。

ソフトウェア設計に関するパターンは**デザインパターン**と呼ばれます。これもアーキテクチャと同じく建築用語を借りています。さまざまなソフトウェア技術に関するデザインパターンがある中で、本書では、デザインパターンという言葉が最初に使われた名著、「再利用可能なオブジェクト指向ソフトウェアの要点[注1]」とサブタイトルが付いたデザインパターン、いわゆるGoF本（4人の執筆者がGang of Fourと呼ばれた）から例を拝借して、読者のみなさんがパターン学習を進めていくための最初の一歩にしていこうと思います。

GoFのデザインパターン

GoFのパターンは決して新しいものではありません。初版の出版は1994年、邦訳版が1999年です。Javaの登場は1995年のことです。デザインパターンはその頃のオブジェクト指向ブームをベースに書かれました。内容的には、Smalltalkの文化に少しアイデアを借りてC++のコードにどう落とし込むかという進め方で書かれています。コンセプトが根本的に間違っているというほどではありませんが、やはり時代の違いのせいで、現代的なソフトウェア開発では読み替えが必要だったり、重要度がアンバランスだったりする項目が目立ちます。とはいえ、そこに書かれた洞察には時代を超えた普遍性があり、現在もなお、この本が選んだ語彙のいくつかは、まったく衰えない影響力を持っています。

この章では、デザインパターンを利用してオブジェクト指向を復習をしていきます。なお、本書では意味づけを理解しやすくするために、GoFとは異なる分類と順序を採用しています。本書での目的は、すべてのパターンの習得ではなく、いくつかのパターンを通じてオブジェクト指向への認識を再確認し、多様な設計のヒントにすることです。

8-2 名前を持つ概念

オブジェクト指向プログラミングにおいて、クラスは、データ構造や手続きのまとまりといった実体以前に、概念の単位でなければなりません。具象の実体よりも抽象の意味が優先します。そして、意味と名前には密接な関係が存在します。人が意味を認識するとき、真っ先に効いてくるのが名前から受け取る

注1　邦訳版のタイトル『オブジェクト指向における再利用のための……』ではなく、原著の英文 "Elements of Reusable Object-Oriented Software" に準じています。

印象です。

ここでは、誰もが共通した意味を連想する名前、Iteratorパターンを紹介します。

Iterator

Iteratorパターンは、オブジェクトの集合のうち、「要素を列挙する概念」だけを抜き出したパターンです。C言語より後のほとんどの言語には、組み込みのイテレータが何かしらあるので、もうすっかりお馴染みですね。PHPのIteratorの定義は、このようなインターフェースになっています(リスト8-1)。

▼ リスト8-1　PHPのIterator定義インターフェース

```
interface Traversable { }

interface Iterator extends Traversable
{
    public function current(): mixed;
    public function key(): mixed;
    public function next(): void;
    public function rewind(): void;
    public function valid(): bool;
}
```

PHPのTraversableインターフェースは、foreach構文で扱うことができることだけを表しています。具体的な、「現在の値を取得」「次の項目に進む」といった振る舞いは、Iteratorの各メソッドが担います。自作オブジェクトの内部データをスキャンできるものを、このIteratorインターフェースを満たすオブジェクトとして作れば、どんなデータ構造のものでもforeach構文で扱うことが可能になります(リスト8-2)。

▼ リスト8-2　PHPのIterator利用例

```
class MyDataStructure implements IteratorAggregate
{
    public function getIterator(): Iterator
    {
        // 内部のinternalDataの構造を隠蔽しつつ、イテレータで要素を
        // 列挙できるようにする
        return new MyDataStructureIterator($this->internalData);
```

```
    }
}

class MyDataStructureIterator implements Iterator
{
    // Iteratorのメソッドを実装する
}

// $myDataStructureはMyDataStructureのインスタンス
foreach ($myDataStructure->getIterator() as $element) {
    //
}
```

ちなみにPHPではリスト8-3のように、IteratorAggregateインターフェースを実装していると、->getIterator()の部分を省略して書くこともできます。

▼ リスト8-3　getIterator()の省略

```
foreach ($myDataStructure as $element) {
    //....
}
```

配列のループにとどまらない概念

「でもPHPはarrayを直接foreach構文で回せるんだから、getIterator()よりもtoArray()のようなメソッドのほうが楽なんじゃないか……」と思う人もいるかもしれませんね。そこにまさに、具象と抽象の取り違えが潜んでいます。

イテレータは配列ループ用のサブ概念ではなく、配列よりも抽象度の高い概念です。arrayをそのまま扱う関数と、IteratorとしてArrayIterator（配列にIteratorオブジェクトとしてアクセスする）を受け取る関数を比較してみましょう（リスト8-4、リスト8-5）。

▼ リスト8-4　arrayをそのまま受け取る関数

```
function showAll(array $array)
{
    foreach ($array as $n) {
        echo $n . "\n";
    }
```

```
}

showAll([1, 2, 3]);
```

▼ リスト8-5　ArrayIteratorを受け取る関数

```
function showAll(Iterator $iterator)
{
    foreach ($iterator as $element) {
        echo $element . "\n";
    }
}

showAll(new ArrayIterator([1, 2, 3]));
```

直接arrayを使わず、一度Iteratorを仲介するやり方は、回りくどいだけではないかと感じましたか？　ではIterator版に、フォルダ内のファイルを列挙するFilesystemIteratorを組み合わせると(リスト8-6)、今度はどうですか？

▼ リスト8-6　FilesystemIteratorを渡して使う

```
showAll(new FilesystemIterator(
    './',
    FilesystemIterator::CURRENT_AS_PATHNAME
));
```

ファイルシステムへのアクセスは、メモリ上の整数の並びなんかよりもはるかに遅い処理です。すべてのファイル名をarrayに変換していると、全ファイル列挙をかなりの時間待つ必要があります。開発者の予想を超えた数のファイルが入ったフォルダをスキャンする利用者がいるかもしれません。全ファイル情報を格納した配列は非常に多くのメモリを消費します。FilesystemIteratorを受け取れるなら、ファイル名表示に使ったあと、すぐに文字列を捨てることができ、メモリの圧迫は完全になくなります。

反復を抽象化するという考え方

何十メガバイトもあるファイルストリームや、何百万件のデータベースレコードをすべて、オンメモリの配列に格納できますか。どう考えてもストリーミング処理（ベルトコンベア方式の流れ作業）が適していますよね。そうしたものの反復も、配列要素の繰り返しも、同じ操作に一般化できる抽象概念が、イテレータの意味です。扱いの異なる具象をそのまま使うと、それぞれの具象ごとに、いちいち別のコードが必要になります。ひと手間かけてイテレータ概念を捻出し、共有することで、入れ物や出どころを気にすることなく扱うことができるようになります。“Tell, Don't Ask”ですね。

一度イテレータの概念を共有できてしまえば、データの大きさや扱いの手間の問題を解決できるだけでなく、たとえば曜日を繰り返す「無限イテレータ」なんかを思いついて、素朴にアルゴリズムに役立てることもできます。ポイントは、イテレータという抽象が、実体と無関係にある高位の概念だという点です。概念抽出が先にあり、それがオンメモリ配列なのかファイルシステムなのかは二の次です。

このあと紹介する他のパターンも、Iteratorパターンと同じように、概念と名前が先にあるのを重視します。それが具体的にどんな形をしているのかは二の次です。

8-3 多態性を設計する

概念認識の共有がいかに強力かを知りました。次は、複数の異なる概念の差を意識しながら、クラスの振る舞いの多態性を効率的に設計するヒントを見ていくことにしましょう。

ここで紹介するのはTemplate MethodパターンとBridgeパターンです。

Template Method

Template Methodパターンは、オブジェクトの多態性に関する象徴的なパターンです。アルゴリズムの大枠が共通したクラス群があるとき、それらの基底となる抽象クラスを設け、異なる部分だけをオーバーライドして穴埋めするパターンです。Template Methodパターンを活用すると、振る舞いの異なる複数の派生クラスを、簡単に作れるようになります。典型的なTemplate Methodパターンのコードは次のような形になります(リスト8-7、リスト8-8)。

▼ リスト8-7　対外的インターフェース

```
interface RequestHandlerInterface
{
    public function  handle(Request $request): Response;
}
```

▼ リスト8-8　Template Methodパターンの基底クラス

```
namespace Security;

abstract class AbstractCheckedHandler implements RequestHandlerInterface
{
    public function handle(Request $request): Response
    {
        if (
            $this->checkCommonly($request) &&
            $this->checkExternally($request)
        ) {
            $request = $this->preProcessRequest($request);
            $response = $this->requestToResponse($request);
            return $this->postProcessResponse($response);
        } else {
            return new ErrorResponse();
        }
    }

    //~------------------------------------

    private function checkCommonly(Request $request): bool
    {
        // 共通のチェック
```

```
    }

    abstract protected function checkExternally(Request $request): bool;

    //処理内容----------------------------------------

    private function preProcessRequest(Request $request): Request
    {
        // 共通の事前処理
    }

    abstract protected function requestToResponse(Request $request): Response;

    private function postProcessResponse(Response $response): Response
    {
        // 共通の事後処理
    }
}
```

RequestHandlerInterfaceのhandleメソッドを満たすには、毎回複雑なロジックが必要なので、コンクリートクラスで直接実装せず、抽象クラスAbstractCheckedHandlerを設けます。AbstractCheckedHandlerには、やるべきことをより詳細化した粒度の抽象protectedメソッド、checkExternallyおよびrequestToResponseを設けておきます。これらが「穴埋め問題の穴」になります。

AbstractCheckedHandlerを基底クラスにすると、各サブクラスからはエラー応答を扱うための複雑なif文を排除でき、メソッドの名前によって責務を明確にしつつ、派生クラスを作ることができます（リスト8-9、図8-1）。

▼ リスト8-9　Template Methodパターンの派生クラス

```
namespace Security;

class UserAccessCheckedHandler extends AbstractCheckedHandler
{
    public function __construct(
        private UserAccessCheckerInterface $userAccessChecker
    )

    protected function checkExternally(Request $request): bool
    {
```

```
        return $this->userAccessChecker->isAllowed($request->user);
    }

    protected function requestToResponse(Request $request): Response
    {
        // 要求への応答を返す
    }
}

class ResourceCheckedHandler extends AbstractCheckedHandler
{
    public function __construct(
        private ResourceCheckerInterface $resourceChecker
    )

    protected function checkExternally(Request $request): bool
    {
        return $this->resourceChecker->isAllowed($request->resource);
    }

    protected function requestToResponse(Request $request): Response
    {
        // 要求への応答を返す
    }
}
```

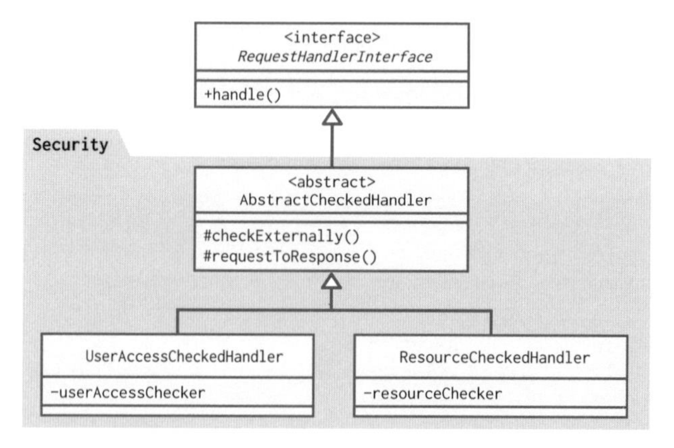

図8-1 Template Methodパターン(#：protected、－：private、＋：public)

継承は逆手に取って利用すればよい

Template Methodパターンのひとつの側面は、継承による差分プログラミングです。あれ？　より良いオブジェクト指向にとって、継承を使った安易な差分プログラミングは避けたほうがよいのではなかったでしょうか？　いいえ、この場合は妥当な選択です。

継承による拡張が問題視されるのは、疎結合なオブジェクトへの委譲で十分なところに、より制約の多い実装継承を、そうと知らずに盲信して無警戒に持ち込む場合です。Template Methodの目的は、制約の多さを逆手に取ることで、逆に生産効率を上げることです。バリエーションの存在が先にわかっていて、計画的に共通性をくくり出した親クラスを設けているのです。あとで追加される派生物が予想外のものになる未来が、あまり予測できない場合なら、安心して継承という制約を選べます。

しかし通常は、共通性のくくり出しには、別オブジェクトへの委譲が選ばれます。この例のように、本当にTemplate Methodが適しているかどうかは、慎重に考えて選ばないといけません。全体がそっくりで、なるべく少ないコード量でやる方が都合よく、実装者のミスを防止したいニーズが強いときは、Template Methodパターンが向いています。複数のクラスを駆使させて、自由に、正しく委譲コードを書かせるのが合理的でないとき、穴埋め問題にしてあげられるTemplate Methodの制約が有利に働くからです。

身も蓋もない言い方をすると、要するに、自由に書きなさいとして、コピーコードを大量に発生させてしまうよりは、継承の制約で縛ったほうがマシなコードが残ると思ったときに使います。

抽象度の変換

Template Methodパターンから学べるもうひとつの側面は、問題の抽象レベルを変換する役目です。

`AbstractCheckedHandler`は「handleとは一般的に、checkExternallyとrequestToResponseを行うことである」という、抽象の詳細ブレークダウンを物語っています。

これは実装をともなう継承に限ったことではありません。FizzBuzzプログラムの`ReplaceRuleInterface`もまた、`NumberConverter`の変換ルールを、matchするかどうかの判断とapplyするとどうなるかの挙動の2つで定義するものだと分解していました。学校の語学のテスト問題でも、全文自由記述よりも、一部のフレーズの穴埋めのほうが、より具体的な問いですよね。

```
interface ReplaceRuleInterface
{
    public function match(string $carry, int $n): bool;
    public function apply(string $carry, int $n): string;
}
```

テンプレートに従って、ブレークダウンされた個々のシンプルな問題だけを考えるのは、ちょっとした思考フレームワークになります。同じようなものをいくつも作るとき、毎回全体像から考え直す必要があるとたいへんです。部分がすべて正しければ自動的に全体が正しくなる仕組みは、実装の負担を大きく軽減してくれます。

また、全体像をふりかえるときも、どの具象が抽象のバリエーションなのかがすぐにわかるのは便利です。Template Methodパターンは、問題の粒度レベルが異なる、抽象と具象の関係を見いだす典型的な形の参考とするのが、上手な活かし方です。

抽象は抽象・雛形は雛形

実装上のアドバイスとして、テンプレート抽象となるクラスの定義を、クライアントコードが直接利用するのは避けたほうがいい点を補足しておきます。

AbstractCheckedHandlerはRequestHandlerInterfaceを実装する形を取っています。利用者が意識する型はあくまでRequestHandlerInterfaceとします。こうしておくとAbstractCheckedHandlerの大枠に当てはまらないものがある可能性にも対応できます。テンプレートの手直しをしたいときも、安定側のパッケージに影響を与えることなく、子クラス群の追加修正だけに閉じて済ませられます。

未知の相手とやりとりするときは、実装をまったく持たない最小のインターフェースを使っておくほうが無難です。実装を共有するものをなるべくパッケージ内で閉じて使っておくと、後のリファクタリングしやすさにもつながります。テンプレートはあくまで、実装の生産性を上げるための、制約付き共通差分と割り切るのです。

Bridge

Javaをはじめ、多くのオブジェクト指向言語は、継承システムとして単一継承を選択しています。PHPも例外ではありません。インターフェースはいくつでも持って良いけれど、実装をともなう親クラスはたったひとつ、というポリシーを基本スタンスとする考え方です。単一継承でない言語でも、基本的には親をひとつに決めるのが無難です(実装付きインターフェースやtraitはありますが、あくまで「基本は」というお話です)。

Template Methodパターンは強力ですが、単一継承を前提とすると、継承ではバリエーション表現力として不完全であることを示しているのがBridgeパターンです。

継承ツリーが適していないケース

レースゲームの達成報酬を考えてみます。順位に応じて、金、銀、銅のランクがあり、レースによってメダルやカップの違いがあるとします。最上位の抽象を`PrizeItemInterface`としましょう(リスト8-10)。

▼ リスト8-10　PrizeItemInterface

```
interface PrizeItemInterface
{
    public function getMaterial(): Material;
    public function getShape(): Shape;
}
```

これを継承ツリーで表現しようとすると、次のパターンのうちどちらが適切なのかを選ばないといけなくなります(リスト8-11、図8-2、またはリスト8-12と図8-3)。

▼ リスト8-11　形状で分けてから材料で分ける

```
abstract class Medal implements PrizeItemInterface
{
    // getMaterialはabstractのまま

    public function getShape(): Shape
```

```
    {
        // メダルの形状を返す
    }
}
abstract class Cup implements PrizeItemInterface
{
    // getMaterialはabstractのまま

    public function getShape(): Shape
    {
        // カップの形状を返す
    }
}

class GoldMedal extends Medal { /* getMaterialはGoldを返す */ }
class SilverMedal extends Medal { /* getMaterialはSilverを返す */ }
class BronzeMedal extends Medal { /* getMaterialはBronzeを返す */ }

class GoldCup extends Cup { /* getMaterialはGoldを返す */ }
class SilverCup extends Cup { /* getMaterialはSilverを返す */ }
class BronzeCup extends Cup { /* getMaterialはBronzeを返す */ }
```

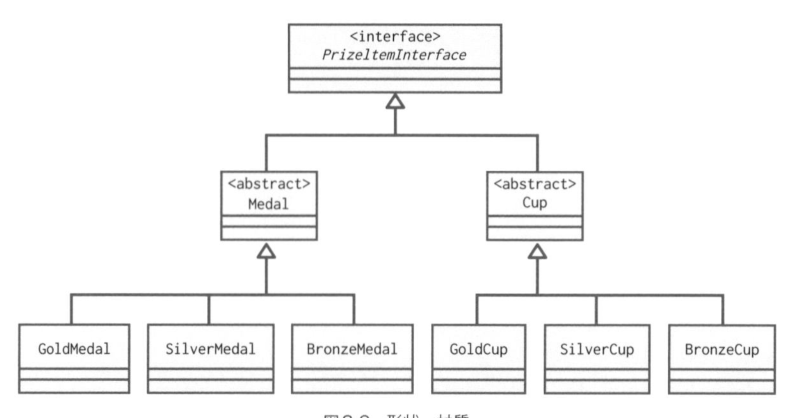

図8-2　形状→材質

▼ リスト8-12　材質で分けてから形状で分ける

```
abstract class GoldItem implements PrizeItemInterface
{
    public function getMaterial(): Material
    {
        // 金の材質を返す
    }

    // getShapeはabstractのまま
}
abstract class SilverItem implements PrizeItemInterface
{
    public function getMaterial(): Material
    {
        // 銀の材質を返す
    }

    // getShapeはabstractのまま
}
abstract class BronzeItem implements PrizeItemInterface
{
    public function getMaterial(): Material
    {
        // 銅の材質を返す
    }

    // getShapeはabstractのまま
}

class GoldMedal extends GoldItem { /* getShapeはメダルの形状を返す */ }
class GoldCup extends GoldItem { /* getShapeはカップの形状を返す */ }

class SilverMedal extends SilverItem { /* getShapeはメダルの形状を返す */ }
class SilverCup extends SilverItem { /* getShapeはカップの形状を返す */ }

class BronzeMedal extends BronzeItem { /* getShapeはメダルの形状を返す */ }
class BronzeCup extends BronzeItem { /* getShapeはカップの形状を返す */ }
```

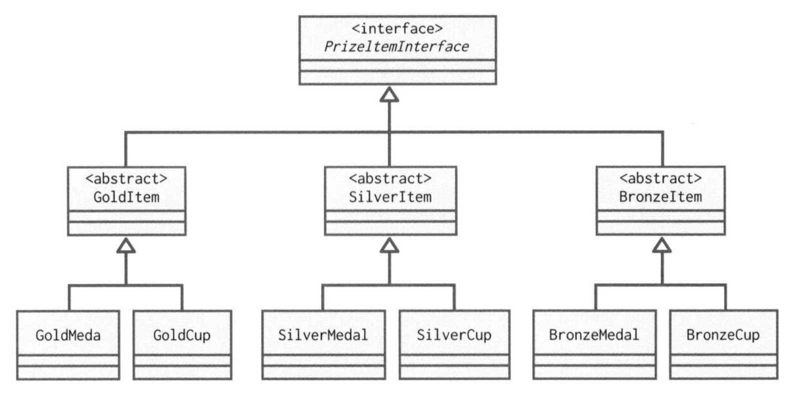

図8-3　材質→形状

MedalやCupといった形状に関する共通性でまとめると、GoldMedalとGoldCupに材質に関する共通性が2箇所で重複して出現します。かといって、材質を抽象クラスにすると、こんどは形状の共通性が3箇所で重複します。

isをhasで考え直す

そこで、直観的にis-aの関係だと思った点を考え直し、今度は共通した特徴をhas-aで再検討してみます。

▼ リスト8-13　2つの属性を「持つ」と考える

```
abstract class PrizeMaterial
{
    abstract public function get(): Material;
}

abstract class PrizeShape
{
    abstract public function get(): Shape;
}

class PrizeItem implements PrizeItemInterface
{
    public function __construct(
        protected PrizeMaterial $material,
        protected PrizeShape $shape
```

```
    ) { }

    public function getMaterial(): Material
    {
        return $this->material->get();
    }

    public function getShape(): Shape
    {
        return $this->shape->get();
    }
}

class PrizeMaterialGold extends PrizeMaterial { /* getは金の材質を返す */ }
class PrizeMaterialSilver extends PrizeMaterial { /* getは銀の材質を返す */ }
class PrizeMaterialBronze extends PrizeMaterial { /* getは銅の材質を返す */ }

class PrizeShapeMedal extends PrizeShape { /* getはメダル形状を返す */ }
class PrizeShapeCup extends PrizeShape { /* getはカップ形状を返す */ }
```

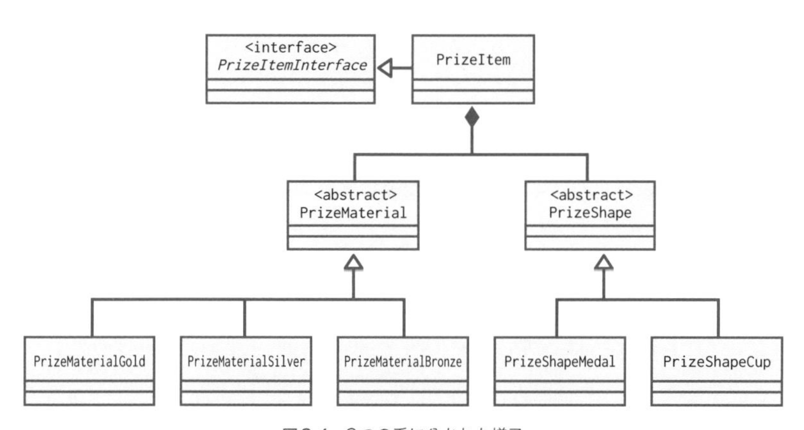

図8-4　2つの系に分かれた様子

重複がなくなりました。PrizeMaterialの子は材質だけを扱い、PrizeShapeの子は形状だけを扱います。それぞれの系で、互いに実装はユニークです。金メダルのインスタンスと銀盃のインスタンスは、それぞれ固有のクラスを持つのではなく、材質に関する特徴と形状に関する特徴の**インスタンスの構成によって作る**スタイルになります。

▼ リスト8-14　金メダルの表現と銀盃の表現

```
$goldMedal = new PrizeItem(
    new PrizeMaterialGold(),
    new PrizeShapeMedal()
);
$silverCup = new PrizeItem(
    new PrizeMaterialSilver(),
    new PrizeShapeCup()
);
```

うれしいことに、既存の材質と形状の組み合わせで新しい賞のバリエーションを生み出す余地もできました。こうして、2系統（また3以上）のバリエーションの組み合わせで多態性を実現するのがBridgeパターンです。

複数の特性軸を持つ抽象

インスタンスを抽象の型で扱える場合、具象が何であるか気にしないのが、スマートなオブジェクト指向プログラミングでした。この場合、PrizeItemInterfaceを満たしていれば、使用者にとってはどんな内部設計だろうと関係ありません。“Tell, Don't Ask”です。

```
$winner->achive($goldMedal);
// achiveの引数はPrizeItemInterfaceなら何でもよい
```

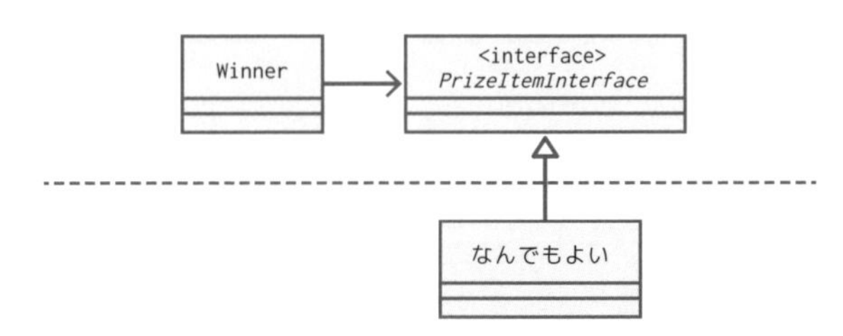

図8-5　詳細を問わない

継承によるクラス関係は、ハードコードされた一枚岩です。ひとつの分類体系を表す場合はそれでよいのですが、物事の「～は～である」には往々にして、完全な分類ではなく、実は付与された属性でしかなかったりします。

動物の「である」を例に考えてみましょう。コウモリは哺乳類でありながら鳥のように飛ぶことができるし、イルカは魚のように泳ぎます。鳥なのに飛べない、けれど泳ぎが得意なペンギンもいます。生物学的に「鳥類である」「魚類である」といった分類の系と、「空の生き物」「海の生き物」といった系は、似ているけれど同じではありません。動物の種類を表すときは、生物学と生態とで、それぞれに完結した別の分類系を作り、二者を橋渡ししたようなものとしてモデリングするのが良さそうです。このような、(一枚岩とは対照的な)分類系の島を橋渡しするのがBridgeパターンのイメージです。

Bridgeパターンはインターフェース分離原則(ISP)にも似ています。どちらも、物事の有様は必ずしも、ひとつの系(単一継承のツリーや単一責任のオブジェクト)に収まるとは限らないという教訓を与えてくれます。

Template Methodパターンは理解しやすく使い勝手もいいので、初心者はつい、それだけでプログラミングの効率化を推し進めようとしてしまいがちです。しかし、Template Methodで設計可能なのはひとつの系です。軸が異なる共通性が複数あると、継承はうまく機能しません。軽率にis-aにとらわれた考え方に陥らず、必要に応じて、インスタンスの組み合わせ(あるいは複数インターフェースの兼任)での表現を考えるのが重要です。

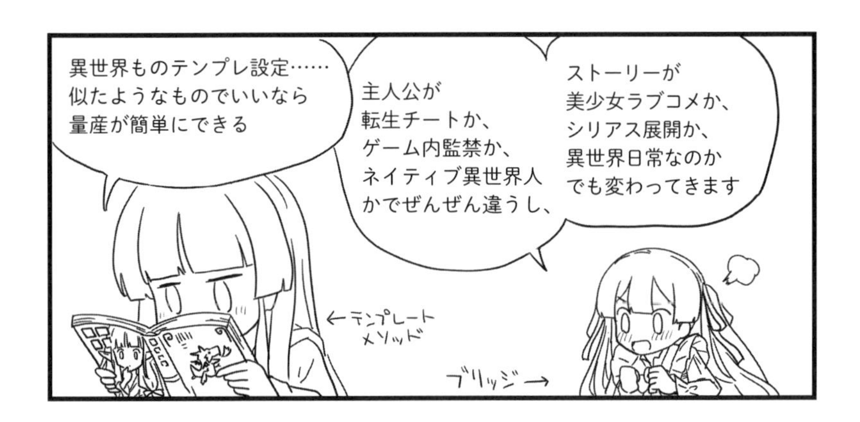

8-4 インスタンスを生成する

Singleton

Singletonパターンは、ひとつのクラスのインスタンスがたったひとつしかない形を取るためのパターンです。機能を利用するたびにいちいちインスタンスを生成するのは無駄で、すべての利用箇所から、ひとつのインスタンスを共有しても同じになる場合はよくあります。Singletonパターンの典型的な実装は次のようなものになります(リスト8-15)。

▼ リスト8-15 Singletonパターン

```
final class SomeSingleton implements SomeInterface
{
    private static SomeSingleton $theInstance;

    private function __construct() { }

    public static function getInstance()
    {
        if (!self::$theInstance) {
            self::$theInstance = new SomeSingleton();
        }
        return self::$theInstance;
    }

    // SomeInterfaceのメソッドを実装
}
```

コンストラクタをprivateにしてあるので、SingletonのインスタンスはgetInstanceメソッドを通らなければ生成できません。このメソッドの二度目以降の呼び出しでは、クラスの静的プロパティに保持されたインスタンスが返されます。

シングルトンの扱いにくさ

デザインパターンに挙げられてはいますが、このスタイルのSingletonパターンのコードを使う機会は、現代のプログラミングでは極めてまれです。シングルトン(Singletonパターンによって生成されるオブジェクトをこう呼ぶことにします)を安全に使うには、かなり厳しい制約をともないます。

シングルトンの最大の特徴は、それが本質的にグローバル変数だということです。クラス名さえ知っていれば、コンフィギュレーションを無視してアクセス可能な存在です。なので、シングルトンには原則、書き込み可能なプロパティ、および、変化する内部状態を持たせてはいけません。状態を設けてしまうと、いつ誰が予想外の書き換えをするかわかりません。

また、自由な生成パラメータを持つこともありません。異なるパラメータで生成できるということは、複数のインスタンスバリエーションを作れなければならないということになり、Singletonパターンの意味と本質的に矛盾します。複数種のシングルトンを扱うMultitonパターンという亜種もありますが、やはりそれも、一意キー以外の自由なパラメータを取ることはありません。

状態もパラメータも使えないので、シングルトンインスタンスのメソッド内に処理を書くときは、静的メソッド(static宣言されたクラスに付随する関数)と同じ不便さ(引数以外のユーザー入力がない)を抱えることになります。

静的メソッドよりはマシ

ほぼ静的メソッドと同じなら、何のためにインスタンスの形を取るのかと思う人もいるかもしれません。が、インスタンスの形を取れるのは、静的メソッドに比べればまだメリットがあります。静的メソッドの呼び出しは、特定の具象クラスに直接的に依存するため、詳細実装との固定的な関係を生んでしまいます。

▼ リスト8-16 静的メソッドの呼び出し

```
function useStaticMethod()
{
    // この関数はFooImplementationに直接依存する
    FooImplementation::bar();
}

useStaticMethod();
```

一方、「何らかのインターフェースを満たすシングルトンのインスタンス」であれば、それを与えられた使用者は、その具象がSingletonパターンで実現されたかどうかには無関心でいられます。

▼ リスト8-17 シングルトンインスタンスのメソッドの呼び出し

```
function useSingleton(FooInterface $foo)
{
    // この関数はFooInterfaceにしか依存しない
    $foo->bar();
}

// 実体はシングルトンかもしれないけれど
useSingleton(SingletonFooImplementation::getInstance());
```

Singletonパターンは生成を扱うパターンです。オブジェクトの生成という形で判断を隔離し、使用箇所からその判断の事情を隠蔽できるのが、オブジェクト指向の多態性のメリットですね。少なくともそのセオリーには従っています。

シングルトンが必要ならクラスよりDIコンテナを選ぼう

とはいえ、Singletonパターンのクラスはやはり、あまり使う機会はありません。シングルトンが有効なのは、たとえば現在時刻を指す時計や数学関数セットなど、普遍的に世界にひとつしか存在しないものを実装するときです。けれど、アプリケーションのビジネスロジックにそんなものが入る余地はめったにないので、ほとんど利用価値がありません[注2]。

シングルトンのパフォーマンス上のメリットが欲しいなら、DIコンテナによるインスタンス生成の管理のほうがはるかに優れています。FizzBuzzのオブジェクト群の重複生成を防止するのに、DIコンテナを利用したのを思い出してください。DIコンテナを使うだけで、生成コストとメモリの無駄を省け、ちょうど定義した項目の数（オートワイヤリングでなら使われたクラス数と同数）のインスタンスが作られました。Singletonパターンのコードを個別に書くことなく、ごく普通のクラスに実質的にシングルトンと同じメリットを与えました。

Singletonパターンと比較して、DIコンテナによるインスタンス管理には大きなメリットがあります。それは、コンストラクタパラメータを持てることです。staticメソッドによるシングルトンには、依存を与えることができません。そのため、他のオブジェクトを使う複合的な機能を作ろうとすると、自ずとサービスロケーターのかたちに近づいてしまいます。そうしたSingletonパターンの実装は、単体テストも困難です。一方、コンストラクタに依存を与えて構築できる普通のオブジェクトなら、素直に単体テストができます。

必ず参照透過であること

いずれにせよ、Singletonパターンで生成されるオブジェクトだろうと、DIコンテナ内の擬似シングルトンだろうと、絶対にやってはいけないのは、ユーザーにとって有意な**状態を持つオブジェクト**にしてしまうことです。技術的な理由で内部に変数を隠し持つのは仕方ないとしても、それが利用できる形で表

注2　強いて言えば列挙型（enum）がない言語でその代わりとして使う手も考えられますが、目的に対して実装コードがちょっと面倒すぎるので、普通にクラス定数にしておくのが無難です。

に出てくるのはダメです。状態を許すと、シングルトンは安易なグローバル変数置き場になってしまいます。グローバル変数のまずさをわきまえずに使うSingletonパターンおよびDIコンテナはアンチパターンです。

単一のインスタンスを全員が共有してもよい理由は、それが静的なモジュールだからです。同じメソッドを同じ引数で呼び出したとき、常に同じ結果が担保されているような特性のことを、**参照透過性**があると言います。結果に影響する理由が不透明（前回の利用でprivateプロパティが変わったからなど）でないのが、「透明」な参照だという意味です。

では、プログラムの流れの中で個別のデータを持ち、生まれたり消えたりする、いかにもオブジェクト指向らしい動的なオブジェクトを生成して利用するには、どう抽象化したらよいのでしょうか。

Abstract Factory

DIコンテナ内の疑似シングルトンは、状態を持たないオブジェクトでなければなりません。状態がないということは、動的なデータモデルとしてオブジェクト指向を使うとき、DIコンテナ管理下のオブジェクトが直接役に立たないということです。有意なデータを持つオブジェクトを使いたいとき、プログラマーは自分の手で生成を管理しないといけません。Abstract Factoryは、より良く抽象化された動的なオブジェクトの生成に関する、とても重要なパターンです。

生成をファクトリに分離する

あらためてここで、オブジェクトの**生成と使用の分離**について考えてみましょう。ペットショップのシステムを開発するなかで、任意の動物を購入できる関数を作ったとします。

▼ リスト8-18　ペットショップでの会計部分

```
abstract class Pet { }

function buy(Pet $pet)
{
    // 動物を買う処理をする
}
```

Petには具体的には猫のインスタンスや犬のインスタンスが渡されることに

なります。この具体的なペットのインスタンスは、どのようにして得るのが適切でしょうか。まずは、ペットを買う文脈の中で、ペットのインスタンスを自力でnewするコードを書いてみることにします。

▼ リスト8-19 ペットの生成を直接行うコード

```
abstract class Pet { }

class Cat extends Pet { }
class Dog extends Pet { }

class PetBuyer
{
    public function buyPet(string $type)
    {
        $pet = match($type) {
            'cat' => new Cat(),
            'dog' => new Dog(),
            default => throw new InvalidArgumentException()
        };
        buy($pet);
    }
}
```

こう書いても動作はします。しかし、個々のペットの具象を購入処理が知ってしまうと、せっかくPetという抽象型を設けたのが台無しになってしまいます。ペットの種類を増やすときのことを考えてみてください。具象をその場で生成する方法では、店が商品を増やしたいと思っても、まず購入者のアクションを書き換えてからでなければできません。

商品の種類を拡張したいのはショップの商品管理のほうなのだから、購入者は生成について無関心なままにしておきたいですね。生成をショップ側の責務に移動して、具象を隠蔽するのが適当ではないでしょうか。

▼ リスト8-20 具象の生成を行う商品管理系

```
namespace Shop;

abstract class Pet { }

class Cat extends Pet { }
```

```
class Dog extends Pet { }

class PetShop
{
    public function createPet(string $type): Pet
    {
        return match($type) {
            'cat' => new Cat(),
            'dog' => new Dog(),
            default => throw new InvalidArgumentException()
        };
    }
}
```

▼ リスト8-21　抽象を扱えばよいだけの販売系

```
namespace Buyer;

class PetBuyer
{
    public function buyPet(PetShop $petShop, string $type)
    {
        $pet = $petShop->createPet($type);
        buy($pet);
    }
}
```

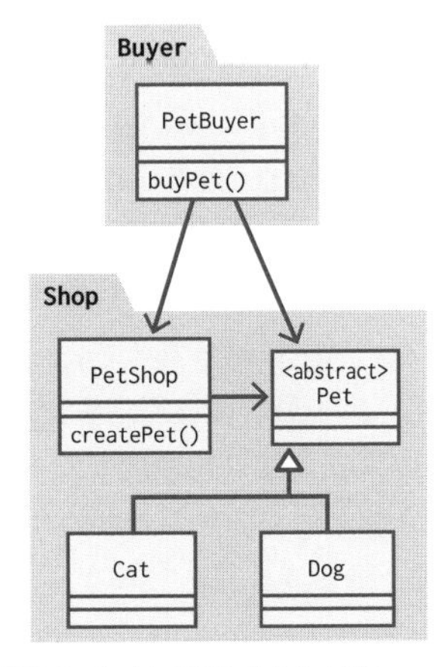

図8-6　生成と利用に分かれた形に

ShopとBuyerに分け、購入者はショップが生成したオブジェクトを使うだけにし、生成をPetShopの`createPet()`メソッドに任せます。どんな動物のインスタンスがあるのかを、購入処理が知る必要はありません。すべての具象バリエーションはショップ側に隠蔽されます。

このPetShopクラスのような生成を担うオブジェクトは、Buyerから見たPetの**ファクトリ**と呼ぶことができます。DIコンテナで扱う静的なモジュール生成と異なり、これはプログラムが動的に生成するデータです。

この種のオブジェクトの生成の分離は、各アプリケーション固有の問題に関わるので、プログラマー自身が、それぞれに作るものになります。サポートしてくれる技術はとくにありませんが、インスタンスの重複回避や依存チェーンの解決といった問題はないので、むしろ素朴なプログラムコードで書くのが適当です。

ファクトリ実装に直接依存する構造の問題点

さあ、これでうまく生成を分離できたと言ってもよいでしょうか。いいえ、実はまだこの設計には問題があります。抽象Petとその具象がともにShopパッケージに入っており、抽象と具象の関係が自作自演のようになっている点に注目してみてください。どうも怪しい感じがします。

この設計は、Buyerパッケージ(使用)がShopパッケージ(生成)に依存する形になります。buyPet関数がPetShopクラスを名指ししているからです。単方向であるのは健全ですが、依存の向きは安定方向に向いているでしょうか。扱う商品を試行錯誤するShopは変更頻度が高くなるかもしれないと推測できますが、販売系Buyerは、扱う商品の種類の増減とは無関係に、ずっと同じでないといけないはずです。依存の向きと安定度の予測が矛盾します。

安定依存の原則(SDP)によれば、依存の向きは安定度の低いほうから高い方に向かなくてはいけません。このままでは、Shopに変更が起きるたびに、Buyerはその変更影響を受けてしまい、「何も書き換えてないんだから何も変わってないはず」と言えない状況に晒されます。

ファクトリに生成を切り出す目的は、使用者が**抽象だけ**を扱える形にすることです。つまり、Buyer側は安定度と抽象度がともに高くあるべきで、相対的にShop側は、不安定で具体的になる役目を担うようにするのが、パッケージ設計の原則です。安定度と抽象度は等価(SAP)、でしたよね。

対象オブジェクトが抽象ならファクトリも抽象に

PetBuyerがPetShopという具象ファクトリを固定で名指ししている箇所が、うまく設計できていないポイントです。オブジェクト指向の原則には依存性逆転原則(DIP)があります。適切な依存の向きは往々にして呼び出しの逆です。この場合は、抽象ペットを生成するファクトリも抽象化して、購入者からPetShopの具象に依存を向けないようにするのが適切です(リスト8-22、リスト8-23)。

▼ リスト8-22　Shopから完全に独立した販売系

```
namespace Buyer;

abstract class Pet { }

interface PetShopInterface
{
    public function createPet(string $type): Pet;
}

class PetBuyer
{
    public function buyPet(PetShopInterface $petShop, string $type)
    {
        $pet = $petShop->createPet($type);
        buy($pet);
    }
}
```

▼ リスト8-23　依存の向きがBuyerの方を向くShop

```
namespace Shop;

use Buyer\Pet;
use Buyer\PetShopInterface;

class Cat extends Pet { }
class Dog extends Pet { }

class CatAndDogOnlyPetShop implements PetShopInterface
{
    public function createPet(string $type): Pet
```

```
    {
        return match($type) {
            'cat' => new Cat(),
            'dog' => new Dog(),
            default => throw new InvalidArgumentException()
        };
    }
}
```

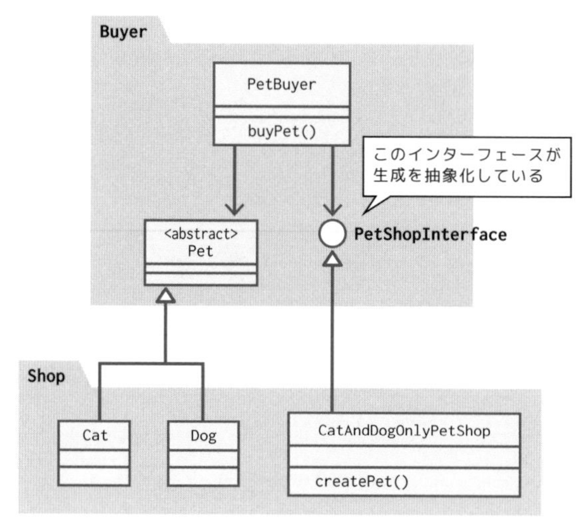

図8-7　Abstract Factoryパターン

PetShopInterfaceを設けることで、BuyerはShopへの依存から解放され、同時に、ShopはBuyerへの影響をまったく気にせず変更していけるようになりました。このPetShopInterfaceを設けてファクトリの具象を問わずに生成するかたちにするのが、Abstract Factoryパターンです。

抽象クラスPetが移動し、Buyerパッケージが自己完結した点にも着目してください。このパターンに落とし込むことで、Buyerは、ペットの種類が増えても常に正しいと言えるようになりました。Buyerには抽象だけが入り、Shopには具象だけが入っています。

Abstract Factoryパターンは、「生成されるオブジェクトを抽象として扱うとき、そのファクトリの扱いも抽象でなければ、原則を守ることができない」という一般的な法則を物語っています。安定度の偏りがまだないうちは、横並びのパッケージとして2番目の段階で妥協する場合もありますが、それはあまり設計を詰めていない段階の話です。凝集度は高く見えても、結合度が低いとは言えません。都合の悪い結合を避け、戦略的に安定度と抽象度を偏らせていくことが、ソフトウェアの設計というものです。

ファクトリ自体は静的モジュール

ファクトリが扱うものは動的なオブジェクトですが、ファクトリのインスタンスは静的なモジュールです。なので、抽象ファクトリとその実装の対応付けは、DIコンテナによる構成管理にするのが便利です。

▼ リスト8-24 抽象ファクトリと実装の対応づけ

```
services:
  Buyer\PetShopInterface:
    class: Shop\CatAndDogOnlyPetShop
    # 将来こう切り替えできるかも
    # class: Shop\MySpecialPetShop
```

将来起きるCatAndDogOnlyPetShopからMySpecialPetShopへの切り替えも容易に(変更影響の心配なく)できます。

PSR-11に見るAbstract Factoryパターン

Symfony ServiceContainerは、それ自体がAbstract Factoryパターンにのっとっています。PHPにはフレームワーク相互運用標準PSR(PHP Standards Recommendations)があります。この中のPSR-11がコンテナの標準規約になっています。PSR-11は短く書くと単にこのインターフェースを規定しているにすぎません。

▼ リスト8-25 PSR-11の定義

```
namespace Psr\Container;

interface ContainerInterface
{
    public function get(string $id): mixed;
    public function has(string $id): bool;
}
```

ServiceContainerのContainerBuilderは、この抽象ファクトリを実装した具象オブジェクトです。初期化が済んだContainerBuilderのインスタンスは、アプリケーションコードからはContainerInterfaceとみなすことができます。ServiceContainerを使ったとしても、ユーザーのPHPコードがそれをContainerInterfaceとして扱うかぎり、アプリケーションの抽象度のほうが高く、安定でいられます。もしアプリケーション内から頻繁にContainerInterface::get()を使っていたとしても(ただしサービスロケーターはアンチパターンですが)、使用箇所のプログラムコードの書き換えを一切せずに、ServiceContainerを他のDIコンテナライブラリに交換できます。

PSR-17に見るAbstract Factoryパターン

PSR-7に対するPSR-17もまた、オブジェクトの抽象とそのファクトリの抽象の関係です。

PSR-7はHTTPリクエストをオブジェクトで表すための標準インターフェース規格で、その実装にはさまざまなベンダーの実装ライブラリが存在しています。その生成で具象の名指しをすると、せっかくの抽象依存が台無しになります。それを避けるために、対応するファクトリ抽象がPSR-17に規定されています。

▼ リスト8-26　PSR-7部分抜粋

```
namespace Psr\Http\Message;

interface MessageInterface
{
    public function getHeader(string $name): array;
    public function withHeader(string $name, string|array $value);
    public function getBody(): StreamInterface;
    public function withBody(StreamInterface $body): static;
}

interface ResponseInterface extends MessageInterface
{
    public function getStatusCode(): int;
    public function getReasonPhrase(): string;
}
```

▼ リスト8-27　PSR-17部分抜粋

```
namespace Psr\Http\Message;

use Psr\Http\Message\RequestInterface;
use Psr\Http\Message\UriInterface;

interface ResponseFactoryInterface
{
    public function createResponse(
        int $code = 200,
        string $reasonPhrase = ''
    ): ResponseInterface;
}
```

せっかくPSR-7を使っても、PSR-17を使わなければ、ユーザーコードは、オブジェクトの生成のとき、具体的なサードパーティライブラリに依存してしまいます。ファクトリをPSR-17インターフェースとすることで、ユーザーのアプリケーションはベンダーの縛りから解放され、中立な標準だけに依存してHTTPを扱えるようになります。

▼ リスト8-28　PSR-17だけに依存するアプリケーション

```
class MyHttpRequestHandler implements RequestHandlerInterface
{
    public function __construct(
        // NG: protected \ThirdParty\Psr17Factory $thirdPartyPsr17Factory
        protected ResponseFactoryInterface $responseFactory
    ) { }

    public function handle(ServerRequestInterface $request): ResponseInterface
    {
        // NG: return new \ThirdParty\Psr7Response(200, "OK");
        // NG: return $this->thirdPartyPsr7Factory->createResponse(200, "OK");
        return $this->responseFactory->createResponse(200, "OK");
    }
}
```

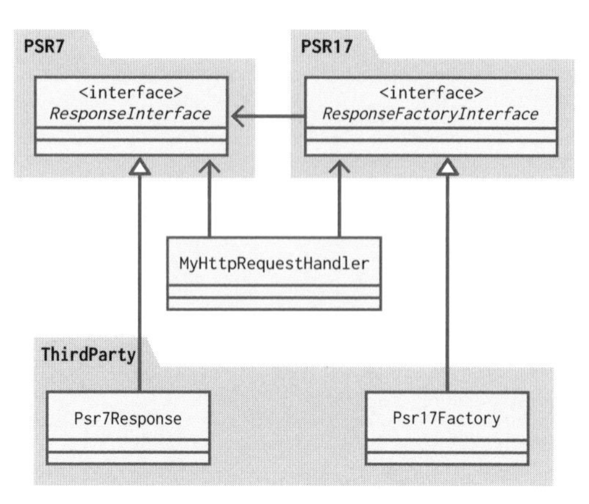

図8-8 PSR-7/17と実装ベンダー

もっとも原則に近いパターン

Abstract Factoryパターンは、アーキテクチャ設計に動的なオブジェクトを織り交ぜていくのに欠かせない、最重要パターンです。これ以降に登場する他のパターンは、誰でも考えたら思いつくようなやり方に、単に名前が付いているだけの価値しかないと言っても過言ではないぐらいです。

実体の多様性を隠蔽するのが、オブジェクト指向プログラミングの核心部分です。その醍醐味を使うとき、次の課題として常に生成の分離が控えています。そして、その次には、必ず拡張性と依存方向の問題が待っています。そこに好き勝手な創意工夫を持ち込むと、すぐに依存のスパゲッティができてしまい、部分修正では効かなくなってしまいます。「対象が抽象ならファクトリも抽象である」を常に思考パターンとして備えておくようにしましょう。

column ›› 生成に関する他のパターン

Builder

Builderパターンは、複雑なオブジェクト構造を作る仕事もまた、使うだけのクラスから分離した生成の一部としておきましょうという話です。静的なモジュール構造でいえば、要するにDIコンテナのルートオブジェクト取得のことです。これを動的なオブジェクト生成でやるときも、同じように、使用と構築とを分けておきましょう。

ファクトリは主に、抽象がどの具象かという厄介さを隠蔽しますが、ビルダーはどちらかと言えば、構造を組み上げる複雑さを隠蔽するニュアンスが強い言葉になります。語彙の使い分けのヒントとして利用していきましょう。

Factory Method

Factory MethodパターンはTemlpate Methodのファクトリ版です。多態性のあるオブジェクトの生成を扱う実装がいくつかあるとき、その共通点と大枠を基底クラスに持っておき、派生クラスに差分だけを書くようにすれば、複雑で冗長な作業の重複がなくなるという、ただそれだけの話です。

Temlpate Methodを知っていればよく、全体の作りにはあまりかかわってこない実装テクニックなので、もし知っていれば便利程度の語彙として憶えていればよいでしょう。正直、忘れてもかまわないし、用語を共有できていない人に使うととても誤解しやすい名前なので、本当にどっちでもいいです。

8-5 オブジェクトで構造を作る

ここまでのパターンは、中心となるひとつのオブジェクトに着目して考えるものでしたが、実際のアプリケーションは、いくつもの種類の異なるオブジェクトのコラボレーションでできています。

ここからは、複数のオブジェクトにまたがる構造を表すパターン語彙を見ていきます。ここからのパターンは、個々のパターンの実装レベルの理解に関しては、さほど難しくありません。それよりも、パターンが表すニュアンスの違いを理解するのが重要になります。適切な概念語彙を使うことで、開発者同士がより正確なコミュニケーションを取れることが狙いです。

複数のオブジェクトで構造を作るとき現れるのが、FacadeパターンとMediatorパターンです。意味の違いに気をつけて見ていきましょう。

Facade

Facade(ファサード)パターンは、複数の機能オブジェクト群へのアクセスを集約する、エージェントのようなオブジェクトを設ける構造パターンです。Facadeとは建物の表玄関を意味する言葉です。機能群の利用者に唯一のFacadeだけを通してアクセスしてもらうことで、機能群とその利用者との関係がシンプルになります。

高度な機能を構築するコツは、複数の単純な部品に分解してそれらを組み合わせることです。機能の利用者がこの分解された個々の部品群を直接使いこなせれば、確かに要求は実現できますが、それではあまり親切とは言えません。目覚まし時計が欲しい人にバラバラの電子部品を売りつけるようなものです(図8-9)。

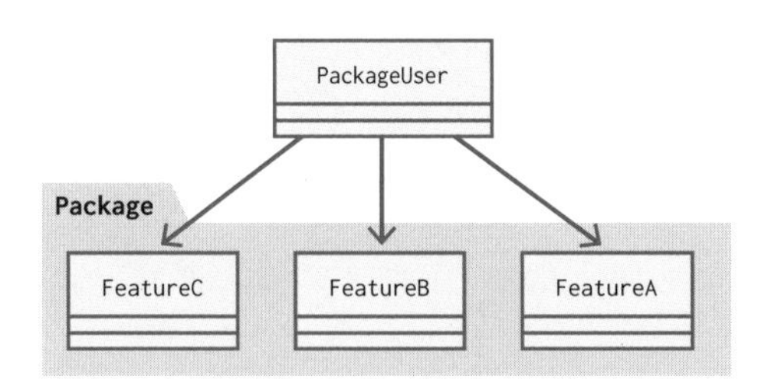

図8-9　Facadeを通さない構造

各ユニットの配線を済ませ、箱から取り出したらすぐに使える製品の形で提供しないと、パッケージの利用が難しくなりすぎます。中身を知っている人にとっては技術的につまらないことかもしれないけれど、利用者にとっては、理解すべきオブジェクトがたったひとつでいいことは、たいへんありがたいことです(図8-10)。

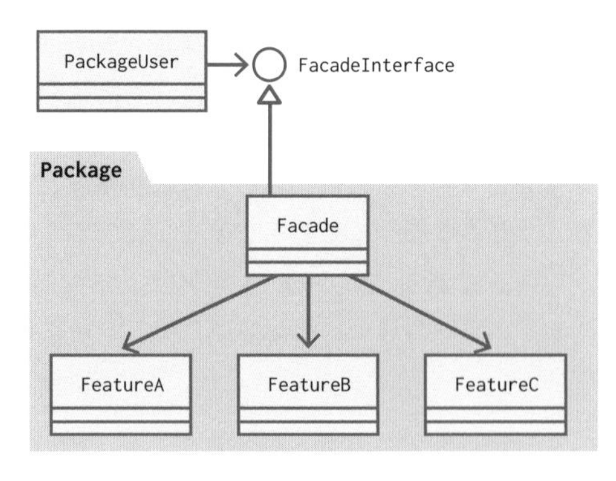

図8-10　Facadeパターン

単純なようで示唆深いパターン

Facadeパターンには、単に利用者が使いやすくなる以上のメリットがあります。

利用者にとっては、ファサードのインターフェースこそが重要であって、その中身がどうなっているかに関心はありません。ファサードが利用者へのインターフェースさえ維持していれば、提供者は中身をいくらでもリファクタリングできます。同じ使い方を維持しながら、中身をまったく別の実装に差し替えることも可能です。利用者が中身の部分部分に要求をしだすと、閉鎖性共通の原則(CCP)に従ってパッケージが閉じている状態をキープするのも困難になります。これを可能にするためには、利用者が誰一人裏口から直接アクセスしていないことが必要条件になります。

▼ リスト8-29　Facadeのインターフェースだけに依存する利用例

```
// 利用側
interface FacadeInterface
{
    public function simpleAction();
}

function useFacade(FacadeInterface $facade)
{
    // 安定していられる
    $facade->simpleAction();
}
```

▼ リスト8-30　Facadeのインターフェースを満たしていれば不安定でもよい

```
// 実装側
class Facade implements FacadeInterface
{
    protected FeatureA $a;
    protected FeatureB $b;
    protected FeatureC $c;

    public function simpleAction()
    {
        // 不安定でよい
        $this->a->complexProcessA();
        $this->b->complexProcessB();
```

```
        $this->c->complexProcessC();
    }
}
```

また、ファサードは抽象のレベルの境界線になります。目覚まし時計と電子部品では、目覚まし時計のほうがより人間のニーズに近い高度な抽象です。逆に個別の電子部品に着目してみると、それ自体もまた、接続端子をインターフェースとした、中にどんな物質が入っているか知る必要のないパッケージです。ソフトウェアの構造も、同じかそれ以上に、段階的な抽象度レベルを持っています。ソフトウェアの設計とはまさに、多層になった抽象レベルをFacadeパターンで実現するものと言えます。

無意識に現れるからこそ意識しよう

Facadeパターンのコードはすでに本書に登場しています。FizzBuzzSequencePrinterという装置は、内部で演算(NumberConverter)と出力(OutputInterface)をつなぎ合わせ、利用者に「これさえ使えばよい」ものとして提供するかたちになっていました。

▼ リスト8-31　ごく自然に現れるFacadeのパターン

```
class FizzBuzzSequencePrinter
{
    public function __construct(
        private NumberConverter $fizzBuzz,
        private OutputInterface $output
    ) {}

    public function printRange(int $begin, int $end): void
    {
        // $this->fizzBuzz->convert() および
        // $this->output->write() を使う
    }
}
```

ソフトウェア構造にはこのような素朴なFacadeパターンがよく眠っています。それを見いだし、利用がちゃんとそこに集中しているか、裏口から入って来なくてよいようになっているかを、設計評価の指針にしていきましょう。

Mediator

Facadeパターンが使い方と内部事情の境界という、対外的な部分に着目していたのに対して、Mediatorパターンは、内部事情同士の関係に着目するパターンです。ファサードがビルの入り口にいる受付さんだとすれば、メディエーターはビルに入っている会社の内務マネージャーさんにあたります。

複雑化するオブジェクトのコラボレーション

会社にはさまざまな役目を持った社員がいます。もし社員が2人しかいなければ、上司は部下に命令し、部下は上司に報告すればそれで終わりです。しかし、3人、4人と人が増えると、それぞれの役目を持った人同士が仕事でどう連携するかが、指数関数的に複雑化します。賢い組織は、そんなことになる前に、指揮系統のハブになるプロジェクトマネージャーを立てますよね。プロジェクトマネージャーの仕事は、実務ではなく各スタッフの連絡チャンネルを集約し、報告に従って別のスタッフに指示を出すことです。この集中コントロールをひとつ設けるのがMediatorパターンです。

まずはプロジェクトマネージャのいらない2要素構造を考えてみます。AとBが互いを知っている循環依存構造は、単一パッケージ内ならよくある話です(リスト8-32、図8-11)。

▼ リスト8-32　2要素で済むコード

```
class ObjectA
{
    protected ObjectB $b;

    public function someActivity()
    {
        $this->b->doTask();
    }

    public function finishTheWork() { }
}

class ObjectB
{
    protected ObjectA $a;
```

```
    public function doTask()
    {
        $this->a->finishTheWork();
    }
}
```

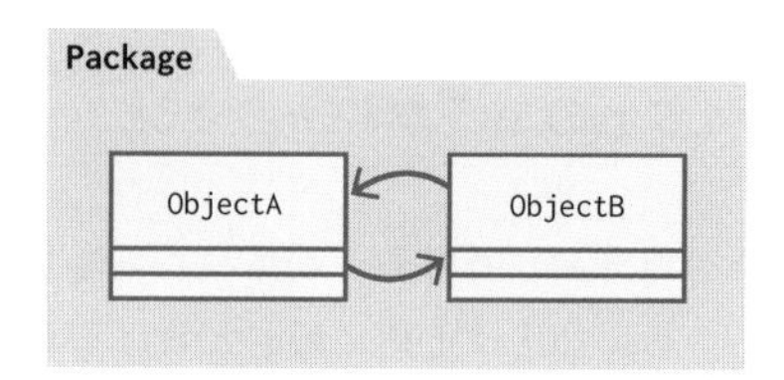

図8-11　2要素だけの構造

この互いをがっちり握りあった結合があると、片方をサブパッケージに分けることができません。そこでObjectAとObjectBの協調を可能なかぎり、単方向依存にします（リスト8-33、図8-12）。

▼ リスト8-33　単方向依存になった2つの要素

```
interface TaskExecutorInterface
{
    public function doTask();
}

class ObjectA
{
    protected TaskExecutorInterface $executor;

    public function someActivity()
    {
        $this->executor->doTask();
    }

    public function finishTheWork() { }
}

class ObjectB implements TaskExecutorInterface
{
    protected ObjectA $a;
```

```
    public function doTask()
    {
        $this->a->finishTheWork();
    }
}
```

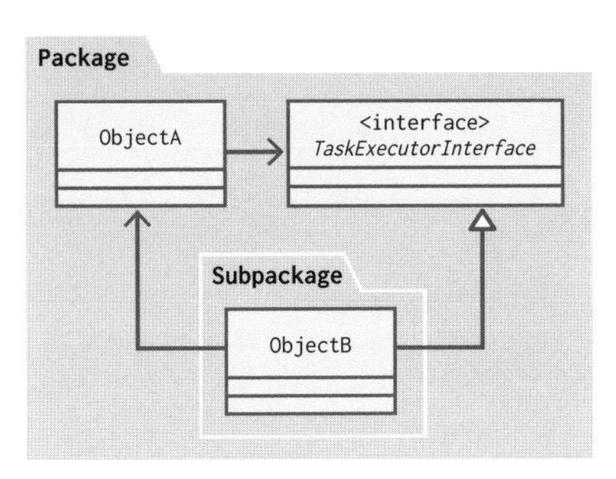

図8-12　2要素構造にインターフェースを導入

原則的にはこれで十分なのですが、ここにObjectCが参加してくるとどうなるかを想像してみてください。各オブジェクトのプロパティは2つになります。インターフェースも増えます。AにとってのCと、BにとってのCは、インターフェース分離原則（ISP）にしたがい、異なるインターフェースになる可能性があります。さらにObjectDの追加が起きると……努力と根性でなんとかなる複雑さを超えてしまいそうです。

構造にルールを設けておく

そこで、連携用のインターフェースの実装をすべてメディエーターに集め、ObjectAとObjectBが直接関係を持たないかたちにしたものが以下のコードです（リスト8-34、リスト8-35、リスト8-36、図8-13）。

▼ リスト8-34　ObjectAのサブパッケージ

```
interface MediatorInterfaceA
{
    public function notifyActivityDone();
}
```

```
class ObjectA
{
    protected MediatorInterfaceA $mediator;

    public function someActivity()
    {
        $this->mediator->notifyAcitivityDone();
    }

    public function finishTheWork() { }
}
```

▼ リスト8-35　ObjectBのサブパッケージ

```
interface MediatorInterfaceB
{
    public function notifyTaskCompletion();
}

class ObjectB
{
    protected MediatorInterfaceB $mediator;

    public function doTask()
    {
        $this->mediator->notifyTaskCompletion();
    }
}
```

▼ リスト8-36　Mediator

```
class Mediator implements MediatorInterfaceA, MediatorInterfaceB
{
    protected ObjectA $a;
    protected ObjectB $b;

    public function notifyActivityDone()
    {
        $this->b->doTask();
    }
```

```
    public function notifyTaskCompletion()
    {
        $this->a->finishTheWork();
    }
}
```

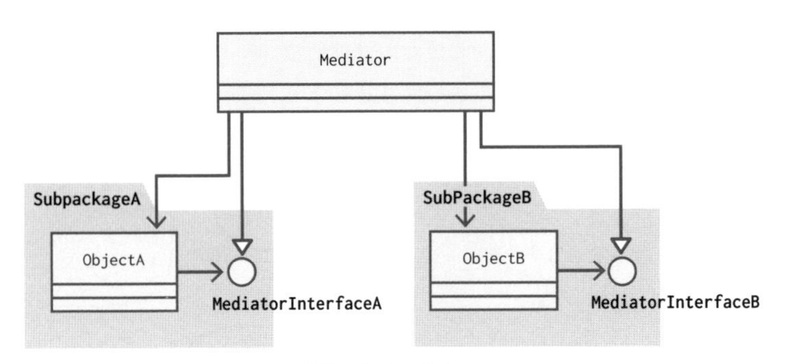

図8-13　Mediator

すべての連携に関する複雑さはMediatorクラスに集中します。もし新たにObjectCが増えても、メディエーター以外の既存クラスとインターフェースには、何ひとつ無駄な変更が発生しません。ObjectAもObjectBも、とても安定したパッケージにいられます。仮にObjcectAまたはObjectBどちらかのメソッドシグニチャが変わっても、影響を受けるのはそれらに依存しているMediatorクラスだけで済みます。オブジェクト同士が直接関係したままだと、そういうわけにもいきませんよね。

独立性がいつ求められるか

TDDでFizzBuzzの再設計をするとき、ReplaceRuleInterfaceの各実装が、互いを知るのを避けたのを覚えているでしょうか。PassThroughRuleが3と5を知るために、各ルールが互いを知ったらどうかと考えかけて、やめました。その結果、ルールは互いに関係を持たず、NumberConverterが唯一の情報ハブになるかたちになりました。これも、厳密には同じとは言えないけれど、Mediatorパターンと目的が共通しています。各ルールは最小の単体テストで独立してテストできる状態を簡単にキープできました。

少し違うのは、それぞれのクラスの必要性が見いだされるタイミングです。Mediatorパターンの必要性が出てくるのは、FizzBuzzのReplaceRuleInterfaceのように、もともと計画的に作られたものとは少し違い、要素同士がいつの間にか循環的な結びつきを作ってしまいそうな状況です。特に工夫せずできていたオブジェクト構造で、制御が循環しだしたり、相互に関係する要素が3以上に増える可能性が出てきたりしたとき、リファクタリングのヒントとしてMediatorパターンが役に立ちます。

ファサードが立っていれば、裏方をいくら作り変えても平気です。積極的にリファクタリングを行えます。複雑な内部構造は、仲介役のメディエーターを立てるなどして、常にシンプルさを保ちましょう。

8-6 構造のオブジェクト間にあるもの

オブジェクト指向による構造物は、シンプルなオブジェクトのつなぎ合わせによって成り立ちます。オブジェクトの接合点に着目するのがProxy, Dacorator, Adapterの各パターンです。

いずれのパターンもクラス図にすると同じような形になります。呼び出し元と呼び出し先のふたつのオブジェクトの間に、割って入るオブジェクトが挟まります。呼ばれるオブジェクトに皮をかぶせた形になるので、俗にラッパークラスとも呼ばれることもあります。構造だけを見てこれらのパターン違いを区別するのは困難です。何のために割って入るのかという**目的**で区別するのがポイントです。

Proxy

Proxyパターンは、すでにあるオブジェクト関係の間に、透過的に別のオブジェクトを割り込ませて、元のコードを変更せずに、同じ機能呼び出しの振る舞いを拡張するためのパターンです。

何かの処理の過程をメールで知らせる仕組みがあるとしましょう（リスト8-37、図8-14）。

▼ リスト8-37　ジョブとメール送信

```
class MailerInterface
{
    public function send(Mail $mail): void;
}

class JobWorker
{
    public function __construct(
        protected MailerInterface $mailer
    ) { }

    public function process(): void
    {
        // ジョブを処理する

        $reportMail = new Mail();
        $this->mailer->send($reportMail);

        // なにか後処理をする
    }
}
```

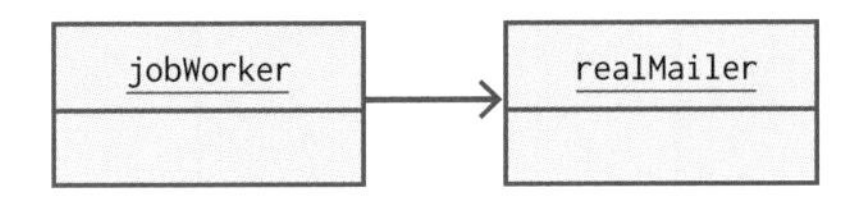

図8-14　ジョブとメーラーのインスタンス関係

これを使っているユーザーから、メールが届かないケースがあるという不具合報告を受けました。けれど、実際にメールが届いたかどうかは送った側の手元で知ることができないので、せめてsendの実行をログに出力しようと考えました。呼び出しロジックに間違いがないと確認できたら、このログは必要なくなります。

この目的のために、JobWorkerクラスのコードを書き換えてロガーを付けたり外したりするのは良いアイデアでしょうか？　重要なことが書かれているソースコードが、そんな副次的な事情の影響を受けて都度書き換わるのは避けたくないですか。ソースコードの編集ミスが混入する可能性はゼロではありませんよね。

そこで、JobWorkerと、MailerInterfaceを満たす実際のメーラーの間に、同じ型のオブジェクトを割り込ませ、sendメソッドをフックするとよいのではないかと考えます。この**同じ型のオブジェクトの数珠つなぎ**で、振る舞いの内容を変更するアイデアがProxyパターンです。

▼ リスト8-38　ロギング用プロクシ

```
class LoggingMailerProxy implements MailerInterface
{
    public function __construct(
        protected MailerInterface $target,
        protected LoggerInterface $logger
    ) { }

    public function send(Mail $mail): void
    {
        $this->logger->info("Before send " . $mail->address);
        $this->target->send($mail);
        $this->logger->info("After send " . $mail->address);
    }
}
```

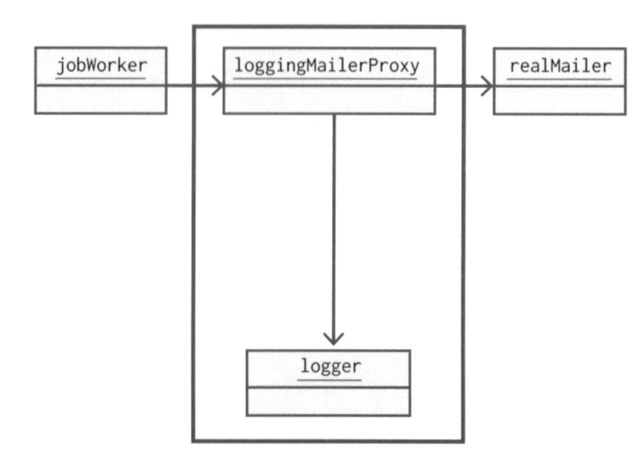

図8-15　Proxyパターン

コンフィギュレーションとプロクシ

プロクシの挿入方法をSymfony ServiceContainerの設定で書くとこのような感じになります。

▼ リスト8-39　DI設定におけるプロクシの挿入

```
services:
    JobWorker:
        arguments:
            # ロギングなしの場合: $mailer: '@real_mailer'
            $mailer: '@LoggingMailerProxy'

    LoggingMailerProxy:
        arguments:
            $target: '@real_mailer'
            $logger: '@logger'
```

依存性注入の考え方で設計された構造は、コンフィギュレーションによる組み換えが簡単にできるので、Proxyパターンを簡単に適用できます。JobWorkerクラスでは、コードの書き換えは一切起きないし、メーラーの実体が替わったことも認識する必要ありません。もともとメール送信の実体が何であろうと興味がないから、MailerInterfaceという抽象に依存して委譲していたわけで、当然といえば当然ですが。

ネットワーク構成を組み立てるときも、サーバーとクライアントが直結していた部分にプロクシを挿入することがあります。これもクライアントからは、通信先が本当のサーバーなのかサーバーのフリをした中継点なのか、区別できませんね。

Decorator

Proxyパターンが、利用者から見たメソッドの使い方を変えずに、特定の振る舞いを拡張するラッパーなのに対し、Decoratorパターンは、既存メソッドの振る舞いはそのままにし、新たなメソッドを追加する拡張ラッパーです。

図形描画を例に考えてみます（PHPで図形を描くのか？　まあ、あまりないですが、もしかしたらサーバーサイドでSVGを生成するかもしれないじゃないですか）。

▼ リスト8-40 最小の図形描画インターフェース

```
class Point
{
    public function __constract(
        public int $x,
        public int $y
    ) { }
}
interface DrawingInterface
{
    public function startAt(Point $p): void;
    public function lineTo(Point $p): void;
}
```

DrawingInterfaceは任意の線分を引ける最小限のシンプルなインターフェースです。インターフェースが小さいのは、実装もモック化もしやすいので理にかなった選択です。しかし、アプリケーション視点で便利とは言えません。そのままでは、決まった図形を描くコードを何度も記述することになります。

そこで「矩形を描く」「三角形を描く」といった、頻出する操作へのショートカットを備えたラッパーをかぶせると便利になります（リスト8-41）。

▼ リスト8-41 便利なメソッドを追加したラッパー

```
class DecorativeDrawing implements DrawingInterface
{
    public function __constract(
        protected DrawingInterface $target
    ) { }

    public function startAt(Point $p): void
    {
        // そのまま委譲
        $this->target->startAt($p);
    }

    public function lineTo(Point $p): void
    {
        // そのまま委譲
        $this->target->lineTo($p);
    }
```

```
    public function rectangle(Point $topLeft, Point $bottomRight): void
    {
        $topRight = new Point($bottomRight->x, $topLeft->y)
        $bottomLeft = new Point($topLeft->x, $bottomRight->y)
        $this->startAt($topLeft);
        $this->lineTo($topRight);
        $this->lineTo($bottomRight);
        $this->lineTo($bottomLeft);
        $this->lineTo($topLeft);
    }

    public function triangle(Point $p0, Point $p1, Point $p2): void
    {
        $this->startAt($p0);
        $this->lineTo($p1);
        $this->lineTo($p2);
        $this->lineTo($p0);
    }

    // その他いろいろな図形
}
```

このとき注意しないといけないのは、DrawingInterfaceの代わりとして使うこの便利オブジェクトには、形式上DrawingInterfaceとして取り回せるという特徴を残しておく必要があるということです。でないと、関係する他のオブジェクトから見たとき仕様変更になり、互換性が失われてしまうからです。

DrawingInterfaceのインスタンスの正体がDecorativeDrawingだと知っているクラスから見れば、便利な図形描画メソッドのあるオブジェクトに見えます。正体を知らないクラスにとっては、線分を引くメソッドだけを持つオブジェクト抽象と認識され続けます。

継承との違い・プロクシとの違い

新たなメソッドを増やす点は振る舞いの継承に似ていますが、決定的な違いは、Decoratorパターンの方がはるかに柔軟だということです。継承は基底クラスの実装をひとつしか選択できません。一方、Decoratorパターンによる委譲を使ったメソッド追加は、基底となるオブジェクトが特定のインターフェースさえ満たしてさえいれば可能です。つまり、DrawingInterfaceに異なる実装のバリエーションが増えたとしても(同じ業界標準インターフェースを満たす、異なるベンダーのライブラリに切り替えることはよくあります)、ひとつのDecorativeDrawingで対応できます。

また、拡張を行うのはコード記述時ではなく実行時です。プログラムコードの書き換えなしに、どこにどんな拡張をするかを、コンフィギュレーションで決めることができます。Rubyの特異クラスは、このDecoratorパターンの言語機能バージョンです。

ProxyとDecoratorは混同されやすいパターンです[注3]。責務の意味付けがあいまいだと、元の目的がProxyなのにメソッドを増やしたり、Decoratorがそのまま委譲すべき箇所の振る舞いを変更したりと、単一責任を逸脱した拡張をしてしまいかねません。何であって何でないかを明確にするのに、デザインパターンという**意味づけされた名前**が利用できます。

Adapter

AdapterパターンはProxyパターンとは両端の様子が違います。Proxyが同じ型に見せかけた別の振る舞いを生み出すのに対して、Adapterは、同じ機能性を維持しつつ、インターフェースを変換するためのパターンです。

クリーンアーキテクチャ、というよりオブジェクト指向プログラミング一般の話として、アーキテクチャというものは、安定した抽象を起点として、インターフェース実装の形で制御と依存の向きの逆転をしながら、徐々に具象へと降りていく形を取ります。このアーキテクチャは最終的に、サードパーティライブラリやデバイスのSDKに到達します。そこには、ベンダー固有のプログラミングインターフェースがあります。汎用ライブラリのベンダーが、アプリケーション開発者の設けたインターフェースを実装してくれる、なんてことはありえませんよね。なので、自分のアーキテクチャと外部システムとのつなぎ合わせに、型変換は必須です。

コードで例を示しましょう。Decoratorパターンの例では、startAtで始点を指定したあと、lineToで連続的な線を描くインターフェースを基本としました。

▼ リスト8-42　アプリケーション側のインターフェース

```
interface DrawingInterface
{
    public function startAt(Point $p): void;
    public function lineTo(Point $p): void;
```

注3　Pythonの文法にあるdecoratorはGoFデザインパターンで言うとProxyパターンです。

```
}
```

もともと後で自作するつもりでインターフェースDrawingInterfaceを作ったものの、やっぱり別のサードパーティライブラリを選ぶことになったとします。同じようなインターフェースで使えると思っていたら、このサードパーティライブラリの線分描画は、始点と終点を一度に指定するlineメソッドひとつしかなく、Point型ではなくバラの数値で座標を指定するスタイルを取っていました（リスト8-43）。

▼ リスト8-43　サードパーティー側のインターフェース

```
interface VendorGraphicsInterface
{
    public function line(int $x0, int $y0, int $x1, int $y1): void;
}
```

これでは、現在アプリケーションが依存しているDrawingInterfaceの実装として、そのまま使うことはできません。そこで、次のような変換器を挟んで使うアイデアが出てきました。これがAdapterパターンです（リスト8-44、図8-16）。

▼ リスト8-44　Adapterパターン

```
class VendorGraphicsDrawingAdapter implements DrawingInterface
{
    private ?Point $current;

    public function __construct(
        protected VendorGraphicsInterface $target
    ) {
        $this->current = null;
    }

    public function startAt(Point $p): void
    {
        $this->current = $p;
    }

    public function lineTo(Point $p): void
```

```
    {
        if ($this->current === null) {
            throw new LogicException();
        }

        $p0 = $this->current;
        $this->target->line($p0->x, $p0->y, $p->x, $p->y);
        $this->current = $p;
    }
}
```

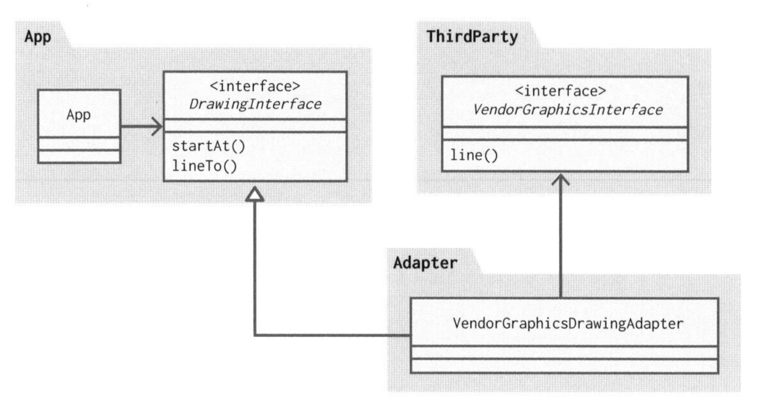

図8-16　Adapterパターン

アダプターの実体は**依存関係の最下層に位置**します。アダプターはアプリケーションアーキテクチャにもサードパーティライブラリにも依存します。つまり、クリーンアーキテクチャのもっとも外側の、インフラストラクチャ層にあたるということです。

テスト困難だからこそより小さく

アダプターの役目はギャップの変換に限定されるのが原則です。アプリケーション固有の知識を持つ責務が混入してはいけません。やりたいことの知識表現は、アダプター以前の段階で成立しきってしまうのが得策です。「手前のロジックが本当に成立しているかどうかなんて、実機能とつなぎ合わされてなければ、動かして試すことができないじゃないか」と思いましたか。そこで、アダプターより手前を、スタブを使った単体テストでチェックするのが役に立つのです。

なぜ単体テストが、アダプターを含まず手前までなのかというと、アダプターが正しいかどうかのテストはとても困難だからです。サードパーティのライブラリの使い方が本当に合っているかは、単体テストではわかりません。モックオブジェクトを使って検証したところで、メソッドを呼び出したことは確認できても、そのメソッドが実際にどう動くのかどうかはわかりませんから。アダプターは実動作でのテストをしないと、完成と言えないのです。この動作テストに複雑さを持ち込まないために、アダプターは素直な変換ができているかだけをその責務とし、最少の手間で動作をたしかめられるかたちにしておきたいのです。

アダプターとしてのサードパーティライブラリ

実動作とのバインディングをすでに担保してくれるものとして、開発者はサードパーティの抽象化フレームワークを採用することがあります。広い意味では、O/Rマッピングフレームワーク、通称ORM（Object Relational Mapping）と呼ばれる技術もアダプターの一種です。ORMはデータベースベンダーの差異を吸収する抽象を提供したり、データへのアクセス方法をオブジェクト指向からSQL文の発行へと変換したりします。

確かにフレームワークが依存の中心になってしまうアーキテクチャを作ってしまうと、クリーンアーキテクチャの考え方に反してしまいます。が、比較的外側の層でなら、安定度が高いフレームワークのライブラリは、より低いレイヤーのベンダー固有技術とのアダプターとして、便利に使えます。

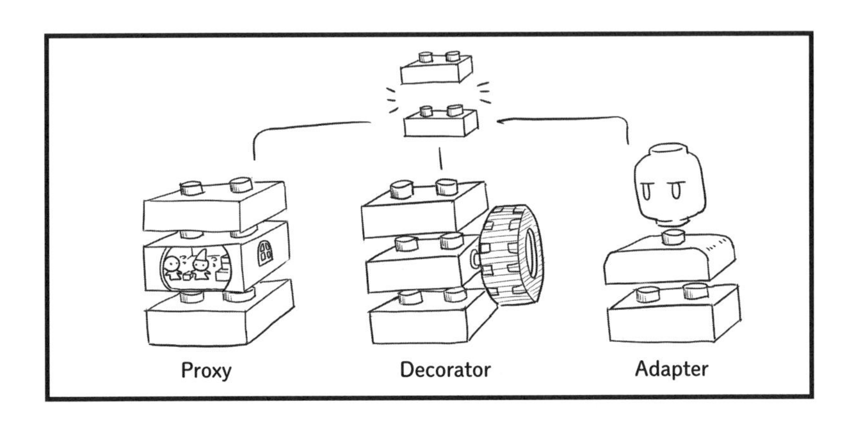

8-7 データモデルの構造

ソフトウェアの機能構成のパターンは、オブジェクトのチェーンが基本でした。ではアプリケーション固有のデータモデルは……となるのですが、残念ながらデータモデルそのものに関する一般的なパターンはありません。データはそれぞれの対象ドメインごとに固有だったり、パターンという概念の領域外だったりします。独自のデータモデルは、それぞれの開発者が経験と常識を使って創意工夫を凝らす部分です。

唯一、例外的に、GoFのパターンでデータ構造について説明しているのがCompositeパターンです。

Composite

Composite（コンポジット）パターンは、自己再帰的なデータ構造の呼び名です。ファイルシステムのディレクトリは内部にファイルとディレクトリを持ちます。ディレクトリ内のディレクトリには、さらに同じ構造が含まれます。このような、理論上無限に中へ展開できるツリー型の構造をコンポジットと呼びます（リスト8-45、図8-17、図8-18）。

▼ リスト8-45　Compositeパターン

```
abstract class Node
{
    protected Branch $parent;
}

class Branch extends Node
{
    /**@var Node[] */
    protected array $subnodes;
}

class Leaf extends Node { }
```

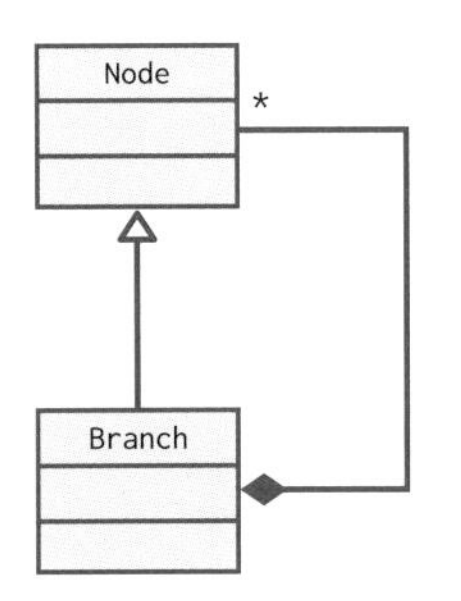

図8-17　Compositeパターンのクラス図

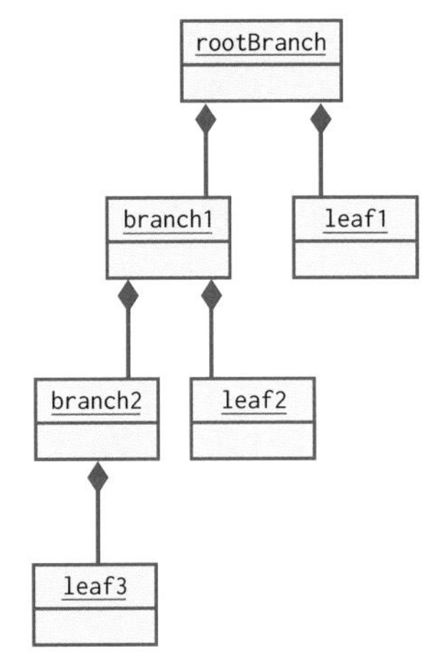

図8-18　Compositeパターンのインスタンス図

気づけばよくあるツリー構造

Compositeパターンは汎用的に広く応用できます。たとえばプログラミング言語の構造もCompositeパターンです。構文ブロックの中に任意の構文ブロックを持つことができます。式は値と式で構成されていて、カッコを使えば、式内の式はいくらでも再帰できます。プログラミング言語をパースした結果はCompositeパターンのデータ構造になります。

プログラミング言語なんて大層なものを作るつもりはなくても、この特徴は他の設計のヒントになります。FizzBuzzで簡単なルール組み立てを行ったのを思い出してください。あのときはDIコンテナ管理下で静的に構築しましたが、マルチテナントのSaaSなどでは、同じようなかたちで、ユーザーごとに個別の業務ルールコンフィグを持つかもしれません。各ユーザーが自分用のセキュリティやワークフローのルール定義をする際、アプリケーション全体を管理下に置くDIコンテナは役に立ちません。どこまでユーザー自身での操作が可能かとは別の話として、ユーザー設定をプログラミング言語の式のような、柔軟に要素を組み替えられるものとして設計しておくのは良いアイデアです。

Compositeパターンのもっと身近な例はHTMLのDOM(Document Object Model)です。HTML文書は複数の段落をグループ化でき、さらに複数のグループもグループ化ですます。段落が直列になっているよりも、グループをひとつのまとまりとして扱えるほうが便利ですよね。これと同じように、会社の組織構造モデルにもグループのグループが求められたりします。どうです？　セキュリティやワークフローのルール定義も、Compositeパターンになると予測して一般化しておくほうが、なんだか良さそうな気がしませんか。

集約の複雑さを持たないシンプルさ

DIコンテナ内のオブジェクトの依存チェーンも似ていますが、それはUMLの言葉で言うと集約です。DIコンテナ内では親とは独立して子が存在し、インスタンスが共有されることもあります。一方、Compositeパターンの要素はUML用語でいうコンポジションです。Compositeの要素は原則、自律的に存在しません。所有権は完全なトップダウンツリーだと割り切るのがCompositeパターンです。

言い換えると、DIコンテナの要素は親ノードを複数持つことがあり、Compositeパターンの要素は親が必ずひとつだということです。Compositeパターンのようなノードの親がひとつに決まるツリー構造には、リレーショナルデータベースに保存するとき、扱いが厄介な多対多関係にならないメリットもあります。

8-8 クラスか高階関数か

ここまでは、モジュール構造(アーキテクチャ)とデータ構造を中心に考えてきました。ここからは、振る舞いを持った抽象に着目します。いよいよ最後のピース、動作部分のプログラミングテクニックとしてのオブジェクト指向です。

と、いきたいところなのですが、ここで裏切りのような宣告をしないといけません。現代的なプログラミング言語では、もはや振る舞いを実現する手段として、クラスが主役である必要のない場合が多くあります。

高階関数とは

イテレータの扱いが言語文法に組み込まれていて、Iterator型のオブジェクトの個々のメソッド呼び出しが見えなくなっていたのと同じように、オブジェクト指向をサポートする言語の多くが、第一級オブジェクト（ライブラリ内のクラスをnewで生成することなく、言語文法で値として表現できるもの）として、**高階関数**を扱えるようになってきました。

高階関数とは、整数や文字列といった値だけでなく、関数を引数や返り値として扱える関数です。高階関数が扱う関数は、値として変数に保持し、取り回すことができます。実体は関数ですが、変数に代入できるという特徴は、オブジェクトインスタンスと同じです。

そうした関数の中でも、記述された文脈にある変数を束縛できる特徴を持ったものをクロージャと呼びます。束縛した変数の値が異なるクロージャは、呼び出し時に渡される引数が同じでも、異なる振る舞いを取ることができます。束縛された変数は、あたかもクラスのコンストラクタを通して付与されたプロパティのような存在になります。

▼ リスト8-46　クラスによる振る舞い（無名クラスによる）

```
interface RunnableInterface
{
    public function run(): void;
}

$foo = "Foo";
$runnableObject = new class($foo) implements RunnableInterface {
    public function __construct(
        private string $value
    ) { }

    public function run(): void
    {
        echo $this->value . "\n";
    }
};
$runnableObject->run();
```

▼ リスト8-47　クロージャによる振る舞い

```
$foo = "Foo";
$functionObject = function () use ($foo) {
    echo $foo . "\n";
};
$functionObject();
```

クラスの書き方がパターンではない

単一責任原則（SRP）に従えば、メソッドを持ちすぎない小さなクラスの組み合わせで問題を解決するのが、オブジェクト指向らしい設計です。その「らしさ」に従うなら、関数オブジェクトのインスタンスは、クラスよりも原則に合っているとさえ言えます。

プログラミングテクニックとしてのオブジェクト指向を考えるうえで、その構成要素は必ずしもクラスとは限らないのが現代のプログラミングです。クラスを書かなければオブジェクト指向でないという思い込みをしないようにしましょう。「振る舞いの詳細を隠蔽した抽象」であるかぎり、それはまぎれもなくオブジェクト指向の構成要素です。デザインパターンはクラスの書き方を教えるコードスニペットではなく、あくまで設計のパターンです。クラスで実装した場合でも、関数で実装した場合でも、パターンの意味と語彙は共通しています。

8-9 どこで生成されどこで振る舞うか

GoFのデザインパターンには、実体がクラスインスタンスでも関数オブジェクトでもかまわないような、部分的な振る舞いを表す小さなオブジェクトを使うパターンが複数あります。いずれも、モジュールやデータといった単位ではなく、ごくわずかな「呼び出せる振る舞い」だけを持つオブジェクトに関するパターンです。

Strategy, State, Command, Observer, Visitorの各パターンの主役となるオブジェクトはどれも、変数を束縛しただけの関数と同じようなものです。それ自体の作りに大きな違いはありません。それらのパターンを見分けるうえで着目すべきは、振る舞い自体ではなく、その振る舞いを使う目的と構造的な関係、および、**振る舞いを誰が生成し管理するか**です。

Strategy

Strategyパターンは、全体を継承オーバーライドすることなく、オブジェクトの動きのバリエーションを得るパターンです。同種のオブジェクトだけど振る舞いが異なる別バージョンを作るとき、Template Methodパターンは継承を使って複数の具象クラスに派生することで目的を実現します。Strategyパターンは主となるクラスをひとつ固定し、振る舞いオブジェクトの代入によって同じことを実現します。

簡単な数式を評価するクラスの設計を比較してみましょう。演算をオブジェクトの多態としてモデリングすると、加減算など2項のもの、単項のものや、項が3つ以上あるものもある可能性があります。任意の値を取れ、評価できる数式の抽象型として、こんなインターフェースを考えました(リスト8-48)。

▼ リスト8-48　数式のインターフェース

```
interface ExpressionInterface
{
    public function setVariables(array $vars): void;
    public function evaluate(): float;
}
```

引数の数の決まりや内部でどんな演算をするのかは、具象によって異なります。Template MethodパターンとStrategyパターンでそれぞれ、具象のバリエーションを作ってみましょう。

▼ リスト8-49　Template Methodパターンによる実現方法

```
abstract class AbstractExpression implements ExpressionInterface
{
    protected ?array $vars = null;

    public function setVariables(array $vars): void
    {
        if ($this->validate($vars)) {
            throw new InvalidArgumentException();
        }
        $this->vars = $vars;
    }
```

```
    public function evaluate(): float
    {
        if ($this->vars === null) {
            throw new LogicException();
        }
        return $this->calculate();
    }

    abstract protected function validate(array $vars): bool;

    abstract protected function calculate(): float;
}

class PlusExpression extends AbstractExpression
{
    protected function validate(array $vars): bool
    {
        return count($vars) === 2;
    }

    protected function calculate(): float
    {
        return $this->vars[0] + $this->vars[1];
    }
}
//他にminusExpressionもある
$expression = new PlusExpression();

// ExpressionInterfaceとして使う
$expression->setVariables([1.1, 2.2]);
echo $expression->evaluate();  // 3.3
```

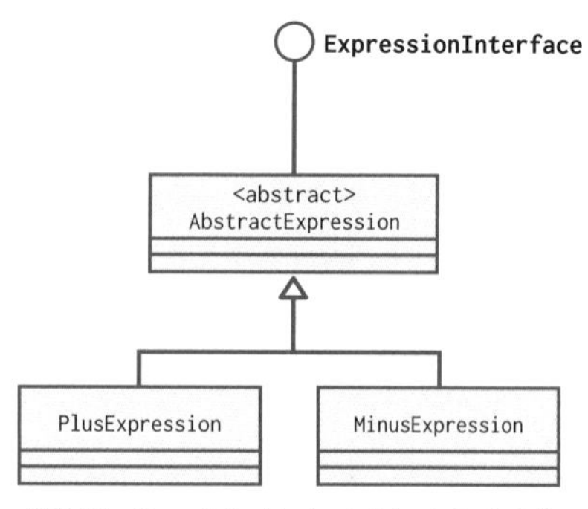

図8-19 Template Methodパターンによる式

▼ リスト8-50　Strategyパターンによる実現方法

```
interface CalculationStrategyInterface
{
    public function validate(array $vars): bool;
    public function calculate(array $vars): float;
}

class Expression implements ExpressionInterface
{
    protected ?array $vars = null;

    protected ?CalculationStrategyInterface $calculationStrategy = null;

    public function setCalculationStrategy(
        CalculationStrategyInterface $strategy
    ): void {
        $this->calculationStrategy = $strategy;
    }

    public function setVariables(array $vars): void {
        if ($this->calculationStrategy->validate($vars)) {
            throw new InvalidArgumentException();
        }
        $this->vars = $vars;
}

    public function evaluate(): float
    {
        if ($this->vars === null || $this->calcalculationStrategy === null) {
            throw new LogicException();
        }
        return $this->calculationStrategy->calculate($this->vars);
    }
}

class PlusCalculationStrategy implements CalculationStrategyInterface
{
    public function validate(array $vars): bool
    {
        return count($vars) === 2;
    }
```

```
    public function calculate(array $vars): float
    {
        return $vars[0] + $vars[1];
    }
}
//他にminusCulculationStrategyもある
$expression = new Expression();
$expression->setCalculationStrategy(new PlusCalculationStrategy());

// ExpressionInterfaceとして使う
$expression->setVariables([1.1, 2.2]);
echo $expression->evaluate();   // 3.3
```

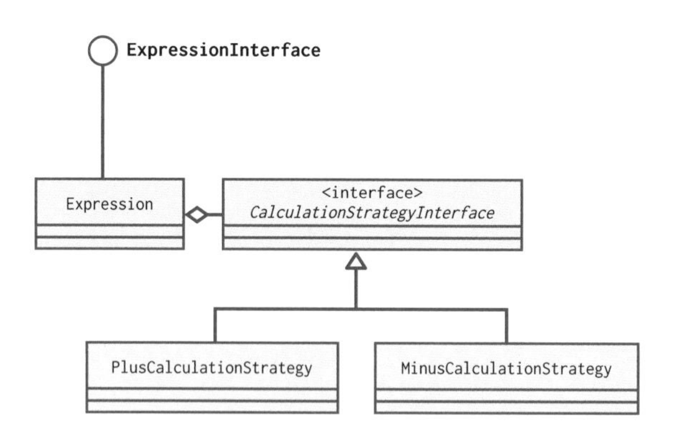

図8-20　Strategyパターンによる式

Strategyパターンでは、主体となるオブジェクトの外で作った小さな振る舞いを、外部から**与え**ます。一度その構成ができてしまえば、振る舞いの持ち主はそれを内部で自由に使います。メソッドをオーバーライドして動きが変わったのか、異なるストラテジを持っているからなのかは、利用者からは見分けがつきません。

Template Methodパターンが作るのは静的なバリエーションです。いっぽうStrategyによるバリエーションは動的です。つまり、コード記述時にバリエーションが決まるか、実行時の組み合わせで決まるかに違いがあります。

継承を選ぶか委譲を選ぶか

Template MethodパターンとStrategyパターンのどちらが優れているかは場合によりますが、一般的にStrategyパターンのほうが柔軟で、少ないコードでより多くのバリエーションを生み出せます。ストラテジなら、実行中に既存の戦略を差し替えて振る舞いを変更することも可能なぐらい柔軟です。Template Methodは、大きなクラスの拡張性を確保したいときにはあまり向いていません。部分的な違いのために、大きなクラス全体の別バリエーションを作らないといけないのは負担です。

逆に、Template Methodに対するStrategy（および他の振る舞いに関する他のパターンに共通する）の弱点は、振る舞いが部外者である点です。つまり、$thisのprotectedプロパティを自由に参照できないということです。それぞれの作りのcalculate()を見ると、違いがよくわかります。ストラテジは与えられた情報しか扱いません。もし$thisを与えられたとしても、操作できる範囲はpublicアクセスに制限されます。

どちらが優れているかを一概に言うことはできませんが、継承による多態性の実現しか知らないより、別の選択肢を知っているのは、確実に価値があります。

関数を使ったStrategyパターン

なお、今回はvalidateとcalculateの2つの振る舞いが強く結びついてセットでないといけないので、ストラテジをクラスにしましたが、振る舞いがひとつの場合は、もっと短く「関数の代入」でオブジェクトをカスタマイズする手も考えられます。

```
$expression->setCalculationStrategy(
    fn (array $vars) => $vars[0] + $vars[1]
);
```

State

オブジェクトが自身の状態変化によって**自律的に**ストラテジにあたる振る舞いを切り替えるのが、Stateパターンです。何かのオブジェクトが自身に状態を持つとき、それを整数値や文字列のプロパティで表すのではなく、振る舞いを表すオブジェクトを指すかたちで表現するようにします。すると、状態が変化したとき、指している振る舞いオブジェクトのインスタンスが切り替わり、それにともなってオブジェクト全体の振る舞いの変化が起きる仕組みです。

ある特殊な仕様を持った自動車のスピードメーターを作ってみることにしま

す。このスピードメーターは通常は速度を緑色(安全)で表示します。もし速度が100km/hを超えると赤で表示されます。その後80km/hより速いうちは表示は赤のままで、80km/h以下になってようやく緑色に戻ります。単純に現在の速度から色を決めることはできません。速度とは独立した状態遷移を持っているのです。

状態をそれぞれ振る舞いを持つオブジェクトで表し、この状態遷移をプログラムしたものが次の例です。

▼ リスト8-51　Stateパターン

```
class SpeedMeter
{
    protected float $speed;
    protected SpeedMeterState $currentState;

    public function __construct()
    {
        $this->speed = 0.0;
        $this->currentState = SafeState::getInstance();
    }

    public function setSpeed(float $speed): void
    {
        $this->speed = $speed;
        $this->currentState = $this->currentState->nextState($this->speed);
    }

    public function display(): string
    {
        $color = $this->currentState->getColor();
        return sprintf("%.2fkm/h %s", $this->speed, $color);
    }
}

abstract class SpeedMeterState
{
    abstract public function nextState(float $speed): SpeedMeterState;
    abstract public function getColor(): string;
}

class SafeState extends SpeedMeterState
{
```

```
    use SingletonTrait;

    public function nextState(float $speed): SpeedMeterState
    {
        return $speed > 100.0 ? DangerState::getInstance() : $this;
    }

    public function getColor(): string
    {
        return "green";
    }
}

class DangerState extends SpeedMeterState
{
    use SingletonTrait;

    public function nextState(float $speed): SpeedMeterState
    {
        return $speed <= 80.0 ? SafeState::getInstance() : $this;
    }

    public function getColor(): string
    {
        return "red";
    }
}
```

```
trait SingletonTrait
{
    private static ?self $theInstance = null;

    private function __construct() { }

    public static function getInstance(): self
    {
        if (!self::$theInstance) {
            self::$theInstance = new self();
        }
        return self::$theInstance;
    }
}
```

column ›› enumの代用としてのSingleton

本当はenumを使いたいものの、執筆時点でPHPのenumにはまだ要素ごとに異なるメソッドを持つ機能がないため、Singletonパターンで代替しています。(本当はめったに使わないはずなのにさっそく…)

https://wiki.php.net/rfc/tagged_unions

将来はこういうふうに実装できるかもしれません。

```
enum SpeedMeterState
{
    case Safe {
        function nextState(...) { ... }
        function getColor() { ... }
    };
    case Danger {
        function nextState(...) { ... }
        function getColor() { ... }
    };
}
```

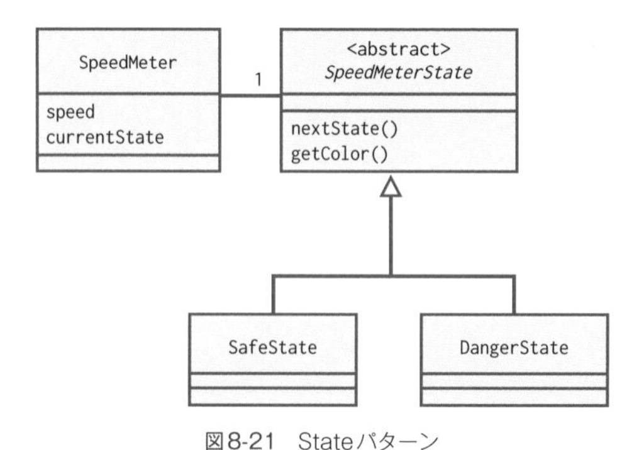

図8-21　Stateパターン

どんな動きをするか見てみましょう。

▼ リスト8-52　実行結果

```
$speedMeter = new SpeedMeter();
echo $speedMeter->display() . "\n";
// 0.00km/h green
```

```
$speedMeter->setSpeed(90.0);
echo $speedMeter->display() . "\n";
// 90.00km/h green

$speedMeter->setSpeed(101.0);
echo $speedMeter->display() . "\n";
// 101.00km/h red

$speedMeter->setSpeed(90.0);
echo $speedMeter->display() . "\n";
// 90.00km/h red

$speedMeter->setSpeed(80.0);
echo $speedMeter->display() . "\n";
// 80.00km/h green
```

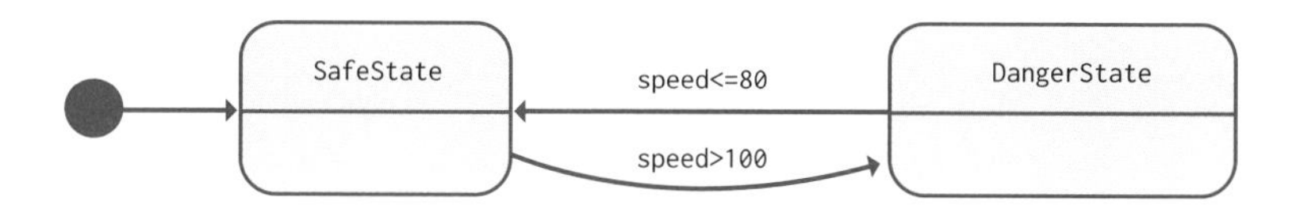

図8-22　状態遷移グラフ

少し長いコードですが、Stateパターンを知るうえでもっとも重要な部分はここです。

```
$color = $this->currentState->getColor();
```

SpeedMeterのdisplayメソッドには、色を決定するためのif文がありません。currentStateがSafeStateかDangerStateかどちらのインスタンスを指すかによって、色を決める戦略が切り替わっています。また、状態遷移が起きるかどうかの判断の詳細も、自身には含まず、各状態オブジェクトが持っています。

後で色の仕様変更が起きても、SpeedMeter内のロジックは、一切変更する必要がありません。というか、そもそもSpeedMeterには状態の保持とメソッド委譲以外のコードが含まれていません。

また同時に、SpeedMeterStateの各具象には状態がありません。ある特定の状態のとき何が起きるかだけを考えれば済みます。状態における振る舞いは、時間軸を考えずに済む、とても単体テストしやすいオブジェクトです。

ストラテジとの共通点と相違点

この「振る舞いを表す小さなオブジェクト」によって柔軟性を得る特徴は、Strategyパターンに登場したExpressionクラスと同じです。

Strategyパターンと異なるのは、振る舞いを表すオブジェクトの切り替わりが、外部トリガーではなく、内部でいつの間にか起きている点です。今どの状態にあるのかを、外部から認識できるようにしておく必要もありません。

Command

StrategyやStateといったパターンは、ひとつのオブジェクトの振る舞いに着目していましたが、Commandパターンには、異なる関心を持つ複数の関係者が登場します。

ユーザーインターフェースとプログラムの内部処理でたとえて言うと、ユーザーインターフェースにはユーザー操作への関心があり、アプリケーションのユースケースにはドメインモデルへの関心があります。互いを意識して良いデザインを考えるべきなのはもっともなのですが、実装コードとしては、どちらかがどちらかにすっかり依存するのは合理的ではありません。

ユーザーインターフェースは創意工夫が入りやすいので、比較的不安定な部分ですが、ユースケースは、できるだけそんなユーザーインターフェースの調整に引きずられない、独立したロジックでありたいものです。一方、画面とユーザー操作に集中して高品質なユーザーインターフェース部品を独立して作っているところに、ユースケースの些細な変更が影響してほしくないのも事実です。両者には、異なる中心的価値があります。

互いに主張の強い両者を連携させるために、中立でたったひとつの実行メソッドだけを持つ、コマンドという概念を設けることにします。

▼ リスト8-53　コマンド抽象

```
namespace Common;

interface CommandInterface
{
    public function invoke(): void;
}
```

ユーザーインターフェースの方から先に見ていきましょう。ユーザーインターフェースはコマンドが実際に何をするのか知りません。ユーザー操作が意図したコマンド実行に行き着くかどうかだけに着目します。コマンドを使うユーザーインターフェースは、たとえばこのようになります（リスト8-54）。

▼ リスト8-54　コマンドを使うユーザーインターフェース

```
namespace UI;

use Common\CommandInterface;

class SelectionItem
{
    public function __constract(
        public string $label,
        public CommandInterface $command
    ) { }
}

class SelectionUI
{
    /**@var SelectionItem[] */
    protected array $selectionItems = [];

    public function registerCommand(
        string $label,
        CommandInterface $command
    ): void {
        $this->selectionItems[] = new SelectionItem($label, $command);
    }

    public function help(): string
    {
        $indexedItemList = [];
        foreach ($this->selectionItems as $i => $item) {
            $indexedItemList[] = sprintf("%d: %s", $i + 1, $item->label);
        }
        return implode("\n", $indexedItemList);
    }

    public function select(int $number): void
    {
        $command = $this->selectionItems[$number - 1]->command;
```

```
        $command->invoke();
    }
}
```

help()メソッドを使うと、登録されたすべてのコマンドの説明を表示できます。select()メソッドは番号で指定されたコマンドのinvoke()を呼び出します。ここまでのコードのどこにも、何の業務に使うアプリケーションを作っているかがわかる情報はありません。このユーザーインターフェースの実装は、ユースケースから完全に独立しています。

一方、ユースケースの関心はドメインです。コマンドとは具体的に何をすることなのかを知っているのはこちらです。ここからようやく、ペットショップでペットを買うアプリケーションなのかというのがわかってきます(リスト8-55)。

▼ リスト8-55 コマンドの実体

```
namespace UseCase;

class PetShop { }

abstract class Pet { }
class Cat extends Pet { }
class Dog extends Pet { }
```

```
namespace UseCase\Command;

use UseCase\PetShop;
use UseCase\Pet;
use Common\CommandInterface;

class BuyPetCommand implements CommandInterface
{
    public function __constract(
        protected PetShop $shop,
        protected Pet $pet
    ) { }

    public function invoke(): void
    {
```

```
        // $this->shopと $this->petを使って購入を処理する
    }
}

class CancelBuyingCommand implements CommandInterface
{
    public function __constract(
        protected PetShop $shop
    ) { }

    public function invoke(): void
    {
        // $this->shopに対してキャンセルを申し出る
    }
}
```

こちらもCommandInterfaceにしか依存していません。CommandInterfaceという抽象型として提供したあと、その先で、コマンドがどのようなユーザー操作によって呼び出されるかには、一切関心がありません。

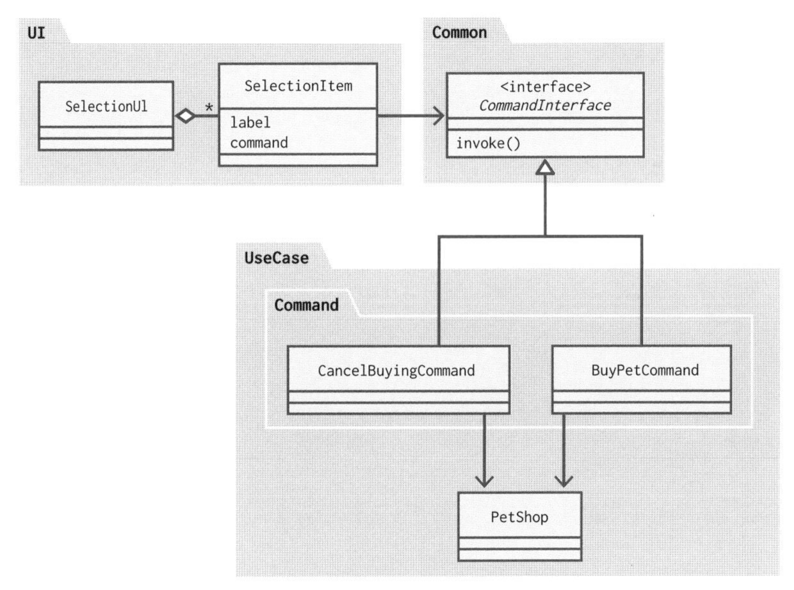

図8-23　Commandパターン

この両者を「ペットショップのためのSelectionUI」として統合するとき、ようやくコマンドの選択方法と実行内容がひもづけられます。

▼ リスト8-56　Comamndパターンの結合部

```
use UI\SelectionUI;
use UseCase\PetShop;
use UseCase\Cat;
use UseCase\Dog;
use UseCase\Command\BuyPetCommand;
use UseCase\Command\CancelBuyingCommand;

function createPetSelectionUI(PetShop $shop)
{
    $ui = new SelectionUI();
    $ui->registerCommand("猫をください", new BuyPetCommand($shop, new Cat()));
    $ui->registerCommand("犬をください", new BuyPetCommand($shop, new Dog()));
    $ui->registerCommand("やっぱりやめます", new CancelBuyingCommand($shop));
    return $ui;
}

$ui = createPetSelectionUI($shop);
echo $ui->help() . "\n";
// 1: 猫をください
// 2: 犬をください
// 3: やっぱりやめます

$userInput = (int)fgets(STDIN);
$ui->select($userInput);
// 選んだ項目のコマンドが実行される
```

事情が事情なのでコード例は長くなりましたが、Commandパターンとしての肝はここだけです。

```
$command = $this->selectionItems[$number - 1]->command;
$command->invoke();
```

コマンドを実行する文脈は、それが含まれるアプリケーションのユースケースですが、コマンドを選択して起動するのはユーザーインターフェースの詳細の奥深くです。同じ振る舞いオブジェクトでも、StrategyやStateと決定的に目的が違う点はここです。

Strategyパターンの目的はひとつのオブジェクトの振る舞いをカスタマイズすることですが、Commandパターンの目的は、オブジェクトと振る舞いの詳細を分離し、疎結合にすることです。コードの字面を見ると、外部化した振る舞いオブジェクトを注入するのが同じように見えますが、その設計をどんな目的に使うのかがパターンの違いのポイントです。

関数でもコマンドになりえる

CommandInterfaceにはメソッドがひとつしかありません。「コマンドの一種」と認識しやすいようにあえてクラスにしましたが、メソッドがひとつしかなく、実行以外の選択肢がないということは、関数オブジェクトでも同じ設計ができます。

▼ リスト8-57　関数でもコマンドを表せる

```
class SelectionUI
{
    public function registerCommand(string $label, callable $command): void
    {
        // CommandInterfaceの代わりに関数を登録する
    }
}

class PetShopCommandFactory
{
    public function __constract(
        protected PetShop $shop
    ) { }

    public function getBuyPetCommand(AbstractPet $pet): callable
    {
        return function () use ($pet) {
            // $this->shop, $petを使って機能を実現する
        }
    }
}

$factory = new PetShopCommandFactory($shop);
$ui = new SelectionUI();
$ui->registerCommand("猫をください", $factory->getBuyPetCommand(new Cat()));
```

その他のコマンド応用方法

Commandパターンには、実行トリガーと実行内容を分ける以外のメリットもあります。コマンドオブジェクトを変数に保持できるという特徴を利用すると、コマンドをキューイングして実際の実行を遅らせたり、実際の実行までにキャンセルしたりする余地が生まれます。

処理の実行が重い場合、ユーザー操作をコマンドオブジェクトのままストックしてUIの操作受付に戻ると、連続した素早い操作を取りこぼさなくなって、ユーザーインターフェースが快適になることがあります。貯めたコマンドは、その前後関係さえ狂わなければ、バックグラウンドで非同期的に処理できます。

ユーザーインターフェースだけでなくWeb APIにも、リクエストハンドリングとデータ操作にCommandパターンの関係を活かせる場合がよくあります。同時並列的なデータベースへの書き込みは、サーバー処理のボトルネックになりやすいポイントです。応答を待たなくても良いデータ書き込みなら、まさに、キューイングが有効です。CQS (Command Query Separation) と呼ばれるスケーリングのアプローチに出てくるCommandも、このパターンでいうCommandです。

Observer

Observerパターンは、Commandパターンよりもさらに結合が弱い連携です。実行される処理のコンテキストと、それをトリガーするコンテキストがまったく別の系にあるというのは同じです。Commandパターンでは、ふたつの系を合わせて初めてひとつの目的を果たす形ができたのに対して、Observerパターンに登場する主オブジェクトは、すでに独立して機能が完成しています。それに対する追加的な拡張を可能にするのがObserverパターンの目的です。

オブザーバーで拡張可能なクラス設計の例です（リスト8-58）。

▼ リスト8-58　Observerパターン

```
interface ObservableInterface
{
    public function addObserver(string $eventKey, callable $observer): void;
}

trait NotifiableTrait
{
    protected $observersMap = [];
```

```
    public function addObserver(string $eventKey, callable $observer): void
    {
        $this->observersMap[$eventKey][] = $observer;
    }

    protected function notify(string $eventKey, mixed $data): void
    {
        $observers = $this->observersMap[$eventKey];
        foreach ($observers as $observer) {
            $observer($data);
        }
    }
}

class DataStore implements ObservableInterface
{
    const EVENT_SAVE = 'save';
    const EVENT_LOAD = 'load';

    use NotifiableTrait;

    public function save(mixed $data)
    {
        // データを保存する

        $this->notify(self::EVENT_SAVE, $data);
    }

    public function load(): mixed
    {
        // データを読み込む

        $this->notify(self::EVENT_LOAD, $data);
        return $data;
    }
}
```

DataStoreクラスの基本機能はsave()とload()で完結しています。observersMapに何も登録されていなくても、機能的には何も欠落していません。notify()を呼び出しても何も起きないだけです。DataStoreクラスはこれ以上の変更を入れたくないので、おまけでObservableInterfaceを実装しています。本質とおまけを分けて書くためにNotifiableTraitを利用する形で記述しました。

オブザーバーはDataStoreのような自己完結した仕組みの内部動作を監視します。たとえば、内部で起きる各イベントのログを取りたいと思ったとしましょう。DataStoreに直接LoggerInterfaceを注入してコードに行変更を加えますか？　そんなことをしなくても、ObservableInterfaceを実装しているのだから、任意の振る舞いを追加できます。notifyが起きるタイミングでのロギングを、外部から監視する形で実現してみましょう（リスト8-59）。

▼ リスト8-59　オブザーバーを利用したロギング

```
class LoggingObserver
{
    public function __construct(
        protected LoggerInterface $logger
    ) { }

    public function watch(ObservableInterface $target, string $eventKey): void
    {
        $target->addObserver($eventKey, function ($data) use ($eventKey) {
            $this->logger->info($eventKey . ": " . json_encode($data));
        });
    }
}
```

```
$dataStore = new DataStore();

$observer = new LoggingObserver();
$observer->watch($dataStore, DataStore::EVENT_SAVE);
$observer->watch($dataStore, DataStore::EVENT_LOAD);

$dataStore->save($data);
// ログにsave: とデータ内容が出力される
```

ObservableInterfaceを実装した主クラスDataStoreと、後で監視のために追加されたLoggingObserverには直接的な依存関係がありません。ともにObservableInterfaceという小さなインターフェースに依存しているだけです。LoggingObserverの対象はDataStoreである必要はないし、DataStoreはLoggingObserverでないオブザーバーでも登録して拡張できます。

安定度を確保したサードパーティ

Observerパターンは、安定したサードパーティのソフトウェアによく活用されています。イベントリスナーと呼ぶほうが、耳馴染みのある人も多いかもしれません。たとえばHTMLドキュメントはそれ単体で完結した系です。HTMLの要素で起きるクリックやマウスホバーをJavaScriptのイベントリスナーで監視して、副次的なエフェクトをかけたりするのは、誰しも経験したことのあるオブザーバーの実例ではないでしょうか。

今回は振る舞いを最初から関数オブジェクトにしました。高階関数の利用が活発なJavaScriptだけでなく、PHPでもObserverパターンにおける監視を素朴な関数オブジェクトで行う場合が多くあります。以下はPSR-14標準を実装したSymfonyのEventDispatcherの使用例の抜粋です。

```
$dispatcher->addListener('someEvent', function (Event $event) {
    // イベントに応じて何かする
});
```

現在のソフトウェア開発は、完成度の高い既存ソフトウェアを使う機会が多く、Observerパターンをいつの間にか利用しています。外部のソフトウェアを利用するとき、Observerパターンを意識すると、どの安定を保つために何を分離しているのか俯瞰できます。

Visitor

Visitorパターンの動機は、他の振る舞いに関するパターンと少し異なります。

オブジェクト指向とは、詳細をカプセル化して隠蔽するためのものです。“Tell, Don't Ask.”は、いちいち内部にアクセスして手取り足取りするのではなく、トップレベルのインターフェースがひとつあれば目的を果たせるようにすべきという教えです。

ところが、Compositeパターンに見られるような複雑な構造とこの詳細隠蔽の方法は、少々相性がよくありません。あらかじめわかっている操作であれば、個々の要素にメソッドを準備しておいて、それを再帰的に呼び出し最上位で結果を集約すれば済みます。しかしそれでは、未知の操作に対する拡張性が得られません。何の工夫もない場合、あらかじめ想定されていない操作をしようと思ったら、構造をスキャンして掘り返さないといけなくなります。これでは内部構造の隠蔽が台無しです。

そこで、内部に隠蔽されたスキャン操作のパラメータとして、各要素が**任意の振る舞いを持った訪問者オブジェクト**を受け入れられるようにしておきます。その受け口を通して、訪問者に要素の操作をしてもらうのがVisitorパターンです(リスト8-60)。

▼ リスト8-60　Visitorパターン

```
interface VisitableInterface
{
    abstract public function accept(callable $visitor): void;
}

class Node implements VisitableInterface
{
    public function accept(callable $visitor): void
    {
        $visitor($this);
    }
}

class Branch extends Node
{
    /**@var Node[] */
    protected array $children;

    public function accept(callable $visitor): void
    {
        parent::accept($visitor);

        foreach ($this->children as $child) {
            $child->accept($visitor);
        }
    }
}
```

スキャン対象の内部構造がどんな複雑な構造だろうと、利用者はトップレベルのメソッドをひとつ呼ぶだけで、その構造の詳細に踏み込むことなく、各要素に対して任意の操作を実現できます。

```
$rootNode->accept(function (Node $node) {
    // $nodeに対して何か操作する
});
```

使われる振る舞いオブジェクトが、保持されるのではなく使い捨てられるのが、他のパターンとの違いです。

イテレータとの比較

もし対象が単純なリストだったら、イテレータを使ってループを書くのか、各要素に関数を適用する方法を取るのかの違いが、ちょうど、構造内のスキャンとVisitorパターンの違いのイメージです（リスト8-61）。

▼ リスト8-61　IteratorかVisitorか

```
foreach ($list->getIterator() as $element) {
    // $elementに何か操作する
}

$list->each(function ($element) {
    // $elementに何か操作する
});
```

線形リストより複雑な構造でも、器用なイテレータをうまく作れば、必ずしもVisitorパターンでなければならないとは限りません。がんばってイテレータを作るか、さっとビジターを受け入れられるように作っておくかは自由です。イテレータを作るのにVisitorパターンを利用するという選択肢もあります。

いずれの場合も、要素クラスそのものを拡張する場合と比較したときの弱点は、Strategyパターンと同じく、protectedメンバーに直接アクセスできないことです。内部事情を公開しすぎになってきた場合、そのニーズはもしかしたら、本来要素が本質的に持つべき事柄ではないかと気付くきっかけになります。

必要性は言語によるが存在意義は普遍

「内部構造の要素に操作を追加したい人が、データ構造を作った人のクラスを書き換えるのは難しい」という事情は、C++直系のJavaやPHPにとっては深刻な問題ですが、既存のクラスを後から拡張できるRubyのような言語にとっては、致命的な問題ではありません。

同じ種類の問題でも、周辺の設計やプログラミング言語の仕様によって、最適な解決方法は変わってきます。パターンはあくまで、参考にすべき典型的な問題解決のひとつの例です。Visitorの問題提起は、「内部構造のたどり方を知る必要があると、カプセル化されたオブジェクトでなくなる」ということです。自分の作ったデータ構造がカプセル化を破っていないかを考えるヒントとしても、Visitorパターンの理解は役立ちます。

「GoFパターンのコードの書き方は古いから、プログラミング言語が発達すれば使う必要がなくなる」という主張と「GoFパターンの問題提起には普遍性があり、その解決アイデアは時代を超えて参考になる」という主張が両立するのを、あらためて認識させてくれるパターンです。

8-10 「再利用可能なオブジェクト指向ソフトウェア」

前の章までの知識をもとに、理解の筋道に沿った順でデザインパターンを紹介しました。GoFのパターンは、オブジェクト指向的なプログラムのあちこちに発見することができます。デザインパターンは、まったく素地のないところに他所から持ってくるコードスニペットのようなものではありません。すでに作られた構造の中から、パターンとみなせる部分を見いだし、概念を再確認して共有するのに使うものです。

GoFのサンプルコードがC++で書かれていたため、より後の世代の言語では使えないコーディングテクニックだと考えた人もいます。また、原著の解説に出てくる例がデスクトップGUIの話であることから、Webやモバイル開発に適さないと考えた人もいます。どちらも、パターンの伝えたかった真意とはずれた批判です。クリーンアーキテクチャもSOLID原則も明文化されていなかった当時、デザインパターンが伝えていた設計上の問題意識は抽象的すぎて、その前提状況を、ほとんどの人が認識・共有できていませんでした。

「べきでない」意図の表明

パターンが見いだされた部分を見たプログラマーは、パターンを使って拡張する方法を考えるのではなく、むしろどう変更すべきでないかを考えるべきです。Singletonに状態を設けてはいけません。FacadeやMediatorに独自の知識を実装してはいけません。StrategyやVisitorは永続的なデータの本体と癒着してはいけません。

そうした概念的な制約が、個々のオブジェクトの責務（SRP）を明確にし、観念的に制約してくれます。責務が広く、いつどんなメソッドが追加されるかわからないクラスよりも、責務が明確で小さく安定したクラスのほうが、安心して**再利用**できます。再利用というのは、別のプロダクトに使い回すという意味だけではなく、同じプロダクトの中で繰り返し見かける概念でしたね。長期的な開発にとって、既存モジュールの「意味がわかる」ことほど、再利用にとって効率的なことはありません。Adapterは型が合わないものの変換にしか使われていない、つまり独自の業務知識を含んでいないとすぐにわかります。

オブジェクト指向のプログラミング言語を使って自由な表現をしていくとき、パターン名による意図の共有は、チームにとっての強い味方です。認識のしやすさこそが、設計の再利用性にもっとも貢献します。

再利用性を高めるのはあなたです

GoF本は、邦訳版のタイトルが『オブジェクト指向における**再利用のための**デザイン**パターン**』となっていました。TDDも原則もなかった当時、とくに国内では、サードパーティライブラリの再利用の感覚で、詳しく知らなくても真似れば使える、お作法コードスニペットのように認識する人が多くいました。

確かに、海外でも過剰に信仰された点は批判されましたが、もともと英語のサブタイトル“Elements of Reusable Object-Oriented Software”は少なくとも、**自分たちが作るものとして**の「再利用可能なオブジェクト指向ソフトウェア」という解釈ができる言葉です。パターンがなぜそんな状況を問題としているのかを、(当時まだなかったけど今はある)原則で理解して、パターンを再利用する発想ではなく、自分達が作る抽象の方を再利用性高くしていくのに活かすのが、デザインパターンの正しい使い方と言えるのではないでしょうか。

column ›› その他のパターン

扱う前提の問題状況がとくに設計問題でないパターンは、詳細解説から除外しました。他に、本当に今ではあまり重要でなかったり、オブジェクト指向の応用方法ではあるけど、当時のプログラミング課題に強くフォーカスしていたりするパターンも除外してあります。最後に、解説から漏れたパターンを、軽くおさらいしておきます。

Flyweight

リソース消費の激しいオブジェクトが繰り返し登場するときは、そのインスタンスを可能なかぎり共有しようという、プログラマーなら誰しも考える、ごく普通の最適化のことを言っています。同じ絵を何度も表示するとき、画像データを毎回読み込んで個別にメモリに展開するのは無駄です。ひとつのオブジェクトを共有してリソース消費を節約するのが普通です。

ペットを買ったショップのインスタンスを要求するとき、同じショップの実体を共有するようにしないと、ペット1匹につき店舗が1件できてしまいます。同じとわかっているデータを取得するデータアクセスには、メモリだけでなく、通信回線リソースの無駄もあります。これは現在でも、Active RecordのN＋1問題として現れてきます。

Prototype

オブジェクトの生成コストが高い場合、出来上がった原型とするオブジェクトのクローンを取って、それをカスタマイズする方がパフォーマンスが出るという話です。これは、コンパイラ／インタプリタの最適化が進んだ現在では、ほとんど役に立たないパターンです。

現在生成の負荷になるのは、CPUやメモリ管理ではなく、OS割り込みやI/Oなどの外部リソースです。そうしたロスを最小化するために、使い終わったオブジェクトを捨てずに、次の新規生成の代わりに使い回すObject Poolパターンを知る方が有用です。

Mement

「もとに戻す」「やり直し」をどのように作るかに関するパターンです。解説の大部分が、デスクトップGUIで頻出するその課題に注目しすぎていて、今では一般的でないと感じます。

とはいえ、このパターンには大事なことが一点だけ含まれています。それは、スナップショットの巻き戻しは、ヒストリを操作できるオブジェクトだけが操作可能、かつ、他のオブジェクトがその存在を気にせずに済む形を意識しなさいという教えです。

わかりやすい例えで言うと、ソースコードのバージョン管理をするのはGitに統一しなさい、また、Gitでバージョン管理していることはコーディング作業と直交する問題として、分けて考えなさいという考え方になります。関心の直交性を発見するのは、凝集度確保のうえでとても有用です。もしかしたら、何かのヒントとして役に立つかもしれません。

Chain of Responsibility

オブジェクトの連鎖的な構造に何かを問い合わせたとき、要素自身で答えがわからなければ、次の要素に聞いて答え、その子もわからなければ孫に聞く、という、問い合わせのたらい回しをするときのパターンです。

Chain of ResiponsibilityパターンはProxyパターンやCompositeパターンの応用方法として有用です。キャッシュをProxyパターンで作ったとき、もしキャッシュしていなければ実体に聞いて応答しないといけません。が、その実体だと思っているものも実はProxyパターンでキャッシュになっているかもしれません。質問先は、さらにその先に問い合わせる可能性があります。そんな構造でも抽象化によって個々のシンプルさが保たれるのがこのパターンのポイントです。

Interpreter

変更が多い箇所に、開発に使うメイン言語ではない、もっと簡単なミニ言語を使いたい場合について説明されています。たとえば、Symfony ServiceContainerの構成にPHPではなくYAMLを使うようなニーズです。

形式言語の構造は一般的には再帰的なので、Compositeパターンが適している可能性が示唆されています。もし独自形式の設定ファイルやスクリプトを作るなら、参考になるかもしれません。オブジェクト指向が応用できる場面ではあるけれど、アプリケーションの設計とは直接関係ありません。

第9章

アジャイル開発

クリーンアーキテクチャという目標を掲げ、オブジェクト指向関連の技術がどのようにして、いちいちあちこちを変更しないといけない、こんがらがったアーキテクチャを避けるのに役立つかを見てきました。変更を閉じ無駄を最少化するには、安定方向への一方的な依存が重要です。それには、TDDで設計した独立性の高いクラスを、DIで組み立てられるように作っていくのが有効な手段になります。何をまとめて何を分けるかのヒントとして、デザインパターンがあります。
技術的にきれいなアーキテクチャを得るためのエッセンスはここまでです。この章では、そうしたオブジェクト指向を利用した設計技法を、どのように実際の仕事につなげていくのかを模索します。

9-1 オブジェクトの分類

前章でデザインパターンで概念に名前をつけることを見てきましたが、あともう少し一般的な語彙を補っておきます。

ここまでで、単純にオブジェクトと呼んでいたものは、言語機能上すべてそう呼ぶしかないものでしたが、同じオブジェクトの仕組みは、じつにいろいろな用途に使われていました。オブジェクトは、静的な依存関係を構成する単位モジュールだったり、データを保持して隠蔽する容れ物だったり、動的に生まれる振る舞いだったりします。

2003年に『ドメイン駆動設計』(Domain-Driven Design：DDD)という本がピックアップした語彙を借りると、そうした意図の違いでオブジェクトを呼び分けることができます。

ちなみに、ここで紹介する語彙は、決してDDD固有の語彙というわけではなく、「エンタープライズアプリケーションアーキテクチャパターン(PoEAA：Pattern of Enterprise Applicatiosn Architecure、2002年)」のデザインパターンにも含まれる一般的な用語です。ただし、DDDでは選択の余地があるパターンのひとつではなく、目的が重ならないものをピックアップし、DDDという設計方針に必須の要素としています。DDDをする・しないにかかわらず、オブジェクトを分類して呼び分けたいときにとても有用です。

Entity

CatやDog、あるいはCarなど、プログラム内の情報のうち、実世界に存在するものに対応するオブジェクトがエンティティ(Entity)です。存在すると言っても、物質的に存在するものだけでなく、「予約」や「参加」といった、形のない実世界の情報も含みます。もともと物体があったかなかったかは、データになってしまえば同じです。カーレンタルのシステム内では、車も予約も等しくエンティティです。

エンティティを表すクラスは、アプリケーションで何を扱いたいのかを表す主要なオブジェクトとして、アーキテクチャの中心、ドメインモデルに含まれる場合が多くあります(もちろん、一部の具象部分が外に出ることもあります)。乱暴な言い方をすれば、アプリケーションはエンティティの属性を管理するためのプログラムにすぎないと言えます。商取引のシステムでは、契約エンティティの「契約相手」プロパティに顧客エンティティを割り当てます。契約が締結されたら「締結済み」プロパティがtrueになります。エンティティのプロパティは**状態**です。

エンティティにとって非常に重要なのが、インスタンスの一意性です。同一人物のインスタンスが同時に2つ存在してはいけません。クローン人間の片方が誰かと結婚し、もう片方が別の人と結婚したとき、その人物の配偶者は誰になるでしょうか。エンティティを扱うプログラムは、全体を通じてひとつのインスタンスを共有し、場面によって状態が矛盾することがないようにしなければなりません。

データベースのレコードを読み込んだときは、プライマリキーが同じレコードのエンティティをメモリ上に複数生成しないように気をつけないといけません。

Value Object

バリューオブジェクト(Value Object)は一意性と無関係なオブジェクトです。同じ意味のインスタンスをいくら作ってもかまいません。プログラミング言語によっては、整数や真偽値といった「値」がオブジェクトインスタンスである場合があります。そのような言語でない場合でも、日時や分数は複合的な値を持つオブジェクトです。そうした「値」とみなせるものをバリューオブジェクトと呼び識別します。

バリューオブジェクトは、意味が同じであればよく、インスタンスが同一か異なるかを問いません。いくら重複して存在してもよい特徴は、裏を返せば、それが業務上意味のある状態を持たないオブジェクトだという特徴になります。状態を持つとインスタンスを一意特定して管理することが目的になってきます。一度生成されたバリューオブジェクトは、破棄されるまで一度もプロパティが変化しない、参照透過なオブジェクトにしておくのが好都合です。

参照透過なオブジェクトのメソッドは、与えるパラメータが同じなら、必ず決まった結果を返します。現在のものと異なる計算結果が欲しい場合は、同じオブジェクトを共有せず、新たなバリューオブジェクトを生成します。

イミュータブルで一意性管理が必要ない特徴は、プログラムをシンプルにしてくれます。どこか知らないところで状態を書き換えられている心配がなくなります。インスタンスを管理する仕組みも不要で、気軽にじゃんじゃん作っては使い捨てできます。どうしても状態管理が必要なエンティティ以外のデータを、なるべくバリューオブジェクトに寄せていくのが、プログラミングをシンプルにするコツです。

Service

DIコンテナ内で依存チェーンの要素になる静的なモジュールは、サービス(Service)と名付けられています。Symfony ServiceContainerの名前はこのサービスに由来します。もちろん、実際にDIコンテナを使うか使わないかにかかわらず、それに相当する役目のものならすべてサービスです。

すでに説明したとおり、サービスは擬似的なシングルトンなので、状態を持ちません。可変部分はコンストラクタ引数だけです。サービスの持つプロパティは、プログラムの実行中に変わることなく、コンフィギュレーションの時点で決定されています。サービスもまた、バリューオブジェクトと同じく、参照透過です。

なぜモジュールではなくサービスと呼ぶのかが興味深い点です。依存性逆転(DIP)の感覚ぬきで考えると、モジュール利用というのは、事前に準備されたライブラリをアプリケーションが使うイメージになりますが、それでは主役が脇役に依存する形になってしまいます。アプリケーションの重要な部分は最小のインターフェースに依存して自己完結し、そのインターフェースに合う実装を後から提供する順で考えること。これがオブジェクト指向によるアーキテクチャ設計です。この下支えの提供を透過的に行うのが依存性注入です。「主人が何も言わなくても、そっと注入によって提供される実装」と認識すると、まさに「サービス」の語感としてしっくりきます。

Factory

ファクトリ(Factory)はご存じのとおり、オブジェクトを生成するオブジェクトです。

サービスは静的なので、直接的に機能を担うものばかりになると、オブジェクト指向プログラミングらしくない、すべての情報をサブルーチンの引数に渡すようなスタイルになりがちです。動的に決まるコンテキストを持ったオブジェクトを得るには、サービスに直接機能を持たせる代わりに、機能を持つ別のオブジェクトを生成する役目を持たせるのが得策です。依存関係で言うとサービスという立場に来るものは、ファクトリの役目を担う場合が多くあります。

原則に従えば、低いレイヤーのサービスを利用する上位のサービスは、先にインターフェースに依存して完結させておくのがセオリーです。下位レイヤーは上位のインターフェースを実装する形でサービス内容を提供します。これと、サービスはよくファクトリになるという特徴を組み合わせると、いつの間にか、抽象と具象に分かれたAbstract Factoryパターンが発生します。Abstract

Factoryはわざわざ使おうとすると面倒なパターンですが、一度「サービスとしてのファクトリ」を認識すると、とてもカジュアルなパターンになります。

Repository

リポジトリ(Repository)は特殊なファクトリサービスで、エンティティの提供に特化したものです。

通常のファクトリは、使えば使うだけオブジェクトが生成されます。同じ意味のオブジェクトでも平気で生成するので、そこから生まれてくるデータはたいてい、バリューオブジェクトになってきます(なるのがうまいプログラミングです)。しかし、エンティティの生成では、絶対にインスタンスの一意性が担保されないといけないので、単純なファクトリは使えません。ファクトリが行うのが「生成」なのに対して、リポジトリが行うのは「取り出し(ただし実体がまだなければ生成)」です。

リポジトリは、仮想的に無限のオブジェクトが入っているコレクション抽象です。ビジネスロジックにリポジトリを注入することで、ビジネスロジックは、エンティティがオンメモリなのかまだディスクにあるのか、また、一意なオブジェクトインスタンスなのか、といった煩わしさから解放されます。

リポジトリはあらかじめ汎用的に作るものではなく、ビジネスロジックからどう使うかを決めたインターフェースのメソッドを実装して作ります。先に汎用的に作ってしまうと、どうしてもパラメータが複雑になり、まるでSQLそのもののようになってしまいます。使い方が複雑なインターフェースはモックオブジェクト化が困難になるため、大事なビジネスロジックの単体テストをシンプルに保ちにくくなります。何でもできるリポジトリを作っておこうとせず、実際にビジネスロジックから使われる最少のメソッドだけを設けたほうが、よりよく抽象化できます。

JavaではHibernateなど、PHPではDoctrineといったO/Rマッピングフレームワークで、このエンティティとリポジトリという用語が使われていますが、これらはこの用語定義に即したエンティティとリポジトリです。データベースを扱うフレームワークにはさまざまなものがありますが、

- 何にも依存せずアーキテクチャの中心に置けるエンティティであるか
- エンティティの一意性を担保するリポジトリであるか

という要件を本当に満たしているか、よく見極めて使いましょう。Active Record

は手軽なO/Rマッパーですが、サードパーティのクラスに強く(多くの場合実装継承で)依存し、インスタンスの一意性を担保しないので、これらの用語とは分けて考えないといけません。

用語を使うときの注意点

ここまでに挙げた用語に限らず、特別な意味を持つ語彙の扱いには注意が必要です。エンティティとリポジトリは、分類用語としては同じ意味ではあるものの、「業務モデルのドメインにおける」なのか、「データモデルにおける」なのか、といった点に、まだ議論の余地があります。同じクラス実体が重なる場合もあれば、まったくそうでない場合もあります。

最初にお断りした「中心の異なるクリーンアーキテクチャが複数ある」イメージでとらえてください。ドメイン駆動設計用語では、同じ意味の言葉でも、何を中心とするかが異なる問題領域の区別を、**境界づけられたコンテキスト**と呼んでいます。データモデルを中心に考えているときと、業務を中心に考えているときとでは、同じ概念用語が別のクラス実体を指しているかもしれません。

エンティティやリポジトリといった概念以外に、複数の業務ドメインのコンテキストの境界にも、用語の意味が指す実体が重ならない場合があります。たとえば「商品」を「作る」と言ったとき、商品開発のコンテキストと、製造のコンテキストと、販売のコンテキストには、明確な境界があるかもしれません(アプリケーションによっては、なくてもいいかもしれません)。万能なオブジェクトを作ろうとせず、場合ごとに、恣意的にノイズを削ぎ落としたデザインにする方が良いオブジェクトになります。専用の語彙も同じです。きちんとコンテキストごとに境界づけることが重要です。

こうしたオブジェクトの分類のことをドメイン駆動設計と呼ぶのでしょうか。いいえ、これらはDDDそのものとは直接的な関係がない、プログラミングのための語彙です。言葉の意味は健在ですが、GoFのデザインパターン同様、その実装技法の詳細は、今となっては少々古めかしい(よく言うと枯れた)ものになりました。著者自ら、「いまだにあの本のとおりに作ろうとするのは、とても最先端とは言えない」と発言しているぐらいです。

なぜ、主題と直接関係のない用語とその詳細が本に書かれたのでしょうか。それはDDDが、プログラミングの基礎体力なしでは、設計どころか要求のヒアリングでさえ、最初の一歩を始められないプラクティスだからです。

「えっ？　プログラミングできないとヒアリングできない？」今、自分の知っている開発じゃないぞと思った人は少なくないでしょう。プログラムを書くスキルを持った人が必要になるのは、上流で要件定義を済ませたあと、分析・外部設計をした、さらにその後なんじゃないのかと。

9-2 ドメイン駆動設計 

伝統的な開発プロセスでは、先に何を作るかを決めてから、分析しつつ設計を練り、それからやっとコードを書いて、最後にテストで整合性を確認するという手順を踏みます。ドメイン駆動設計(DDD：Domain Driven Design)は、まったく逆の向きで設計を手に入れるプラクティスです。

本書をここまで読み進めた方はもう、テストとコーディングと内部設計は、同時に行う活動だと認識するようになったと思います。TDDはテストファーストによって実装コードを獲得します。単体テストはモックオブジェクトで実機能を省いてリファクタリングを進め、問題に集中してよりよい設計にしていくのに最適な道具です。デザイン(設計)パターンは採用するものではなく、書かれていくコードに見いだして共有していくものです。

この同時進行を、さらに上の「何を作るか決める」レイヤーにも持ち上げる手法がDDDです。

DDDの中心的活動

DDDではまず、作ってほしいものを直接ユーザーに聞きません。現状と問題の、あるがままを説明してもらうだけです。問題がわかれば、ユーザーは当然それを解決したいと感じているだろうと、開発者が想像できます。問題について知っているのはユーザーですが、どのように解決するのが正しいのか知っているのは開発者です。

よくあるすれ違いとして、ユーザーが欲しいと言ったものが適切な問題解決の方法になっていないケースがあります。ユーザーはソフトウェア設計のプロではないので、ニーズそのもののイメージが偏っている場合があるからです。ユーザーと非技術者の間で作るものを先に決めてしまうと、このすれ違いのせいで、コード内に「そういう理由ならおのずとこう」と考えられない、不自然な箇所が増えてしまいます。このいびつさは、開発中のコードの読みにくさばかりでなく、将来の拡張ニーズへの対応にも悪影響を及ぼします。

現状を把握して最初に行う作業は、コードによるモデルの提示です。文書もなしにいきなりコードを書くのかと驚くかもしれませんが、これは本当です。グラフィックでもインテリアでも、どんなデザイン作業も、能書きを語る前にまずコンセプトを理解するためのラフスケッチをしますね。ソフトウェアのデザインもそれらと何も変わりません。コンセプトがずれているかもしれない段階で緻密な文書を書いてしまうと、無駄なコストを払うことになります。せっかくコストをかけたものを……という心理は、後でより良いアイデアが出てくる可能性をつぶしてしまいます。

モデル駆動設計

「それでも、いきなりコードを書くなんて、それこそコストじゃないか」と思うかもしれませんが、大丈夫です。一通り動くまで作り込む必要はないのです。コードを使って行うのは、ドメイン(問題領域)のモデリングだけです。なんら実機能がない抽象、つまりクリーンアーキテクチャの中心に近い部分なら、1日か2日あれば何らかの意味を持ったモデルコードを書いてみることができるでしょう。「試しに動かさないとプログラムミスがあるかもしれないじゃないか」と思った部分は、単体テストで依存をモックオブジェクトにすればそれでおしまい。実際に動くモデルコードの第1版のできあがりです。

このモデルコードが、どんなものを作るかを決めるプロセスの原動力となります。モデルコードでリードする様子を、DDDでは**モデル駆動設計(MDD：Model Driven Design)**と呼んでいます[注1]。

注1　概念モデリングを尊重するコンセプトは同じなのですが、コードを使わず作図ツールなどでモデリングしたものをもとにコードを機械的に作ろうとする、まったく逆の順序の手順をモデル駆動開発と呼ぶことがあります。意味を取り違えないよう注意してください。

実践的モデラー

優れた抽象は具象が想像できるからこそ生み出せます。最初にドメインモデルを書くのは、もし時間さえあれば具体的な機能もそこそこ作れる、経験豊かなプログラマーでなければなりません。経験で具象が想像できないと、非エンジニアが紙に書いた仕様書と同じ、人の目で見て正しそうに見えるロジックにすぎないものになります。自然言語の代わりにコードで書いたにすぎないものでは、何の意味もありませんね。

なので、モデル駆動設計を進める人は、開発メンバーの中でも、プログラミングの経験の豊かさと抽象思考のバランスにもっとも優れた人が選ばれます。このリーダーを、DDDの言葉では**実践的モデラー**と言います。

「プログラムコードなんて、非エンジニアには難しくて読めないんじゃないのか？」おっしゃるとおり、モデルコードをそのままユーザーに提出なんてしません。そもそも、ソフトウェア設計の言葉で書かれた分厚いドキュメントでさえ、読めるユーザーはごくまれです。コードだろうとドキュメントだろうと、それによって得られるのは、エンジニアが共有すべき情報です。

最初のモデリングからは設計の仮説が出てきます。TDDで作ったFizzBuzzも、最初のコードは仮説でした。プログラマーは、実際に存在するコードを見ることで、より明確なイメージで問題を分析できるようになります。もし複数のプログラマーがいれば、クラスや変数の名前を使って、意味を議論できるでしょう。そんな仲間がいなかったとしても、実行できるコードはつまらないロジックの見落としがないという自信を与えてくれます。

ユビキタス言語

モデルコードには、現場業務の用語をそのまま使った名前もあれば、業務に登場しないけれどプログラムを成り立たせるためにひねり出された名前も登場します。また、業務用語の意味があやふやで重複していると、そのままコードにマップすることはできず、別のより明確な名前に置き換わる可能性もあります。そうした名前は、現実世界の業務とはぴったり合わないかもしれないけれど、業務をソフトウェア化するにあたっては、すべて等しく重要な概念を表しています。

そうしたソフトウェアのための語彙概念をつつみ隠さずユーザーに話して理解してもらえれば、要求をより正確に言い表してもらえるチャンスにつながります。それと同時に、エンジニアが設計意図を説明するにあたって、意味を誤解なく伝えることができるようになります。

そこまでユーザーは開発者に合わせてくれないと思うかもしれませんが、実は逆なのです。もし、どうせわかってもらえないだろうと用語の共有を諦めると、ユーザーは勝手な造語（エンジニアからするとわけのわからない）を使って話をしだします。開発者の想像に反して、ユーザーはむしろソフトウェアを説明したがるのです。コミュニケーション齟齬を避けるため、ユーザーと開発者の間に設ける共通の語彙を、DDDでは**ユビキタス言語**と呼んでいます。

新たに生まれる語彙の中には、コミュニケーションに使うのに適さない言葉もあるでしょう。「セッション内バッチ購入予定商品リスト」なんて名前、さっと会話で使うには長すぎますね。ユビキタス言語には、メタファを利用して名付けた概念を設けてもかまいません。「セッション内バッチ購入予定商品リスト」が「ショッピングカート」になるわけです。ユビキタス言語から業務の一般用語にフィードバックされて定着することも十分ありえます（逆に、内部設計用のつもりであまり考えずに妙な名前を付けていたものが、意図ぜずユーザー組織に普及してしまうこともあります）。

要求の洗練

ドメインモデルを説明する必要最低限の共通語を確立し、ロジックミスがないと確信できたモデルを説明し、そしてようやく、作ってほしいソフトウェアに関するユーザー要求のヒアリングが始まります。ユーザーはいくらか共通認識の取れている語彙を使うことができるので、開発者との議論がスムーズに進みます。「ショッピングカートを空にすることはできますか」と言ってもらえれば、「特定の商品だけを棚に戻せたほうがよくないですか」と、すぐに要求を先回りできます。こうした先回りを、実践的でないモデラーの想像力だけでまかなうのは困難です。けれど、動くコードとテストが存在するとき、経験豊かなプログラマーの思考力はぐっと上がります。

最初のモデルコードは仮説でしかないので、要求がモデルと食い違う点は当然出てきます。再びモデルコードを手直しし、新たな概念に名前を付け、ユーザーとどんなソフトウェアを作るかの議論をします。この活動の繰り返しを通じて、ユーザーは作られるソフトウェアの姿をはっきりととらえることが可能になり、より的確な要求を説明できるようになります。DDDはこれを**要求の洗練**と呼びます。

要求が洗練されるとともに、モデルは仮説から徐々にプロダクションコードに成長します。残る開発工程は、実際の機能をモデルのインターフェースに沿って作り、依存性を注入すれば、機能するアプリケーションのできあがり、というわけです。ドキュメントは洗練された要求を反映したモデルをもとに作成できます。アイデアは十分に安定していて、途中で変更された部分が嘘として残ることもまずありません。

要件定義に秀でた人は、それは自分がお客様と話し合ってやっていると言うかもしれません。たしかに、伝統的なプロセスにもDDDと同じく、最初にコアを見極めようとする志はあります。要件定義の担当者は脳内で設計したうえで、できるできないを決めているはずです(本来あるべき姿ですね)。しかし、脳内プログラミングでは、実際のプログラミング言語が持つチェックの厳しさの洗礼を受けられない点が決定的に違っています。語彙の定義は、ミーティングを円滑にするのが目的になってしまい、手を動かしてモデルコードを書いたり使ったりする感覚を置き去りにしてしまいます。手に馴染むモデルコードを確保できていないと、気難しい顧客ユーザーのご機嫌ではなく、目の前の気難しいコードのご機嫌を取るのに骨が折れます。

DDDは何であって何でないか

ドメイン駆動設計というのは、モデル駆動設計がユビキタス言語を通じて要求の洗練のフィードバックを受けて育つ、このプロセスのことです。DDDの本質は、まず、その目的を実現するユーザーとともにソフトウェア開発の最上位で意思決定を反復することです。その下支えに欠かせない手段として、柔軟かつ堅牢なソフトウェア設計があるのです。この2つは自転車の前輪と後輪のようなものです。

変更に強いソフトウェア設計を足場とし、ソフトウェアの中心となる部分に関して、テスト、実装、設計、分析、要件定義の活動をすべて同じフェーズで扱い、ドメインモデルを最適なバランスに洗練させていく手法がDDDです。

これはあくまでプロセスの手法であり、ドメインモデルそのものの設計のコツなどは何も決められていません。ドメインはソフトウェアごとに固有です。いくらDDDを信じても、ただプロセスを踏襲しているだけでは、ベストな設計が得られる保証はありません。DDDにはドメインモデル設計そのものは含まれていないのです。だからこそ、実践的モデラーがキーマンになるのです。

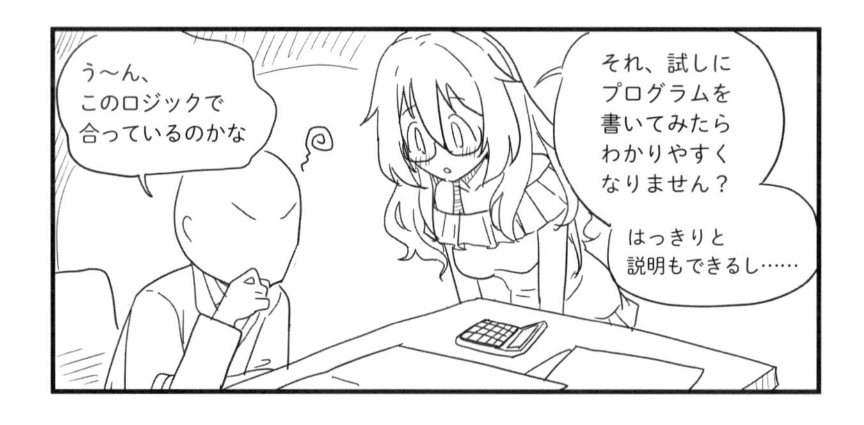

9-3 アジャイル開発

DDDはアジャイルソフトウェア開発への正攻法です。

「アジャイル!! 知ってる、なんか毎週進捗報告会議があるやつでしょ」「無計画だけどとりあえず動くものができあがるからいいじゃんってときに便利かも」はい、大外れもいいところです。アジャイルプロセスが行おうとしているのは、進捗報告ではなく再計画です。より正確に計画していき、とりあえず仕様書どおりに動けばいいで済ませるのを避けて、変更容易性を保ったアーキテクチャで着実にソフトウェアを作ろうとするのが、アジャイル開発です。それが結果として、無駄な時間を費やしにくい、迅速で応答性の高い開発プロセスになります。

言葉の雰囲気に惑わされてはいけませんよ。「アジャイル」というワードから、何かこう、頭で考えるより先に反射神経で動けといったような、慎重さを捨てる破壊的な思想の印象を受ける人もいますが、この言葉そのものには、とくにメッセージ性はないのです。実はアジャイルという名前は、当時ちょっと流行っていたバズワードに便乗しただけです。名前の雰囲気に流されず、真意を知ることが重要です。

アジャイルソフトウェア開発宣言(マニフェスト)

アジャイルムーブメントの先駆けとなったアジャイルソフトウェア開発宣言(マニフェスト)にはこうあります。

・プロセスやツールよりも個人と対話を、
・包括的なドキュメントよりも動くソフトウェアを、
・契約交渉よりも顧客との協調を、
・計画に従うことよりも変化への対応を、

価値とする。すなわち、左記のことがらに価値があることを認めながらも、私たちは右記のことがらにより価値をおく。

プロセスやツールよりも

プロジェクト管理手法も、フレームワークもデザインパターンも、ひいてはオブジェクト指向全体だって、しょせんは道具にすぎません。それらを単におろそかにしろと言っているのではなく、あくまで、人と人とが円滑にコミュニケーションする道具として重要なのだとアジャイル開発宣言は言っています。採用した方法論の決まりに従うことが正義なのではなく、ユーザーの目的に合ったソフトウェアを作るために有用だから使うと考えないといけません。

これは、管理手法自体が価値を持っているわけでもなければ、どのプログラミング言語を書けるかといった操作のスキルが開発者の商品なわけでもないという意味です。ソフトウェア開発ビジネスは、何々の技術作業員が月々いくらと値札を貼って商売ができれば簡単ですが、そんなやり方で結果顧客満足度が高かったなんて話が、果たしてどれぐらいあるでしょうか。商売として技術屋に徹するタイプだと自称する人もいますが、それでうまくいく人の立ち振る舞いを見てみると、実際は違います。対話によって自分の技術力を発揮できる点を見つけたり、自分の得意技術にこだわらず、状況に適したツールを使い分けたりしています。与えられた仕様を決まった言語で書く作業だけやっていればいいという考えは、心理的には楽ですが、たいていの場合、うまくいきません。

大事なのは**個人との対話**です。

包括的なドキュメントよりも

包括的なドキュメントというのは、この文脈でいうと、無駄に丁寧でボリュームのある要件定義書や、プログラムコードをわざわざ自然言語で書き下したような、冗長な仕様書のことを指します。ドキュメントは動くソフトウェアを得るためのツールです。開発に役立つドキュメントの指標は、概要がどれだけ早く把握できるかですし、保守にもっとも役立つドキュメントは、正確に早く引ける辞書です。極端に言うと、読めるコードこそが、もっとも役に立つ保守ドキュメントです。

動くソフトウェアを得る活動の役に立たないドキュメントの保守は、開発の邪魔になります。往々にして、コードとドキュメントは乖離します。プログラムさえ直せば問題をしのげるからと、ドキュメントが放置されるのはよくある話です。また、これは認識されていない場合が多いのですが、実際ドキュメントが多ければ多いほど、普通に嘘が入っています。ドキュメントは実装コードと突き合わせて自動テストできるわけではありませんからね。

要点が絞れていないドキュメントを書きたがる人は、プログラムを書けないので、とにかく全部書いておけば、何か抜けがあっても「私はたしかに書きましたからね」と自分の身を守れると思っています。ドキュメントができるまでコードを書きたくないプログラマーは、自分が決めると責任を問われるし、上手くいかないときに他人の書いたドキュメントのせいにできると考えています。ともに、プロジェクトが失敗したときの我が身のことしか考えない態度です。

大事なのは**実際に動くプログラム**です。

契約交渉よりも

顧客はカモではありません。約束したとおりのお金を出させること、予定になかった機能を作らないと言い張ることが先に立つと、合理的な帰結として、最悪の場合、口八丁手八丁でどれだけ手を抜いたものをどれだけ高く売りつけるかが目的になってしまいます。契約はあくまで、顧客と開発者の、大人として失ってはいけない紳士協定の、最後の砦程度の意味しかありません。

顧客満足度が高いからこそ、正当あるいはそれ以上の報酬をもらえるという、相手がうれしいと自分もうれしい関係が本当です。最終的にできあがるものが実は役に立たないものだと知っていながら、そういう契約だからねと、顧客にノーと言わせないためだけにソフトウェアを作るなんて、だいぶ良心にフタをしないとできませんよね。顧客が損をしてもかまわない、ソフトウェア開発をダシにして儲けてやろう、というのは、そうとう倫理的に問題があると思いませんか。

大事なのは**開発者と顧客の協調**です。

計画に従うことよりも

すべてが当初考えていた計画どおりにことが運ぶなんてことは、よほどの短期でなければまずありません。技術要因かビジネス要因かを問わず、現代のソフトウェア開発は常に変化のリスクに晒されています。開発に時間がかかると、「言われたとおりに作りました。けれどリリースする頃には、ユーザーのニーズも主流の技術プラットフォームも、すっかり変わっていました」なんてことはざらにあります。

変化に対応というのは、気まぐれな顧客の言いなりになることではありません。正常な神経のビジネスパーソンなら、自分の気まぐれで追加の費用がかかったり、開発後にモノだけ残して保守契約を破棄されたりしたら、損をするのが誰かなんてことは、すぐ理解できるはずですからね。

とはいえ、たしかに、開発予算を見積もる人は、早い段階で最後までにいくらかかるのかを知りたがっています。使える費用には限りがあるので。そのとき、全体計画に不確定要素があると認めてしまうと、「費用見積もりが不正確じゃないか」となります。「ではやることを今すべて決めて、以後一切変更しないことにしましょう、これなら正確に見積もれるに違いありません」と、商売人はこういう発想になるわけです。ところが、そんなものは外的にも内的にもまったくのデタラメです。

外的な不確定要素は要求の変化です。作っていくうちに、ユーザーが当初要求の間違いに気づくこともあれば、法律や業務の事情が変わることもあります。競合他社が先にアイデアを市場に出したり、大手プラットフォームベンダーの発表が社会的に大きな影響を持つこともあります。本質的に絶対に間違いない計画なんてものは、予知能力でもないかぎり作れるわけがない、というのが「変化」が指しているどうしようもない現実です。

内的な不確定要素は、実際に作り始めると、思っていたスケジュールと実際の進捗速度が食い違うのなんて、日常茶飯事だということです。約束と違うじゃないかと不満を言われて開発者が申し訳ないと感じるこのやりとり、完全に不毛です。かかる時間をぴったり予想どおりにしようとしたら、一度やったことがある作業とまったく同じことを繰り返さないかぎり不可能です（書籍『人月の神話』にもそうあります）。けれど、まったく同じソフトウェアでいいなら、そもそも新たな開発なんて必要ありません。開発の進捗を確約する方法は本質的にないのです。

開発者には予算と時間を事前に見積もる義務があるのではなく、おおよそ決まった予算と時間の中で、問題をどのように解決するか提案し続ける権限と責任があるのです。それには、短く小刻みに作ってコンスタントに対話と再計画を継続するプロセスが必要になります。イテレーションもしくはスプリントと呼ばれる開発作業のワンセットを、1週間ほどで回しながら、ユーザーと話し合って最適な道を見定めていくのは、このコンセプトのための必然なのです。

大事なのは**変化を認めて誠実に対応すること**です。

プロセスとアーキテクチャ

そうした反復的なプロジェクト管理を進めるにあたっては、柔軟かつ安全に変更ができる技術的な足場が効いてきます。

変更しにくかったり、変更するとすぐに壊れるアーキテクチャを抱えていると、開発者は素直にユーザーの意見を聞き入れられなくなります。難しくても言われたとおりやれと言ってるわけではありません。作りにくい箇所がどういう理屈で難しいのかを説明して、わかってもらうべき時もあります。でも、今変更するとまずいと思ったとき、その理由が「変えるとどこが壊れるかわからないから」なんてことでは、堂々と困難さを説明できなくなりますね。

もしそんな開発者のごまかしでプロジェクトの硬直が始まると、顧客の関心は次第に、ソフトウェア開発の進捗から、開発者への疑念に向き始めます。「今度こそ約束してくださいね」「次はできるだけがんばります」といった、根拠のない精神論が横行してしまいます。

最初にした約束を忠実に守るのが正しいと信じるのは、最後に帳尻をあわせて約束どおりの動きをすれば「許される」だろうという心理の裏返しです。「言われたことはやったから見逃してください」なんて態度では、顧客が本当に欲しかった、変化に対応して直し直ししながら長く使い続けられるソフトウェアとは、程遠いものができあがってしまいます。

アジャイルの精神

……この本の著者はずいぶん口が悪いなと思われたかもしれません。それはそれでかまわないのですが、「～よりも」の内容が、根も葉もない個人の恨み言だと思うのは誤解です。この批判は、個人の体験ではなく、宣言の数年前に出版された『アンチパターン』という本にまとめられた一般論をベースにしています。当時多くの人が感じていた(そしていまだに完全には解決できていない)問題だという事実に目を向けてください。

DDDは、対話のために「実際に動く部分プログラム」を書いて分析します。

対話の道具として、プログラムの分析から生まれた語彙で、共有語を確立しようとします。共通の語彙で対話を続けることで要求を洗練していきます。より焦点の定まった要求をもとに、さらに、プログラムコードの概念設計の精度を上げ、語彙と要求の精度を上げます。アジャイル開発宣言が示した、倫理的な常識観に忠実なプロジェクトの進め方を考えると、それはおのずと、DDDの中心的な活動と重なります。

「アジャイルとは何をすることなのか」と考えると難しいですが、「何をすることでないか」は(ネガティブな理由から)明確です。多人数体制の開発に潜みがちな不道徳さこそ、アジャイルが避けようとしたことの本質です。健全に変化を受け入れるために、結果として、何度もプログラムに手を入れる反復プロセスが必然だったのです。

ソフトウェア開発技法の目的

アジャイル宣言の意図を意識すれば、なぜTDDで書くのか、なぜDIで構成できる前提で作るのか、なぜ抽象に依存して具象を提供するオブジェクト指向の原則とデザインパターンが有効なのか、なぜパッケージ原則は安定度と依存方向を重視するのか、なぜクリーンアーキテクチャがただの設計者の自己満足ではなく実際に役に立つのか、それらすべての「なぜ」がいっせいに腑に落ちませんか。

以下はアジャイルソフトウェア開発宣言に著名しているメンバーの一部です。こじつけなんかではなく、本当にコンセプトと技術がつながっています。

- 「クリーンアーキテクチャとパッケージ／オブジェクトの原則をまとめた」ロバート・C・マーチン
- 「テスト駆動開発を提唱して最初期のxUnitを作った」ケント・ベック
- 「依存性注入という考え方を明文化した」マーチン・ファウラー

この節のゴールはここです。もうおわかりでしょう、本書の内容はいずれも、エンジニアとしてハクがつくからやるものではない、ですね。オブジェクト指向を通してソフトウェア設計技法の発展を学ぶ意義は、技術力の誇示なんかではなく、真摯に、倫理的に正しく仕事をするのにつながっています。

9-4 ウォーターフォールの幻影

アジャイル開発を支持する人は、ウォーターフォールという言葉を毛嫌いします。彼らの言うウォーターフォールとはどういう意味なのでしょう。私たちはウォーターフォールという言葉をどれぐらい理解しているでしょう。

定義されたウォーターフォール

IEEE (Institute of Electrical and Electronics Engineers) の定義によれば、ウォーターフォール開発とは、

- 予定した工程計画を一度だけ行うこと
- 最初に要件定義で始まり、設計が済んでから実装をする
- 実装が済んでからテストを行い、納品する

という開発プロセスのことになります。

ウォーターフォールでは、アイデアを出し切るまでプログラミングできません。一度プログラミングに入ったあとは、設計への手戻りが起きると失敗になります。最終受け入れテストしか行わず、一発合格ができなければ失敗です。

「そんなばかなことがあるか。いくら古くからやってる人でも、そこそこマトモな規模の開発じゃ、そんなやり方している人は誰もいないぞ」

「アジャイルは小規模で小回りが利くやり方で、ウォーターフォールってての

は大規模案件でうまく行くやり方のはずだ」

はい、けれどたしかに、IEEEのウォーターフォールはその解説の中で、小規模な短期プロジェクトでなければ向かないものとされています。また対称的に、長期プロジェクトには反復的なプロセスが推奨されています。いったいどうなっているのでしょう？

ウォーターフォールなんて方法論は存在しなかった

1998年にIEEEが明確にそう定義するまで、実は、歴史上に「ウォーターフォール」という名前の方法論が存在した事実はないのです。

家庭用の市販コンピューターが登場するまでのコンピューターは、今では想像もできないぐらい希少で、使える機会も限られていて、利用にかかるコストも桁違いに高くつきました。当時は、どれだけ実機を使わずに作るかが、ソフトウェア開発に課せられた制約でした。工程ごとの役割分担とも、重厚なドキュメントとも関係ありません。実機を使ってから失敗するのを避けるために、紙の上で十分に設計を練るのは、どんな少人数チームであっても、必然でした。

そんな時代背景の中、1970年、ウィンストン・W・ロイス氏の「現在行われているこの開発プロセスには限界があり、いずれ変わっていくことになる」と予測する論文の中に、このような図が登場します（図9-1）。

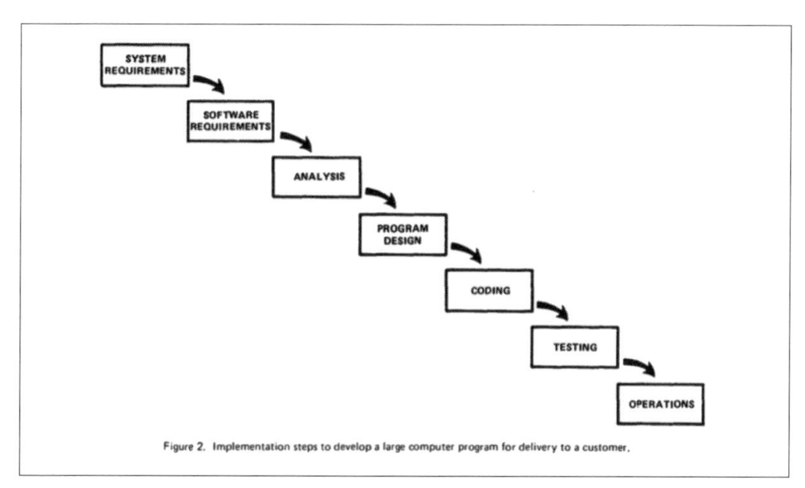

図9-1　W.W. Royce, "Managing the Development of Large Software Systems, " Proc. IEEE WESCON, 26, pp.328-388, August 1970

アジャイル宣言の中でも触れましたが、ブルックスは1975年の時点で、書籍『人月の神話』において、「前もって立てた計画どおりに成功を保証する唯一の方法は、過去に一度以上失敗してから成功したことを、まったく同じようにやる以外にない」という旨のことを言っています。この頃でさえやはり、最後の一発勝負に賭けるしかないやり方は、辛いものだと言われていたのです。

将来につながるより良い開発プロセスを模索する人たちは、後にこの図を見て「あの滝の流れのような絵」と呼び、それとの対比で、あるべきソフトウェア開発プロセスを考えていきました。その歴史の中で、従来の問題点だけを強調した、象徴的な架空の方法論の名前として、誰が決めたともなくいつの間にか、**ウォーターフォール開発**という呼び名が広まっていきます。現実にあった他の良いアイデアをすべて無視した架空のモデル、**いかにも史実らしいフィクション**として生まれてきたのが、ウォーターフォール開発という言葉なのです。

時を経て、実際にコンピューターは、いつでも使える気軽なツールになり、テストならいくらでも失敗してよいという考え方が一般的になりました。コンピューターの性能が上がって、ソフトウェアへのニーズはより複雑になり、計算機リソースよりも人が悩むコストのほうが高くつくようになりました。早い段階でプロトタイプ実装を行う方法論や、工程の往復／反復をするプロセスのほうが、現実に即した必然性を得ていったのです。

ドキュメント偏重の時代へ

そんな流れと並行して、将来の進歩に期待するのとは逆の風潮が始まります。

ずいぶんパソコンが身近になった1985年、滝の流れのような図を見た米国防省は、何を間違ったか、「これはソフトウェア開発プロセスをうまく表している」と、ウォーターフォールの元になった図を肯定的な意味で受け入れました。この誤解から、実機を使わないフェーズの間に、多くの中間ドキュメントを求める開発プロセスが生まれます。終盤まで動くソフトウェアが得られないのでは、進捗管理も予算計画も困難なので、重厚な中間ドキュメントを**成果物**とみなして高く評価する制度が設けられました。

民間のソフトウェアビジネスでも、こうするのが立派な開発スタイルだと考えられました。コンピューターとともに育って大きくなったアメリカの企業では、チーム分けされた部署間のやりとりにおいて、ドキュメント偏重が蔓延しました。コードを書けることよりも、ドキュメントを書けることが専門技術であるかのような考えにつながります。日本にも、どんなプログラムだろうと、仕様書の厚みがある方がソフトウェアを高く売れるというような、おかしな言説が輸入されます。この流れは最終的に、RUP（ラショナル統一プロセス）のような、重厚長大なマニュアルに従えば、プロセスだけでなぜか上手くいくといった幻想を生み出していきます。

こうした現象が、本来は開発フェーズの順序問題でしかなかったウォーターフォールに、余計な尾ひれを付けました。原初のソフトウェア開発で重視されたドキュメントは、自分たちが間違ってコンピューターリソースを無駄にしないためのドキュメントです。一方、成果物としてのドキュメントは、中間管理の層にいる人々が仕事をしたエビデンスです。プログラムを書けない人にも、多くの仕事をさせることができてしまったのです。何もわかっていないホワイトカラーが、開発現場のブルーカラーを搾取しているようなイメージまでもが、ウォーターフォールという言葉に、暗に含まれるようになっていきます。

ちなみに米国防省は、実際に運用されたドキュメント偏重の単方向プロセスが、予算超過が多いうえろくに成果も出ないことを受けて、2010年の時点で、正式にアジャイルへのシフトをしました。

制度的に作られたシステムインテグレータ

日本ではもっと良くないことが起きています。市販パソコンが普及して情報化の波がおとずれたのを受けて、企業システムの高度化に外部組織の手を借りるのを奨励するために、1988年、通商産業省（現在の経済産業省）によってシステムインテグレータ認定制度が設けられました。

それまでの企業システムは、メーカー独自の汎用機（汎用とは言うものの、単にプログラム可能という意味でしかない、業務用独自コンピューター）を使っていました。高価で台数も限られていたので、メーカーの専門家が企業内の情報システム部をサポートするかたちでした。が、大量の市販パソコンを活用しようとすると、そういうわけにもいきません。既存の社内スタッフだけではできない範囲を外部から助けるのが、本来のシステムインテグレータの役目でした。

制定後まもなく、日本はバブル経済に突入します。資本を持っていた大企業には、何も考えなくてもお金だけはある、という状況が生まれます。システムインテグレータは、すべての仕事を引き受けてもまだ余るほどの、破格の報酬を得ることができたのです。「お金さえあれば、自分でできない仕事には遠慮なく外注の手を借りればよい」という考え方は、システムインテグレータ自身にも当てはまりました。さらに、システムインテグレータから委託された先の下請け会社もまた、より下の下請け会社との間に同じ考え方を適用できました。この連鎖で生まれたのが、業界の多重下請構造と丸投げの体質です。

巻き戻された歴史・拡散した誤解

日本に限った話ではありませんが、急速に発展した新しい技術分野に対する経験の不足から、多重下請け構造の上流組織には、プログラミングという行為に対するリアリティが欠けていました。経験不足の人たちがコンピュータ技術者人口の多数派になった結果、それまでに議論されてきたソフトウェア工学の知見が軽視されることになります。彼らは、ソフトウェアは決まった予算で予定どおりに作れるものであり、それを一括委託契約で手に入れられると思ったのです。重厚な（いや、内容は薄くて厚みのある、かも……）仕様書を高く評価するのは、コードを書かない人たちとの相性も抜群です。日本では、1969年から自社開発のソフトウェアを無形固定資産として計上していました。その資産価値は人月（月あたりの人件費）の合計で評価します。外注体制でこれを維持するにあたって、エンジニアを時間労働者とみなしたい動機もありました。こうして、ソフトウェア産業は、いかにもウォーターフォールと言えるものを、むしろ好んでしまったのです。

このような歪んだ解釈は、大企業のシステム開発以外の領域にも波及します。「ソフトウェア開発とはそういうものだ」と思い込んだビジネスの人たちは、バブル的な予算がなくても、明らかに数人のプログラマーチームが直接やった方が早い場合でも、いつも伝言ゲームの間に入り込んでくるようになりました。「受け身で言われたとおりに作っていればいい」「失敗しても別の派遣先に行けばいいだけ、対人コミュニケーションは疲れる」と考えるタイプの未熟なプログラマーにとっても、そうした風習は居心地のいい場所になってしまいます。

『人月の神話』でもっとも有名になったのは、「遅れたプロジェクトに人員を追加すると余計に遅れる」とした、**ブルックスの法則**です。増員でさえ問題なのに、自分でやらずに（自分ではやれないとわかっていながら請けて）下請けに委ねるなんて、予定超過なしでできるわけないですよね。

ちなみに、2003年にはシステムインテグレータ認定制度は、単なる登録制度でしかないものとなり、2011年にはそれも役目を終えたとされ、経済産業省は制度の一切を廃止しています。

反アジャイルの気持ちが生む歴史改ざん

さて、次がいよいよ、わけがわからなくなるトドメです。

技能の都合なのかお金の都合なのか、あるいは無警戒に流行りを妄信する態度を好まない（次のセクションで詳しく）のか、新しい開発プロセスを嫌う人たちは、早期プロトタイピングやアジャイルのようなムーブメントに反対するために、「我々がやっていることは業界の現状に即した正しいことだ」と言い出します。この理屈を正当化するために、史実と異なる幻想として生まれたはずのウォーターフォールを、「これこそが伝統的で王道の開発プロセスだ」と、肯定的な意味で主張し始めるのです。この間違った主張を真に受けて、若きアジャイルの支持者も、歴史的にウォーターフォールが王道だったと錯覚し、過去のすべてを否定しだします。

こうなってはもう、軸の合った有意義な議論などできるはずがありません。お互いに、見えない敵と戦っているような形になります。どのような状況にあっても真摯にソフトウェア開発を行おうとしている人に、そんな宗教戦争のような理由で因縁をつけるのは、筋違いもいいところですよね。

本来のソフトウェア開発へ

現代人の多くが「昔の人はウォーターフォールをやっていた」と思っている印象とは裏腹に、パソコンの普及以前に実際に行われていたのは(できるだけコンピューターリソースを節約するという制約はあれど)、本質的にはDDDとなんら変わらない行いです。

同じチームが、広いスコープから狭いスコープへと掘り下げていく設計フェーズの中で、繰り返しひとつの問題を考え、計算モデルが実務に即しているかを深く推敲していました。

メルヴィン・コンウェイが「システム設計と企業の構造に相関が生まれること(コンウェイの法則)」を指摘したのは、1968年のことです。ドメインとの関係を意識しようというムーブメントなんかの遥か昔、まだ滝のような流れ図を使った批判さえない時代から、プログラミングとドメインは密接な関係を持っていました。

ウォーターフォールはまったく意味不明な言葉となってしまいました。もはやこの言葉は、ブルックスの法則さえも理解できない、ソフトウェア工学に反する主張をする人がいまだにいる、という残念な現実を表す言葉にしかなりません。はじめからずっと、次の2点がソフトウェア開発のあるべき方針だと言われているのですから。

- 工程を区切った一方通行の計画を前提に進めてはいけない
- 人手が足りないからと安易に後の工程に増員してはいけない

ウォーターフォールに賛否両論を述べるなら、まず、反対派も賛成派も、どちらも、IEEEによって烙印を押され決着した定義を知るべきです。それ以前にウォーターフォール開発手法が意図的に行われた現実などはなく、また、それ以後のウォーターフォールはとてもじゃないが規模のある仕事に使えるものではありません。幻影を追うのはもうやめにしましょう。

9-5 偽物のアジャイルにならないために

言葉がひとり歩きして印象論で意味が膨れ上がるのは、ウォーターフォールだけではありません。アジャイルという言葉にも、勝手な印象が付いてきたり、原義を忘れた拡大解釈が起きます。

アジャイル開発の実践者を自称する組織の一部には、残念ながら、アジャイルの名目でありながら、お仕着せのプロセスを守ることが優先してしまうチームプロジェクトもあります。顧客のわがままを説得するのを禁止し、上からの一方的な仕様変更にも「アジャイルなんだから対応せよ」と言う人もいます。よく考えるとおかしなことに、多重下請け構造の中で、「決まった予算と納期で**この要件定義書**をどうやってアジャイルにクリアするか」などと言いだすパターンもあります。アジャイルを誤解する人々だけでなく、信じる人々さえも、その名前が付いた方法論だというだけで盲信し、手段を目的と錯覚してしまうことがあるのです。

アジャイルというブランドネームも、第二のウォーターフォールになってしまうのでしょうか。

アジャイルには宣言がある

いえ、ウォーターフォールは定義も実体もない都市伝説のようなものの生まれですが、アジャイルには常に立ち帰れる宣言と、宣言をした人が実在します。根本的な価値観が宣言に反する方法論は、偽物のアジャイルです。そんなものは本物のアジャイルに失礼ですよと、基本に立ち返って批判できます。

げんにアジャイル開発宣言に著名したメンバーの1人、ロン・ジェフリーズは、「アジャイルという名前はどうでもいい、開発者は偽物のアジャイルから距離を置いて、宣言の価値観に沿って行動して欲しい」といった旨の発言をしています。

反復的な開発の目的は、あくまで対話と再計画でなければなりません。ずっとテキストエディタに向かっていれば楽なものを、新たな要求を聞いて理解したり、できる範囲を説得したり、そんな面倒をなぜ毎週喜んでやる気が起きるのか。それは、その程度の苦労を払うだけで、仕事がとても健全になるからです。もし毎週のミーティングが、不合理な条件で一方的に指示され、進捗の遅れを責められる、何の話し合いにもならない場なのだとしたら、そんな無駄なストレスをわざわざ増やす意味があるでしょうか。

本物の見分け方

偽物はきっちり見抜いていきたいところですが、退廃的な変化は徐々にあらわれるので、本当のアジャイルから逸れているのに気づくのが遅れるケースもしばしばあります。本物と偽物を見分けるとき大きなヒントになるのが、ソフトウェアアーキテクチャです。

変化に対応しやすくあろうとする本物のアジャイルを指向しているなら、アーキテクチャの安定度分布を軽視するはずがありません。汚いアーキテクチャは日に日に変更しにくさを増していきます。「毎週のミーティングですぐに前と違うことを言われる」と言いながら、そのたびにコードが入り組んで変更しにくくなっていくのを漫然と見過ごすのは、言ってることとやってることが矛盾していますね。アジャイルだから早く機能を追加しなければいけないと思ってしまうのは、それこそ、名前で誤解してしまっていることの現れです。変化に対応しようとしていれば、回を増すごとに、重要で安定した本質的モデルと、変化しやすい事情の境界線が明確になっていくはずです。

安定したモデルは、プログラムの中心となると同時に、コミュニケーションの中心にもなります。もしアーキテクチャと呼んでいるものが、コミュニケーションに一切貢献する可能性がない、単なるプログラマーの技巧的こだわりだったとしたら、それは偽物のアジャイルととてもよく似た、偽物のアーキテクチャかもしれません。モデルを際立たせるアーキテクチャの目的は、人間による問題理解です。

SOLID原則とデザインパターンを駆使していながら、誰にも興味を持たれないコードを書いて、こういうテクニカルな形にすることがオブジェクト指向でありドメイン駆動設計なのだと満足するのは、これまでの間違いに共通する特徴、すなわち、無意識なネームブランドの盲信です。

最初に「オブジェクト指向の文化としか言語化できないけれど」「それらを通じて見えないものを」といった言い回しを選んだ理由は、つまりそういうことです。名前と形は目的ではなく、本当の目的に貢献する意識を持った人になることが重要です。

本書で扱った技術は何に使うものなのか、その目的がわかったので、もう一度本の内容を振り返る準備ができました。初めに登場した「アーキテクチャの設計は動作ではなく人のためのものでしかない」という説明を見て、最初に見たときとはまた違った印象でおさらいできるのではないかと思います。

column ›› ソフトウェア業界、その後の歴史

本書を読んで、「なんだ、思ってたより筋が通ってて簡単な理屈じゃないか」と思ってもらえれば幸いです。できるだけ順序立ててわかりやすくした苦労が報われます。ふと疑問になりませんか？ 「じゃあ、どうして業界はこんなにシンプルなことを理解するのに悪戦苦闘してきたんだろう」と……。

必要以上にややこしくなった原因はやっぱり歴史にあります。

1995

1995年は革命的な年でした。ソフトウェアの世界に、歴史的な出来事が一度に起きました。

- Windows 95
- 本格的な商用インターネットの稼働
- 人月の神話第2版
- Java初のベータ公開（翌年1.0リリース）
- デザインパターン

この年から、誰もがパソコンを持ち、インターネットに接続し始めることになります。それまで趣味人だけのものだった家庭用コンピューターですが、ここから初心者が急激に増え出します。一方、ソフトウェア開発の世界は、デスクトップアプリケーション開発でのC++の活躍を受けて、エキスパートたちによるオブジェクト指向への期待にあふれていました。

インターネットの普及でWebアプリケーションの開発を急ピッチで進める必要に迫られます。技術トレンドの最先端が欲しい事業者は、当時最新だったJavaを求めたり、デザインパターンを理解している仮定で進んだりしました。しかし現実には、ニーズを満たせるだけの人手が足りません。そこで、Windows 95から始めたようなパソコン初心者たちの中からさえ、ソフトウェア開発に携わる人を集めなければならなくなりました。

この理想と現実のギャップは、とてつもなく大きいものでした。明文化をされたSOLID原則のようなものもまだなく、プログラミング経験も乏しい人たちの前に、意味はわからないけれどありがたいらしい、デザインパターンと書かれた本だけがありました。

2000

そんな現状を尻目に、Javaを中心として、ITベンダーの提供するソフトウェアはますます高級化していきます。ベンダーは、経営者が抱いているハイテクへの期待がすぐにお金になったので、現実を無視してもビジネスが成立してしまったのです。このソフトウェア開発市場の爆発的な高度化が、ほんの3～4年の間に起きました。

次の数年で、徐々に、オープンソースによる高級ベンダー製品脱却の時代になっていきます。新しい開発スタイル、アジャイルというトレンドも始まります。Javaとアジャイル周辺で、怒涛のように革新的な技術とパラダイムが誕生しました。

- 1997 JUnit（PHPでいうPHPUnit）
- 1999 エクストリーム・プログラミング
- 2001 アジャイルソフトウェア開発宣言

・2001 Hibernate（PHPでいうDoctrine）
・2002 Spring Framework（PHPでいうSymfony）
・2002テスト駆動開発
・2002アジャイルソフトウェア開発の奥義（SOLID原則）
・2003ドメイン駆動設計

たった7年の間に、ソフトウェア開発の方法論はめまぐるしく進歩していきました。エキスパートたちの話の展開が早すぎて、ひとつひとつ落ち着いて理解していく余裕などありません。その間も、新しい企業はインターネットにどんどん参入し、初心者はますます増えていきます。凡人はそんなに早くものを統合して理解できません。多くの人が、聞きかじった単語だけで、思い込みによる誤解を広げていきました。

2003

エリック・エヴァンスが『ドメイン駆動設計』を書き終えた直後、2003年にRuby on Railsが登場したことで、Web開発者（初心者ソフトウェア開発者の大部分を擁する）の歴史は、再び大きなターニングポイントを迎えます。

オブジェクト指向言語Rubyで作られたそのフレームワークは、フレームワークの作りそのものに反して、使用者にオブジェクト指向のセンスを求めませんでした。パッケージ構成をデザインしてクラスを追加するのではなく、パッケージ構成を固定して、既存のクラスにコードを書き足す（開放閉鎖原則なし）スタイルでした。フレームワークはIoCでありながら、アプリケーションコードのすべての部分が具象で、ユーザーコードには安定度の偏り（安定依存原則）がありませんでした。いつ誰がどこを書き換えるかの指針がないので、すべてのコード変更がフラットに発生します。

オブジェクト指向で設計する文化はリセットされました。とにかく最初の作り上げの生産性が欲しい企業にとって、また、ソフトウェアの設計に疲れた初心者開発者にとって、Railsは福音だったのです。あっという間に、Railsの生み出した開発スタイルがトレンドになりました。設計をフレームワークに任せきって、すでにあるオブジェクトをいかに使うかが、いまどきのプログラミングだと考えられたのです。かつての、自分たちがオブジェクトで設計を作ることをオブジェクト指向と呼んだ文化は、約10年以上にわたって、相対的に価値を下げました。

2003（裏）

にもかかわらず、オブジェクト指向というネームブランドだけは生き残っています。ポストRails時代のトレンドにも付いていけない層の人々は、オブジェクト指向の名前を使いながら、本来のコンセプトを曲解したような言説を振りまきました。彼らは、これさえ信じれば救われる、あるいは、これさえ信じさせておけば下手なプログラマーでも一定の水準になる、といった、簡単な答えが欲しかったのです。効果があったのかはわかりませんが、純粋に深く理解を得ようという探究心の邪魔になったのは確かです。

水面下で、ロバート・C・マーチンのリベンジが始まります。2008年、彼は『クリーンコード』を執筆しました。クリーンコードは、もっと素朴なプログラミングのコツを重視しており、オブジェクト指向とTDDは全体の一部だといった構成の本でした。これは、新しい時代の人に、ブランド名や単純化された言説に振り回されずに、基礎から学んで欲しいというメッセージだったと、筆者は考えています。

2010

Rails全盛時代の後半に、2つの大きな変化が起きます。

2009年に登場したiPhone 3GS以降、最先端側の人々は、スマートフォンユーザーの爆発的な増加により、桁違いの数のインターネット接続（C10K）の並列処理の必要性に迫られました。世界的シェアのサービスでは、蓄積されるデータ量も、とてつもなく膨れ上がっています。そこで再注目されたのが、複雑さは苦手だけれど、状態を持たないことが分散処理の強みになる、関数型のプログラミング言語でした。

またしても業界は、新しいパラダイムを取り込むことになります。関数型の言語のメリットは、少しずつ大衆的なプログラミング言語文化にも取り込まれるようになり、たしかに、プログラミング体験をより良くしていきました。それ自体はとても喜ばしいことなのですが、関数型には魅力がありすぎました。オブジェクト指向の意義をきちんと消化できないのを、より新しいパラダイムがすべて何とかしてくれるのではないかと期待してしまう風潮につながります。本来は、得意なことと不得意なことを補い合わなければならないにもかかわらず……。

保守開発の現場には、もうひとつ別の大きな課題が持ち上がってきていました。競争に勝ち残って長く続いたWebアプリケーションには、維持コストの増大という重荷が降りかかります。早く安く作ることにばかりを重視して、変更を最小化するための設計をしていなかったツケが回ってきた形です。

何とかしなければと、2012年ごろから、ドメイン駆動設計が再注目され始めます。それまでは、急いで作るのに向いていたPHPでしたが、名前空間を得たPHP 5.3に、10年前のJavaのような、本格的なフレームワークを作る機運が出てきたのもこの頃です。とはいえ、全体的な状況は不利なままで、物事はゆっくりとしか進みませんでした。

2020

2017年、マーチンのリベンジが本格的に始まります。「アジャイルソフトウェア開発の奥義」の内容を再度、「クリーンアーキテクチャ」というキャッチーな書名に変えて、より具体的な同心円のイメージと、密結合フレームワーク依存への批判を書きました。本書の読者ならもう理解できていると思いますが、クリーンアーキテクチャはスローガンでしかなく、その技法は本質的に、何も新しいことはない、15年前のオブジェクト指向です。これは、今度こそ時代のニーズに本当に合ったものとして、オブジェクト指向の真の役者を表舞台に出そうとする試みだったと（筆者の主観ですが）考えられます。

こうしてようやく、イチから落ち着いてやり直しやすい状況が訪れました。Windows 95とJavaからの7年と比べ、そのあとはずいぶんと時間がゆっくり流れています。Railsからの10年、iPhoneからの数年は、少しトレンドに落ち着きがありませんでした。しかし、今はもうそんなことはありません。パラダイムがじっくり待ってくれているこの時代は、学習者にとっては大きなチャンスです。変化が激しすぎてついていけないなんてことは、もうありません。必要なことは出そろっていて、いい意味で枯れたものを学べます。

オブジェクト指向によるアーキテクチャ設計は、まさに温故知新です。四半世紀も前のものが、次の最新につながっています。

おわりに

ごめんなさい。「これで完全マニュアルだ」と言えればいいんですが、これでもぜんぜん過不足があります。この本に書いてあることはすべてではないし、書かれてることをすべてしなければならないわけでもありません。実は著者自身も、仕事によっては書いてないことをやっていたり、書いたことをやっていなかったりします。また、「必ずしもそうとは言い切れない」と反論される内容もあります。別の角度から説明した本には、まったく別のことが書いてあるかもしれません。

でも、同じ角度から説明したいくつもの有名な本には、共通して同じことが書かれているはずなのです。他のどの本にも書いてないようなことを言ったり、必要なことが抜け落ちていたりして、読者の皆さんを迷子にしてしまうことがないようにだけは、十分に注意したつもりです。かつて偉人たちが共通して主張したことが何なのかハッキリわかるように、文章をだいぶ言い切り表現にしているところはあります。

「中級を目指すにしてはちょっとレベル高すぎない？」と思われる内容も入っているかもしれません。それは、今は手が届かなくても、将来目指すことを見据えるための、正しいポインタになる本でありたいという気持ちの現れと思って、どうかご容赦ください。「どれ、参考文献のひとつでも読んでやろう」という気になってもらえると、うれしく思います。

とにかく重要なのは、変化に対応して長く使えるソフトウェアを、苦しい思いをせずに作っていくことだと、筆者は思っています。人によって、会社によって、作るものは千差万別です。現実の開発現場で軸足を置く方法論はそれぞれ違っても、ある特定分野のソフトウェア工学で何が語られてきたのかをちゃんと知ることは、確実にプラスになるんじゃないでしょうか。

それぞれ異なる読者の皆さんが、楽しくソフトウェアを作っていく下支え、基礎体力のようなものとして、この本の知識が、きっと何かの役に立つはずだと信じています。

参考文献

- ロバート・C・マーチン(著)、瀬谷啓介(翻訳)、2008年、アジャイルソフトウェア開発の奥義 第2版 オブジェクト指向開発の神髄と匠の技、ソフトバンククリエイティブ
- ロバート・C・マーチン(著)、角征典/高木正弘(翻訳)、2018年、Clean Architecture 達人に学ぶソフトウェアの構造と設計、KADOKAWA
- ロバート・C・マーチン(著)、角征典/角谷信太郎(翻訳)、2020年、Clean Agile 基本に立ち戻れ、KADOKAWA
- ロバート・C・マーチン(著)、角柾典(翻訳)、2022年、Clean Craftsmanship 規律、基準、倫理、KADOKAWA
- ケント・ベック(著)、和田卓人(翻訳)、2018年、テスト駆動開発、オーム社
- ケント・ベック/シンシア・アンドレス(著)、角征典(翻訳)、2015年、エクストリームプログラミング、オーム社
- エリック・ガンマ/ラルフ・ジョンソン/リチャード・ヘルム/ジョン・ブリシディース(著)、本位田真一/吉田和樹(翻訳)、1999年、オブジェクト指向における再利用のためのデザインパターン、ソフトバンククリエイティブ
- 結城浩(著)、2021年、Java言語で学ぶデザインパターン入門第3版、ソフトバンククリエイティブ
- アラン・シャロウェイ/ジェームズ・R・トロット(著)、村上雅章(翻訳)、2014年、オブジェクト指向のこころ、丸善出版
- W.J.ブラウン他(著)、岩谷宏(翻訳)、2002年、アンチパターン――ソフトウェア危篤患者の救出、ソフトバンククリエイティブ
- エリック・エヴァンス(著)、和智右桂/牧野祐子(翻訳)、今関剛(監修)、2011年、エリック・エヴァンスのドメイン駆動設計、翔泳社
- Symfony：The Fast Track
(https://symfony.com/book　https://symfony.com/doc/6.0/the-fast-track/ja/index.html　https://leanpub.com/symfony6-nyumon)

索引

き

く

け

こ

さ

し

す

せ

そ

た

ち

つ

著者プロフィール

作者　田中ひさてる

漫画家と言われることもありますが、本職はれっきとしたプログラマーです。株式会社ことば研究所にて、事業委託の形でありつつも、ほぼ専属で、10年以上続くとあるWebサービス事業の維持、および、まだなお拡張開発をやっています。と、仕事は引きこもりがちですが、社外のITエンジニアコミュニティ、とくにPHPコミュニティにはよく参加しています。見かけたときは、よろしくおねがいします。

算数と国語と図工は好きだったんですが、音楽と体育は苦手だったので、今がんばっているのはリズム系e-スポーツです。でも、太鼓さばきは小学生の息子にまったく勝てません。

Staff

- 本文設計・組版　BUCH⁺
- 装丁　TYPEFACE
- 担当　池本公平
- Webページ　https://gihyo.jp/book/2022/978-4-297-13234-7

※本書記載の情報の修正・訂正については当該Webページおよび著者のGitHubリポジトリで行います。

ちょうぜつソフトウェア設計入門
――PHPで理解するオブジェクト指向の活用

2022年12月22日　初版　第1刷発行
2024年4月9日　初版　第3刷発行

著者	田中ひさてる
発行者	片岡巌
発行所	株式会社技術評論社
	東京都新宿区市谷左内町21-13
	電話　03-3513-6150　販売促進部
	電話　03-3513-6170　雑誌編集部
印刷／製本	日経印刷株式会社

定価はカバーに表示してあります。

ISBN978-4-297-13234-7　C3055
Printed in Japan

■ お問い合わせについて

- ご質問は、本書に記載されている内容に関するものに限定させていただきます。本書の内容と関係のない質問には一切お答えできませんので、あらかじめご了承ください。
- 電話でのご質問は一切受け付けておりません。FAXまたは書面にて下記までお送りください。また、ご質問の際には、書名と該当ページ、返信先を明記してくださいますようお願いいたします。
- お送りいただいた質問には、できる限り迅速に回答できるよう努力しておりますが、お答えするまでに時間がかかる場合がございます。また、回答の期日を指定いただいた場合でも、ご希望にお応えできるとは限りませんので、あらかじめご了承ください。

■ 問い合わせ先

〒162-0846
東京都新宿区市谷左内町21-13
株式会社技術評論社　雑誌編集部
「ちょうぜつソフトウェア設計入門」係
FAX　03-3513-6179